⇒ 单个项目模型

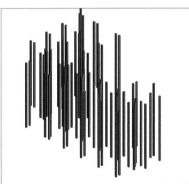

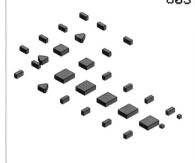

实训	搭建桩基模型
视频名称	实训：搭建桩基模型
学习目标	掌握在项目中建立桩基的方法及搭建思路
所在页码	141页

实训	搭建承台模型
视频名称	实训：搭建承台模型
学习目标	掌握在项目中搭建承台的方法及搭建思路
所在页码	145页

实训	搭建一层柱模型
视频名称	实训：搭建一层柱模型
学习目标	掌握在项目中搭建柱的方法及搭建思路
所在页码	153页

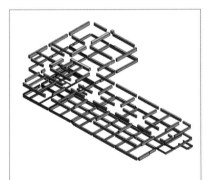

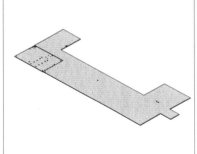

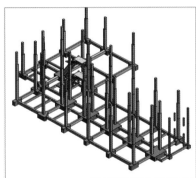

实训	搭建承台拉梁与一层框架梁模型
视频名称	实训：搭建承台拉梁与一层框架梁模型
学习目标	掌握在项目中搭建梁的方法及搭建思路
所在页码	160页

实训	搭建一层板模型
视频名称	实训：搭建一层板模型
学习目标	掌握在项目中搭建板的方法及搭建思路
所在页码	170页

实训	搭建结构楼梯A模型
视频名称	实训：搭建结构楼梯A模型
学习目标	掌握在项目中搭建楼梯的方法及搭建思路
所在页码	176页

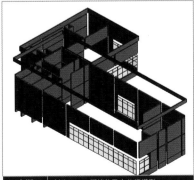

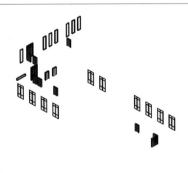

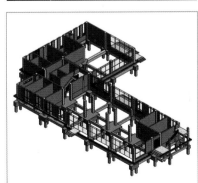

实训	创建一、二层墙体及女儿墙模型
视频名称	实训：创建一、二层墙体及女儿墙模型壁灯
学习目标	掌握在项目中创建墙体的方法及创建思路
所在页码	212页

实训	创建底层门窗模型
视频名称	实训：创建底层门窗模型
学习目标	掌握在项目中创建门窗的方法及创建思路
所在页码	221页

实训	创建建筑楼梯A模型
视频名称	实训：创建建筑楼梯A模型
学习目标	掌握在项目中创建建筑楼梯的方法及创建思路
所在页码	233页

➡ **基本工具一览**

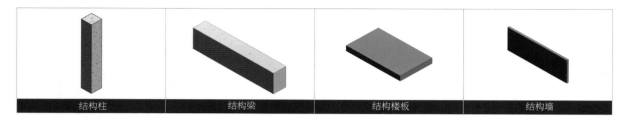

| 结构柱 | 结构梁 | 结构楼板 | 结构墙 |

➡ **详图构件一览**

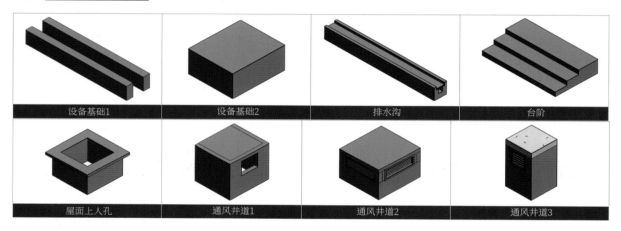

| 设备基础1 | 设备基础2 | 排水沟 | 台阶 |
| 屋面上人孔 | 通风井道1 | 通风井道2 | 通风井道3 |

➡ **施工模型流程一览**

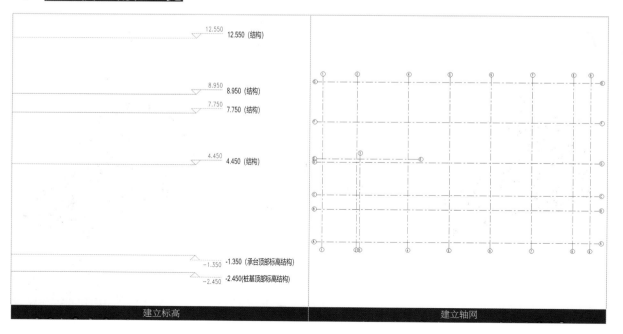

12.550　12.550（结构）

8.950　8.950（结构）

7.750　7.750（结构）

4.450　4.450（结构）

-1.350　-1.350（承台顶部标高结构）

-2.450　-2.450（桩基顶部标高结构）

| 建立标高 | 建立轴网 |

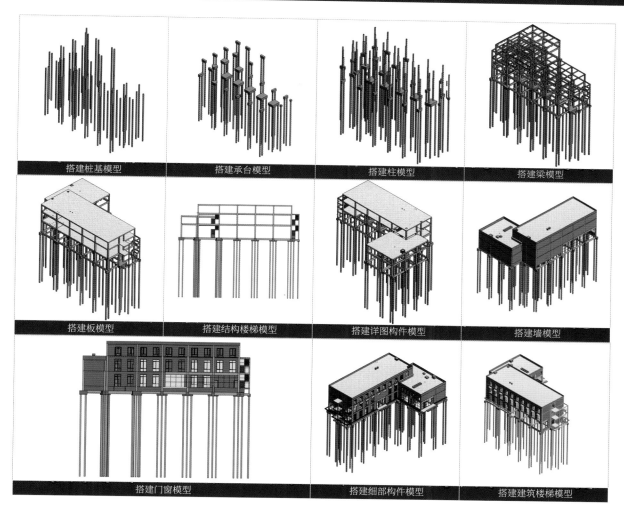

搭建桩基模型 | 搭建承台模型 | 搭建柱模型 | 搭建梁模型

搭建板模型 | 搭建结构楼梯模型 | 搭建详图构件模型 | 搭建墙模型

搭建门窗模型 | 搭建细部构件模型 | 搭建建筑楼梯模型

场地布置流程一览

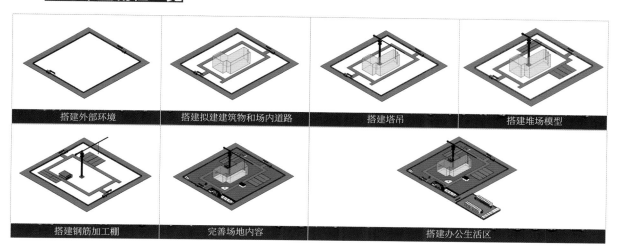

搭建外部环境 | 搭建拟建建筑物和场内道路 | 搭建塔吊 | 搭建堆场模型

搭建钢筋加工棚 | 完善场地内容 | 搭建办公生活区

设计说明

1.本项目是某综合楼项目，共三层，局部两层，总建筑面积1873.10㎡。

2.本项目土建内容包含结构和建筑两部分，结构形式为框架结构，建筑高度为13.80m。

3.本图纸设计依据为国家建筑标准设计图集16G101系列。

4.本图纸满足国家现行的行业规范及相关标准。

5.本图纸满足BIM技术应用的相关标准。

注意：本套图纸仅适用于教学参考，并不能直接应用于施工指导。如需应用到实际工程，需对模型及图纸进一步深化。

B_结构柱明细表			
柱类型	长度（mm）	体积（m³）	柱根数
混凝土-矩形-柱: KZ1	41200	10.14	8
混凝土-矩形-柱: KZ1 400×400	14400	2.23	4
混凝土-矩形-柱: KZ2	41200	10.11	8
混凝土-矩形-柱: KZ2 400×400	28800	4.45	8
混凝土-矩形-柱: KZ2 ×	41200	10.11	8
混凝土-矩形-柱: KZ3	11600	2.90	2
混凝土-矩形-柱: KZ3 400×400	6600	1.04	2
混凝土-矩形-柱: KZ4	114600	28.13	22
混凝土-矩形-柱: KZ4 400×400	43200	6.68	12
混凝土-矩形-柱: KZ4 ×	9000	2.19	2
混凝土-矩形-柱: KZ5	46400	11.57	8
混凝土-矩形-柱: KZ5 400×400	26400	4.07	8
混凝土-矩形-柱: KZ6	5800	1.45	1
混凝土-矩形-柱: KZ6 400×400	3300	0.52	1
混凝土-矩形-柱: KZ7	21400	1.91	4
混凝土-矩形-柱: TZ1	30500	1.83	11
总计:	485600	99.33	109

B_楼板明细表				
族与类型	标高	周长（mm）	体积（m³）	面积（m²）
楼板: 台阶平台板	0.000（建筑）	51755	9.50	33.34
楼板: 标高4.450板 120mm	4.450（结构）	169937	48.00	399.96
楼板: 标高7.750板 120mm	7.750（结构）	76642	30.19	251.58
楼板: 标高8.950板 120mm	8.950（结构）	216759	67.02	558.48
楼板: 标高12.550板 120mm	12.550（结构）	114657	67.25	560.44
楼板: 楼梯平台板		34309	1.69	16.87
楼板: 窗台空调板	8.950（结构）	86400	2.57	21.42
楼板: 通风井道板	12.550（结构）	4320	0.06	0.58
总计:		754779	226.28	1842.67

窗数量				
合计	类型	宽度（mm）	高度（mm）	窗类型
4	300×300	300	300	33
3	300×950	950	300	34
15	C0924	900	2400	25
7	C0936	900	3600	22
19	C1827-1	1800	2700	27
1	C1836	1800	3600	24
25	C1836-1	1800	3600	20
3	GC2706	2700	600	21
1	YFC1827-1	1800	2700	28
1	YFC1836-1	1800	3600	23

门数量				
合计	类型	宽度（mm）	高度（mm）	门类型
2	M1836	1800	3600	25
30	MM1021	1000	2100	26
3	YFM1021	1000	2100	27
2	JFM1021	1000	2100	28
3	YFM1824	1800	2400	29
1	BFM1221	1200	2100	34
2	MM0821	800	2100	35

结构框架明细表		
族	族与类型	体积（m³）
混凝土-矩形梁	混凝土-矩形梁: KL15(2) 350×850	2.34
混凝土-矩形梁	混凝土-矩形梁: KL15(2) 350×600	0.50
混凝土-矩形梁	混凝土-矩形梁: KL14(2) 350×800	2.38
混凝土-矩形梁	混凝土-矩形梁: KL14(2) 350×600	0.49
混凝土-矩形梁	混凝土-矩形梁: KL13(2) 350×800	1.02

结构框架明细表		
混凝土-矩形梁	混凝土-矩形梁: KL13(2) 350×700	1.35
混凝土-矩形梁	混凝土-矩形梁: KL9(3) 300×600	0.35
混凝土-矩形梁	混凝土-矩形梁: KL9(3) 300×600	0.35
混凝土-矩形梁	混凝土-矩形梁: KL9(3) 300×600	0.39
混凝土-矩形梁	混凝土-矩形梁: KL12(1) 350×600	0.48
混凝土-矩形梁	混凝土-矩形梁: KL10(3) 300×600	0.35
混凝土-矩形梁	混凝土-矩形梁: KL10(3) 300×600	1.21
混凝土-矩形梁	混凝土-矩形梁: KL10(3) 300×600	0.35
混凝土-矩形梁	混凝土-矩形梁: KL6(5) 350×700	1.56
混凝土-矩形梁	混凝土-矩形梁: KL6(5) 350×700	1.56
混凝土-矩形梁	混凝土-矩形梁: KL6(5) 350×700	1.47
混凝土-矩形梁	混凝土-矩形梁: KL6(5) 350×700	0.62
混凝土-矩形梁	混凝土-矩形梁: KL6(5) 350×700	0.71
混凝土-矩形梁	混凝土-矩形梁: KL6(5) 350×700	0.78
混凝土-矩形梁	混凝土-矩形梁: KL6(5) 350×700	0.70
混凝土-矩形梁	混凝土-矩形梁: KL6(5) 350×700	1.46
混凝土-矩形梁	混凝土-矩形梁: KL6(5) 350×700	0.70
混凝土-矩形梁	混凝土-矩形梁: KL6(5) 350×700	0.63
混凝土-矩形梁	混凝土-矩形梁: KL8(1) 250×400	0.26
混凝土-矩形梁	混凝土-矩形梁: KL7a(5) 350×700	1.54
混凝土-矩形梁	混凝土-矩形梁: KL7a(5) 350×700	1.44
混凝土-矩形梁	混凝土-矩形梁: KL7a(5) 350×700	1.44
混凝土-矩形梁	混凝土-矩形梁: KL7a(5) 350×700	1.44
混凝土-矩形梁	混凝土-矩形梁: KL7a(5) 350×700	0.63
混凝土-矩形梁	混凝土-矩形梁: KL7(5A) 350×700	0.73
混凝土-矩形梁	混凝土-矩形梁: KL7(5A) 350×700	1.36
混凝土-矩形梁	混凝土-矩形梁: KL7(5A) 350×700	1.36
混凝土-矩形梁	混凝土-矩形梁: KL7(5A) 350×700	1.36
混凝土-矩形梁	混凝土-矩形梁: KL7(5A) 350×700	1.36
混凝土-矩形梁	混凝土-矩形梁: L4(1) 200×400	0.13
混凝土-矩形梁	混凝土-矩形梁: KL8(1) 250×400	0.24
混凝土-矩形梁	混凝土-矩形梁: KL7(5A) 200×400	0.20
混凝土-矩形梁	混凝土-矩形梁: KL1(3) 350×800	0.57
混凝土-矩形梁	混凝土-矩形梁: KL1(3) 350×800	0.58
混凝土-矩形梁	混凝土-矩形梁: KL1(3) 350×500	0.13
混凝土-矩形梁	混凝土-矩形梁: L1(3) 250×500	0.17
混凝土-矩形梁	混凝土-矩形梁: L1(3) 250×500	0.20
混凝土-矩形梁	混凝土-矩形梁: L1(3) 250×500	0.16
混凝土-矩形梁	混凝土-矩形梁: L2(1) 200×400	0.10
混凝土-矩形梁	混凝土-矩形梁: L1(3) 250×500	0.17
混凝土-矩形梁	混凝土-矩形梁: L1(3) 250×500	0.20
混凝土-矩形梁	混凝土-矩形梁: L1(3) 250×500	0.07
混凝土-矩形梁	混凝土-矩形梁: L1(3) 250×500	0.19
混凝土-矩形梁	混凝土-矩形梁: KL11(2) 300×600	0.93
混凝土-矩形梁	混凝土-矩形梁: KL11(2) 300×600	1.21
混凝土-矩形梁	混凝土-矩形梁: KL2(3) 350×800	0.69
混凝土-矩形梁	混凝土-矩形梁: KL2(3) 350×800	0.70
混凝土-矩形梁	混凝土-矩形梁: KL2(3) 350×500	0.28
混凝土-矩形梁	混凝土-矩形梁: L3(1) 250×500	0.54
混凝土-矩形梁	混凝土-矩形梁: KL3(3) 350×800	1.29
混凝土-矩形梁	混凝土-矩形梁: KL3(3) 350×800	1.51
混凝土-矩形梁	混凝土-矩形梁: KL3(3) 350×500	0.28
混凝土-矩形梁	混凝土-矩形梁: L3(1) 250×500	0.54
混凝土-矩形梁	混凝土-矩形梁: L3(1) 250×500	0.54
混凝土-矩形梁	混凝土-矩形梁: L3(1) 250×500	0.54
混凝土-矩形梁	混凝土-矩形梁: KL3(3) 350×500	0.72
混凝土-矩形梁	混凝土-矩形梁: KL3(3) 350×500	0.28
混凝土-矩形梁	混凝土-矩形梁: KL3(3) 350×500	0.95
混凝土-矩形梁	混凝土-矩形梁: KL3(3) 350×500	0.36
混凝土-矩形梁	混凝土-矩形梁: KL3(3) 350×500	0.28
混凝土-矩形梁	混凝土-矩形梁: KL3(3) 350×500	0.72
混凝土-矩形梁	混凝土-矩形梁: L3(1) 250×500	0.54
混凝土-矩形梁	混凝土-矩形梁: KL4(3) 350×800	1.12
混凝土-矩形梁	混凝土-矩形梁: KL4(3) 350×800	0.64
混凝土-矩形梁	混凝土-矩形梁: KL4(3) 350×500	0.14
混凝土-矩形梁	混凝土-矩形梁: KL5(1A) 200×400	0.45
混凝土-矩形梁	混凝土-矩形梁: KL5(1A) 200×400	0.17
总计: 72		

某建筑设计研究院BIM部门

顾问　×××××
地址　×××××
电话　×××××
传真　×××××
电子邮件　×××××
顾问　×××××

编号	说明	日期

某综合楼项目
土建设计总说明
项目编号　2000.01
日期　2020年3月1日
绘图员　×××
审图员　×××
A118
比例

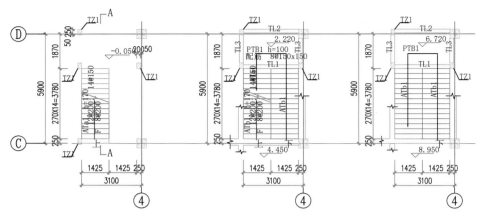

楼梯A　−0.050层平面图　　　楼梯A　4.450层平面图　　　楼梯A　8.950层平面图

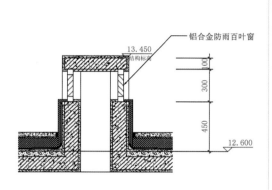

② 通风井道　1:20

铝合金防雨百叶窗

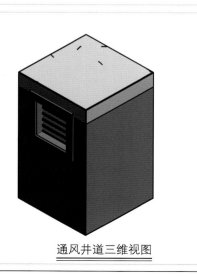

通风井道三维视图

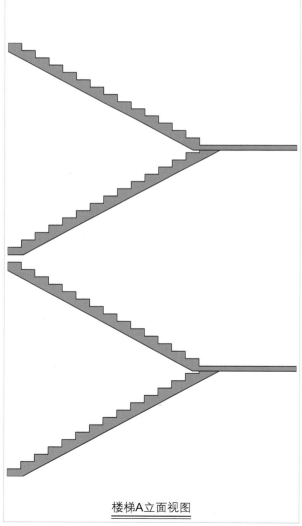

楼梯A立面视图

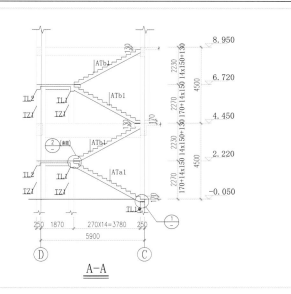

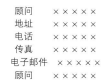

$$\underline{A-A}$$

某建筑设计研究院BIM部门

顾问　　×　×　×　×　×
地址　　×　×　×　×　×
电话　　×　×　×　×　×
传真　　×　×　×　×　×
电子邮件　×　×　×　×　×
顾问　　×　×　×　×

编号	说明	日期

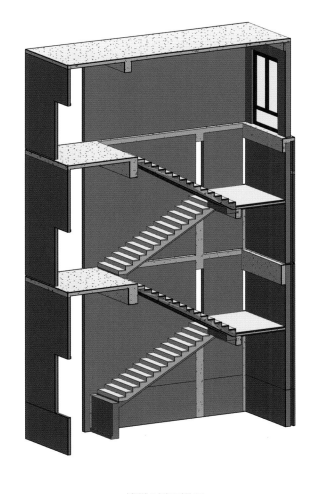

楼梯A剖面视图

某综合楼项目
土建设计总说明
项目编号　2000.01
日期 2020年3月1日
绘图员　×　×　×
审图员　×　×　×
A118
比例

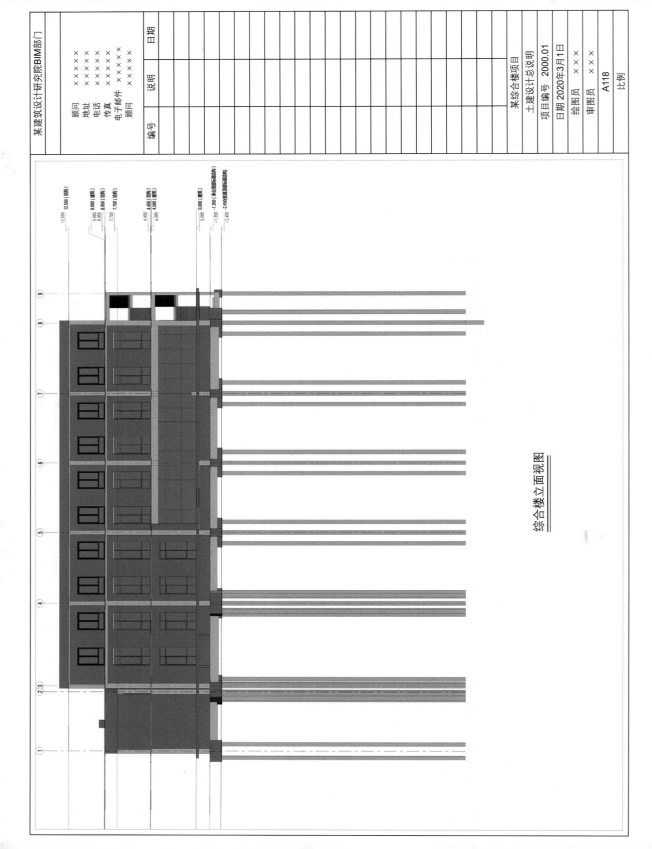

综合楼立面视图

BIM

陆世龙 陈唱 编著

土建施工应用

Revit + Navisworks 识图/建模/工程管理实战

人民邮电出版社

北京

图书在版编目（ＣＩＰ）数据

BIM土建施工应用：Revit＋Navisworks识图、建模、工程管理实战 / 陆世龙，陈唱编著. -- 北京：人民邮电出版社，2022.8
ISBN 978-7-115-57141-0

Ⅰ. ①B… Ⅱ. ①陆… ②陈… Ⅲ. ①建筑设计－计算机辅助设计－应用软件 Ⅳ. ①TU201.4

中国版本图书馆CIP数据核字(2021)第164707号

内 容 提 要

　　这是一本依托实际项目来讲解 BIM 在土建施工中应用的图书。本书以 Revit、AutoCAD 和 Navisworks 软件为基础，首先讲解了土建施工的基本知识，然后对结构施工图和建筑施工图的基本绘图规则进行了讲解，最后以一个实际的综合楼项目为例讲解了 BIM 在土建施工中的应用。实例讲解的内容包含了项目图纸内容的具体识读、土建专业模型的搭建、施工总平面模型的搭建和 BIM 在土建施工中常用到的一些知识点等。

　　书中加入了大量的提示和技术专题。这些提示是作者在工作中积累的技术经验和行业的相关规则，它们可以帮助读者快速了解土建行业的工作模式和操作技巧。除此之外，本书附录部分还提供了 Revit 常用的快捷键和施工中常用的工程建设国家标准。

　　本书适合初入门的 BIM 学习者和希望从事 BIM 相关工作的学生阅读。另外，本书内容均根据 Revit 2018、AutoCAD 2018 和 Navisworks 2018 编写，请读者安装相同或更高版本的软件来学习。

◆ 编　　著　陆世龙　陈　唱
　　责任编辑　杨　璐
　　责任印制　马振武

◆ 人民邮电出版社出版发行　　北京市丰台区成寿寺路 11 号
　　邮编　100164　　电子邮件　315@ptpress.com.cn
　　网址　http://www.ptpress.com.cn
　　三河市君旺印务有限公司印刷

◆ 开本：787×1092　1/16　　　　　彩插：4
　　印张：19.5　　　　　　　　　　2022 年 8 月第 1 版
　　字数：774 千字　　　　　　　　2022 年 8 月河北第 1 次印刷

定价：99.00 元
读者服务热线：(010)81055410　印装质量热线：(010)81055316
反盗版热线：(010)81055315
广告经营许可证：京东市监广登字 20170147 号

❖ 版式说明

技术专题：土建施工过程中的重要知识体例，读者可以系统地对重要技术点进行学习。

二维码：扫描二维码可以查看实训、练习和技法操作的教学视频，读者可以边看边学习。

操作步骤：图文结合的讲解方式，让读者能厘清制作思路和熟练掌握操作方法。

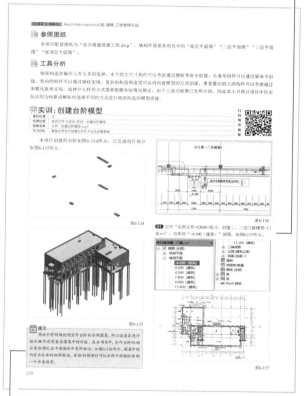

表格：实例或商业综合实例的文件位置，读者可以通过书中提供的路径在学习资源中找到对应的文件，并根据需求来使用这些文件。

提示：土建施工实践过程中的相关操作技巧、参数设置建议和相关规则，帮助读者快速提升操作水平和适应行业要求。

❖ 学习建议

在阅读过程中，若发现生涩难懂的内容，请观看教学视频，作者在视频中进行了详细的操作演示和延伸讲解。

在阅读过程中看到的"单击""双击"等内容，意为使用鼠标左键操作。

在阅读过程中看到的"属性"等引号标示的内容，意为软件中的参数或面板。

在阅读过程中看到的"信息读取"等内容，意为识读图纸所提取的关键信息。

读者学习完成书中识图基础篇的实训内容后，可练习识读其他建筑图纸；读者学习完成书中项目实践篇的实训内容后，可练习第二、三层模型的搭建；读者学习完成书中项目应用篇的实训内容后，可练习项目建筑的可视化应用。

在学完某个内容后，读者可以用本书提供的附赠资源进行巩固练习。

前言

❖ 关于BIM

BIM（Building Information Modeling）是以建筑工程项目的各项相关信息数据作为基础，建立起三维的建筑模型，通过数字信息仿真模拟建筑物所具有的真实信息。尽管现阶段的BIM在实际应用中还没有达到预期的效果，但是建筑业的信息化是一个必然的趋势，随着BIM技术的普及，未来BIM会发展得越来越好，应用也会越来越成熟，实现从CAD到BIM的过渡，是未来建筑行业发展的必然方向。

❖ 关于本书

本书共分为9章。为了方便读者更好地学习，本书所有操作性内容均有教学视频，包含实训和练习讲解。

第1章：BIM土建基础概论。本章主要介绍土建施工的基础知识及BIM的基本概念，以施工过程为顺序讲解施工的主要内容。

第2章：结构施工图识图基础。本章主要根据国家16G101图集的要求讲解结构施工图绘图的规范及结构图纸中的常规表达。

第3章：建筑施工图识图基础。本章主要讲解建筑施工图中所包含的内容及这些内容所表达的含义。

第4章：AutoCAD与Revit制图基础。本章主要介绍AutoCAD与Revit两款软件的基本操作与技巧。

第5章：综合楼结构施工模型搭建。本章通过一个项目实例讲解结构施工图的识读及Revit结构模型的搭建。

第6章：综合楼建筑施工模型搭建。本章通过一个项目实例讲解建筑施工图的识读及Revit建筑模型的搭建。

第7章：综合楼施工场地总平面布置模型。本章通过一个项目实例讲解施工总平面图的识读及Revit场地总平面模型的搭建。

第8章：渲染漫游。本章讲解如何通过Navisworks进行模型的浏览及漫游动画的制作等BIM渲染漫游应用。

第9章：工程管理。本章讲解如何通过Navisworks进行工程量统计、施工模拟等BIM在施工中的应用。

❖ 作者感言

作为一名BIM从业人员，我一直从事BIM相关的技术性工作，在收到人民邮电出版社的写作邀请后，我经历了从惶恐到激动的心路历程。首先，非常感谢人民邮电出版社的认可与信任；其次，能出版一本BIM在土建施工方面的图书，真的是件非常幸运的事。这是我第一次与出版社合作，经验不足，感谢编辑的倾力支持。

本书偏重实践，而较少涉及理论。书中内容包含了我自工作以来的经验总结，以及国内外工作伙伴的一些技术意见。对于BIM领域来说，业内并没有明确的技术准则和固定的表现思路，大家追求的都是最终表现结果。因此，本书仅代表我本人的经验和思路，希望这些内容对读者有实实在在的帮助。

读者如果在学习过程中有不同见解和意见，欢迎提出并一起讨论。由于本人水平有限，书中难免存在疏漏之处，欢迎读者指正。

编者
2021年8月

资源与支持

本书由"数艺设"出品，"数艺设"社区平台（www.shuyishe.com）为您提供后续服务。

配套资源

素材文件（实训、练习所用的所有素材文件）
实例文件（实训、练习的最终文件）
在线教学视频（实训、练习的具体操作过程）

资源获取请扫码

"数艺设"社区平台，为艺术设计从业者提供专业的教育产品。

与我们联系

我们的联系邮箱是 szys@ptpress.com.cn。如果您对本书有任何疑问或建议，请您发邮件给我们，并请在邮件标题中注明本书书名及ISBN，以便我们更高效地做出反馈。

如果您有兴趣出版图书、录制教学课程，或者参与技术审校等工作，可以发邮件给我们。如果学校、培训机构或企业想批量购买本书或"数艺设"出版的其他图书，也可以发邮件联系我们。

如果您在网上发现针对"数艺设"出品图书的各种形式的盗版行为，包括对图书全部或部分内容的非授权传播，请您将怀疑有侵权行为的链接通过邮件发给我们。您的这一举动是对作者权益的保护，也是我们持续为您提供有价值的内容的动力之源。

关于数艺设

人民邮电出版社有限公司旗下品牌"数艺设"，专注于专业艺术设计类图书出版，为艺术设计从业者提供专业的图书、视频电子书、课程等教育产品。出版领域涉及平面、三维、影视、摄影与后期等数字艺术门类，字体设计、品牌设计、色彩设计等设计理论与应用门类，UI设计、电商设计、新媒体设计、游戏设计、交互设计、原型设计等互联网设计门类，环艺设计手绘、插画设计手绘、工业设计手绘等设计手绘门类。更多服务请访问"数艺设"社区平台www.shuyishe.com，我们将提供及时、准确、专业的学习服务。

目录

识图基础篇

第1章 BIM土建基础概论 ……… 011

1.1 施工技术概论 ……………… 012
1.1.1 施工测量 …………………………… 012
1.1.2 土方工程施工 ……………………… 013
1.1.3 地基处理与基础工程施工 ………… 014
1.1.4 主体结构工程施工 ………………… 015

1.2 BIM在土建施工中的应用 ……… 016
1.2.1 BIM在土建施工中应用的内容 …… 016
1.2.2 BIM在土建施工中的工作流程 …… 017

1.3 BIM实施方案 ……………… 019
1.3.1 编制依据 …………………………… 019
1.3.2 工程概况 …………………………… 020
1.3.3 BIM策划目标 ……………………… 020
1.3.4 BIM实施制度及管理体系 ………… 020
1.3.5 BIM应用描述 ……………………… 021
1.3.6 BIM准备工作 ……………………… 021
1.3.7 临时设施模型建立 ………………… 022
1.3.8 正式工程BIM工作的实施与应用 … 023
1.3.9 BIM交付和存档 …………………… 024

第2章 结构施工图识图基础 …… 025

2.1 结构施工图基础知识 ………… 026
2.1.1 结构施工图概述 …………………… 026
2.1.2 建筑物的分类与构成 ……………… 026
2.1.3 建筑结构制图的基本规定 ………… 027

2.2 基础平法施工图 ……………… 031
2.2.1 基础概述 …………………………… 031

2.2.2 基础平面图和详图 ………………… 032
2.2.3 独立基础平法施工图 ……………… 033
2.2.4 条形基础平法施工图 ……………… 034
2.2.5 筏形基础平法施工图 ……………… 035
▶ 实训：识读梁板式筏形基础图纸 …… 038
▶ 练习：识读平板式筏形基础图纸 …… 038
2.2.6 桩基础平法施工图 ………………… 038

2.3 柱平法施工图 ………………… 040
2.3.1 表示方法 …………………………… 040
2.3.2 列表注写方式 ……………………… 041
2.3.3 截面注写方式 ……………………… 041
▶ 实训：识读结构柱平面平法施工图 … 041
▶ 练习：识读结构柱平面平法施工图 … 042

2.4 剪力墙平法施工图 …………… 042
2.4.1 平法施工图的表示方法 …………… 042
2.4.2 洞口的表示方法 …………………… 044
2.4.3 地下室外墙的表示方法 …………… 044
▶ 实训：识读剪力墙身表 ……………… 044
▶ 练习：识读剪力墙身表 ……………… 045

2.5 梁平法施工图 ………………… 045
2.5.1 表示方法 …………………………… 045
2.5.2 平面注写方式 ……………………… 045
2.5.3 截面注写方式 ……………………… 046
▶ 实训：识读梁平法施工图 …………… 046
▶ 练习：识读梁平法施工图 …………… 046

2.6 有梁楼盖平法施工图 ………… 047
2.6.1 表示方法 …………………………… 047
2.6.2 平面注写方式 ……………………… 047
▶ 实训：识读有梁楼盖平法表达 ……… 047

▶ 练习：识读有梁楼盖平法表达 ············· 048

2.7 无梁楼盖平法施工图 ············· 048

2.7.1 表示方法 ··································· 048
2.7.2 暗梁的表示方法 ························· 049
▶ 实训：识读无梁楼盖平法表达 ············· 049
▶ 练习：识读无梁楼盖平法表达 ············· 049

2.8 楼梯平法施工图 ···················· 049

2.8.1 表示方法 ··································· 049
2.8.2 楼梯类型 ··································· 050
2.8.3 平面注写方式 ··························· 050
2.8.4 剖面注写方式 ··························· 050
2.8.5 列表注写方式 ··························· 050

第3章 建筑施工图识图基础 ···· 051

3.1 建筑施工图基础知识 ············· 052

3.1.1 建筑施工图的内容 ··················· 052
3.1.2 建筑施工图的组成要素 ············· 052

3.2 图纸目录 ···························· 055

3.3 设计说明 ···························· 056

3.3.1 设计依据 ··································· 056
3.3.2 工程概况 ··································· 056
3.3.3 设计标高 ··································· 056
3.3.4 建筑构造及做法 ························· 056

3.4 构造做法表、室内装修表、
门窗表及门窗详图 ················· 057

3.4.1 构造做法表 ····························· 057
3.4.2 室内装修表 ····························· 057
3.4.3 门窗表 ····································· 058

3.4.4 门窗详图 ··································· 058

3.5 建筑平面图 ························· 058

3.5.1 建筑平面图的作用与特点 ··········· 058
3.5.2 建筑平面图的内容 ··················· 059
3.5.3 建筑平面图的识图方法 ············· 060
▶ 实训：识读建筑平面图 ··················· 061
▶ 练习：识读建筑平面图 ··················· 061

3.6 建筑立面图 ························· 062

3.6.1 建筑立面图的作用与特点 ··········· 062
3.6.2 建筑立面图的内容 ··················· 063
3.6.3 建筑立面图的识图方法 ············· 064
▶ 实训：识读建筑立面图 ··················· 064
▶ 练习：识读建筑立面图 ··················· 064

3.7 建筑剖面图 ························· 065

3.7.1 建筑剖面图的作用 ··················· 065
3.7.2 建筑剖面图的内容 ··················· 066
3.7.3 建筑剖面图的识图方法 ············· 066
▶ 实训：识读建筑剖面图 ··················· 067
▶ 练习：识读建筑剖面图 ··················· 067

3.8 建筑详图 ···························· 068

3.8.1 建筑详图的特点与作用 ············· 068
3.8.2 建筑详图主要表现的部位 ··········· 068
3.8.3 建筑详图的内容 ······················· 069
3.8.4 建筑详图的识图方法 ················· 070

3.9 建筑总平面图 ······················ 070

3.9.1 建筑总平面图的作用 ················· 070
3.9.2 建筑总平面图的内容 ················· 071
3.9.3 计量单位 ··································· 072
3.9.4 建筑总平面图的识图方法 ··········· 072
▶ 实训：识读建筑总平面图 ··············· 072
▶ 练习：识读建筑总平面图 ··············· 074

第4章 AutoCAD与Revit制图基础···075

4.1 AutoCAD图纸管理基础············076
4.1.1 操作界面·······················076
4.1.2 绘图环境的设置·················080
4.1.3 图层的设置···················082
4.1.4 基本图形的编辑·················082
4.1.5 标注尺寸的应用·················086

4.2 Revit施工应用基础··············088
4.2.1 Revit的应用特点···············088
4.2.2 族的概念······················089
4.2.3 用户界面·····················089
4.2.4 可见性/图形替换··············092
4.2.5 过滤器的创建·················092
4.2.6 视图范围的设置···············093
4.2.7 图形的应用····················093
4.2.8 基本工具的应用···············096
4.2.9 编辑工具的应用···············102

第5章 综合楼结构施工模型搭建···105

5.1 综合楼结构施工图识读···········106
5.1.1 目录与结构设计说明············106
5.1.2 桩基平面布置图···············110
5.1.3 承台结构平面图···············112
5.1.4 承台拉梁平面图···············114
5.1.5 柱平面图·····················116
5.1.6 梁布置图·····················118
5.1.7 板布置图·····················121
5.1.8 楼梯详图·····················127
5.1.9 详图构件·····················129

5.2 综合楼结构施工模型··············130

5.2.1 标高·························130
▶ 实训：建立结构标高···············134
5.2.2 轴网·························136
▶ 实训：建立轴网···················138
5.2.3 桩基·························140
▶ 实训：搭建桩基模型···············141
5.2.4 承台·························144
▶ 实训：搭建承台模型···············145
5.2.5 柱···························152
▶ 实训：搭建一层柱模型···············153
▶ 练习：搭建二、三层柱模型··········159
5.2.6 梁···························159
▶ 实训：搭建承台拉梁与一层框架梁模型···160
▶ 练习：搭建二、三层梁模型··········167
5.2.7 板···························168
▶ 实训：搭建一层板模型···············170
▶ 练习：搭建二、三层板模型··········173
5.2.8 楼梯·························174
▶ 实训：搭建结构楼梯A模型···········176
▶ 练习：搭建结构楼梯B模型···········187
5.2.9 详图构件······················188
▶ 实训：搭建详图构件模型·············190
▶ 练习：搭建其他详图构件模型········192

第6章 综合楼建筑施工模型搭建···193

6.1 综合楼建筑施工图识读···········194
6.1.1 目录与建筑设计说明············195
6.1.2 构造做法表、室内装修表、门窗表及门窗详图···197
6.1.3 平面图·······················199
6.1.4 立面图·······················202
6.1.5 1-1剖面图、2-2剖面图、卫生间详图···203
6.1.6 楼梯详图·····················204
6.1.7 其他详图·····················206

6.2 综合建筑施工模型 ···················· **207**

  6.2.1 标高与轴网 ······························ 207

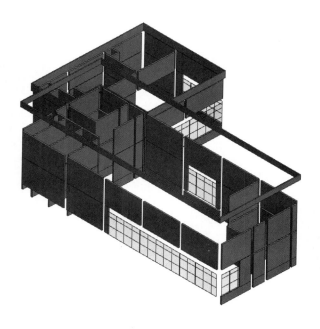 实训：综合楼建筑标高 ·················· 208

  6.2.2 图纸的处理及导入 ···················· 209

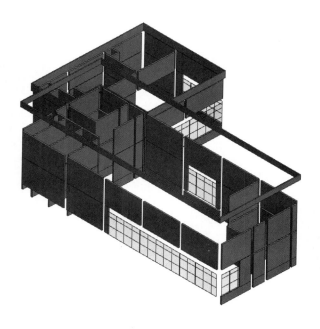 实训：导入底层平面图 ·················· 209

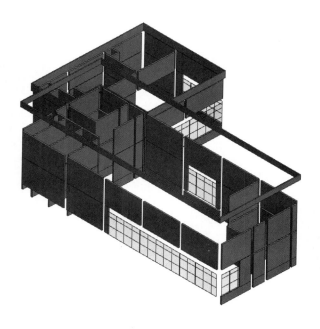 练习：导入其他楼层平面图 ············ 210

  6.2.3 建筑墙体 ································· 211

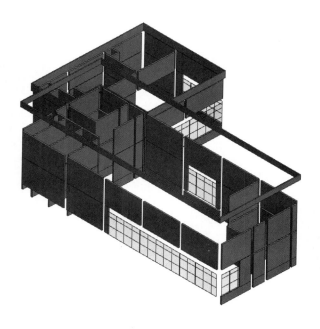 实训：创建一、二层墙体及女儿墙模型 ·· 212

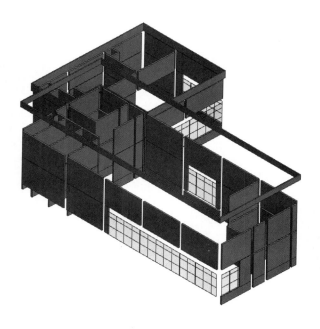 练习：创建三层墙体模型 ··············· 219

  6.2.4 建筑门窗 ································· 220

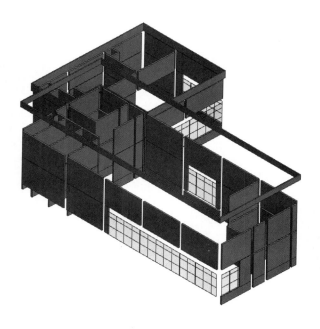 实训：创建底层门窗模型 ··············· 221

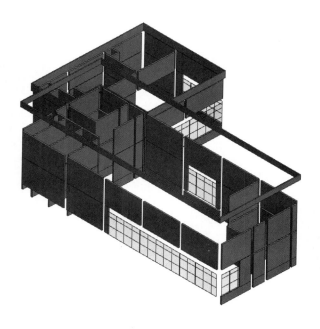 练习：创建二、三层门窗模型 ·········· 226

  6.2.5 细部节点的构造 ······················ 227

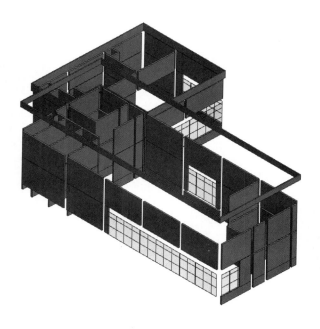 实训：创建台阶模型 ···················· 228

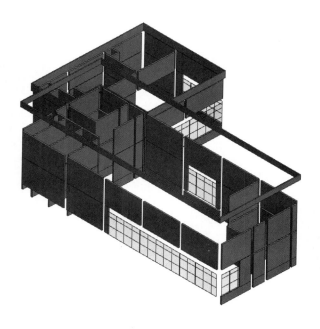 实训：创建散水模型 ···················· 229

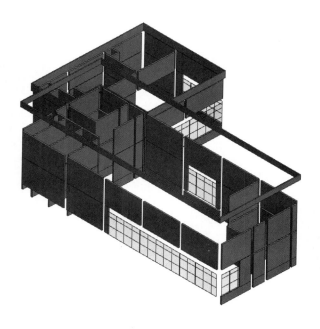 练习：创建其他细部构件模型 ·········· 230

  6.2.6 建筑楼梯 ································· 231

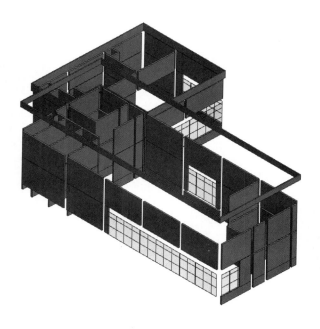 实训：创建建筑楼梯A模型 ············ 233

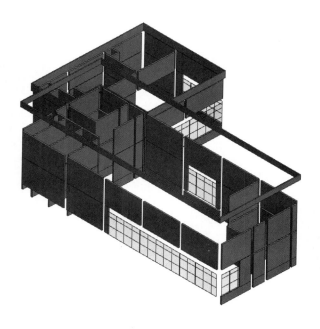 练习：创建建筑楼梯B模型 ············ 238

  7.2.2 拟建建筑物及场内道路模型 ·········· 252

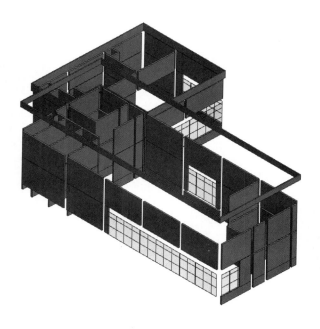 实训：搭建拟建建筑物和场内道路 ······ 254

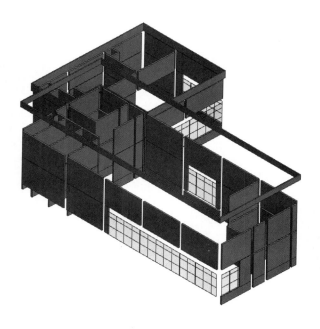 练习：搭建练习文件拟建建筑物和场内道路模型 ··· 255

  7.2.3 大型机械设备模型 ···················· 256

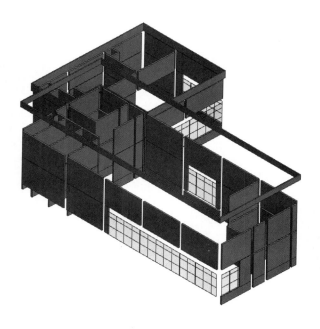 实训：搭建综合楼塔吊模型 ············ 257

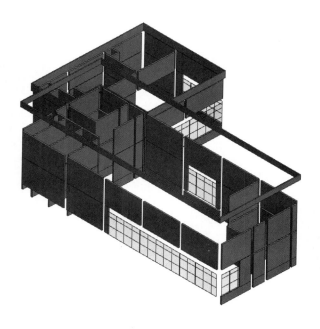 练习：搭建练习文件大型机械设备模型 ·· 257

  7.2.4 堆场模型 ································· 258

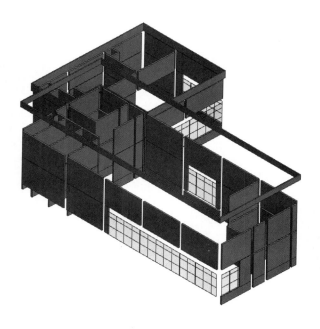 实训：搭建堆场模型 ···················· 259

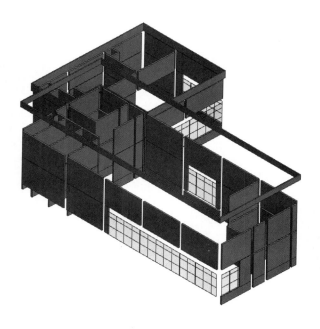 练习：搭建练习文件堆场模型 ·········· 260

  7.2.5 加工棚模型 ···························· 261

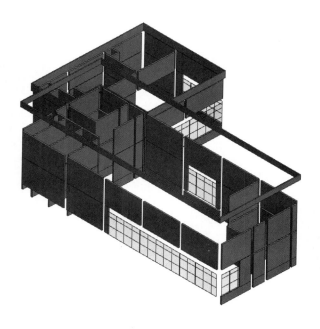 实训：搭建钢筋加工棚模型 ············ 262

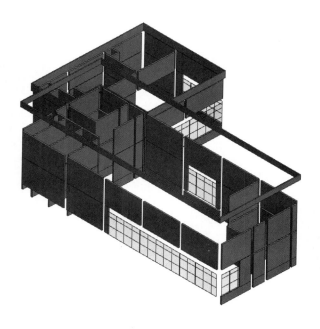 练习：搭建练习文件加工棚模型 ········ 262

  7.2.6 其他需要放置的内容 ················· 263

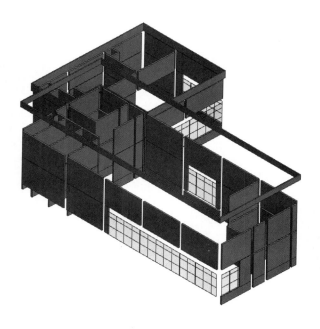 实训：完善场地内容 ···················· 263

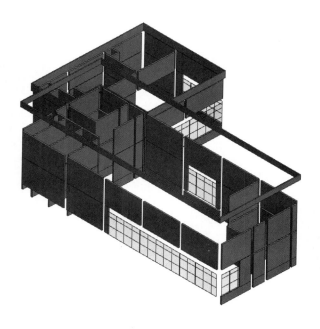 练习：完善练习文件场地内容模型 ······ 265

  7.2.7 临时用房模型 ························· 265

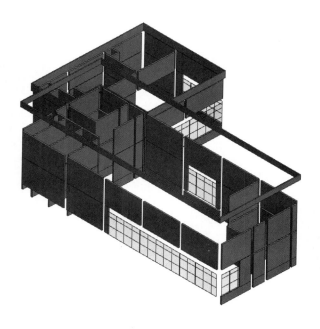 实训：搭建办公生活区模型 ············ 266

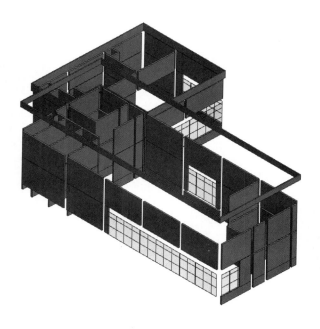 练习：搭建练习文件办公生活区模型 ···· 270

第7章 综合楼施工场地总平面 布置模型 ·················· **239**

7.1 场地布置的内容要求 ··········· **240**

  7.1.1 施工总平面图布置依据 ············· 240

  7.1.2 施工总平面图布置原则 ············· 240

  7.1.3 布置场地的模型内容 ··············· 240

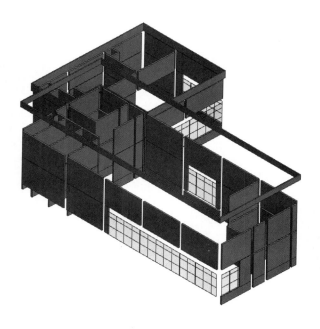 实训：新建场地布置模型 ··············· 244

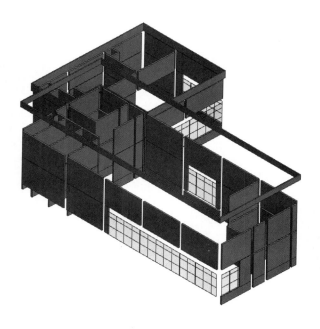 练习：新建练习文件场地布置模型 ······ 245

7.2 场地模型的布置 ················· **245**

  7.2.1 大门、围挡及场外道路模型 ········· 245

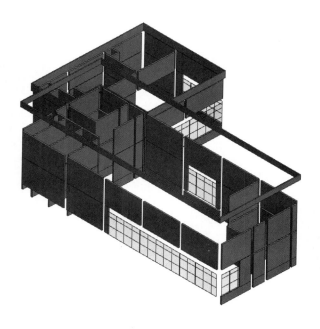 实训：搭建综合楼外部环境模型 ········ 249

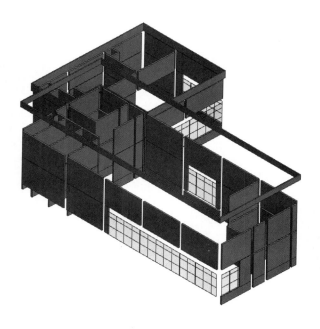 练习：搭建练习文件外部环境模型 ······ 252

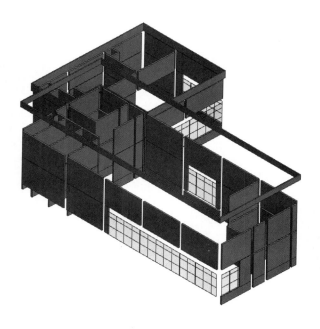

第8章 渲染漫游 271

8.1 模型的浏览与检查 272
8.1.1 模型整理与转化 272
8.1.2 3D漫游 273
▶ 实训：按规划路线1对综合楼模型进行漫游 276
▶ 练习：按规划路线2对综合楼模型进行漫游 279
8.1.3 视点标记 280
▶ 实训：按规划路线1对综合楼模型中存在问题的
视点进行标记 282
▶ 练习：按规划路线2对综合楼模型中存在问题的
视点进行标记 283

8.2 渲染漫游动画 283
8.2.1 定义模型材质 283
▶ 实训：定义综合楼模型的窗扇窗框材质 285
▶ 练习：定义综合楼模型的墙体材质 286
8.2.2 光源设置 287
8.2.3 渲染漫游 288
8.2.4 输出动画 289
▶ 实训：按规划路线3渲染综合楼二层动画 290
▶ 练习：按规划路线3渲染综合楼三层动画 292

第9章 工程管理 293

9.1 工程量统计 294
9.1.1 模型处理 294
9.1.2 生成明细表 296
9.1.3 导出数据 298

9.2 施工模拟 298
9.2.1 施工计划 299
9.2.2 模型处理 300
9.2.3 模型与计划的关联 302
9.2.4 输出动画 303

附录A Revit常用快捷键一览表 304

附录B 现行工程建设国家标准（部分）... 306

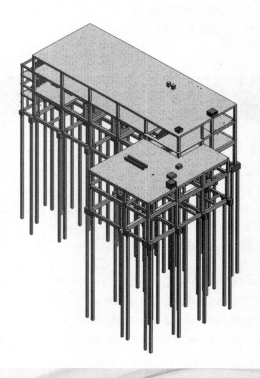

第1章 BIM土建基础概论

BIM（Building Information Model）即建筑信息模型。BIM技术在这几年得到了充分的发展。作为一种新兴的技术，BIM技术提高了建筑工程的效率，为建筑项目带来了更高的效益，并以无可替代的优势逐渐受到建筑行业从业者的认可和喜爱。在学习BIM技术的同时，我们有必要对建筑专业技能有一定的了解，在掌握专业技术的前提下通过BIM技术来提高个人的竞争力，这也是现阶段大多数建筑从业人员的发展方向。本章将简单介绍BIM技术是如何在项目中应用的。

01

- ⌁ 施工技术基础知识
- ⌁ BIM 的特点和作用
- ⌁ BIM 技术在土建施工中的应用点
- ⌁ BIM 的应用现状
- ⌁ BIM 应用方案的内容与要求

技 术 专 题

提 示

实 训 案 例

练 习 案 例

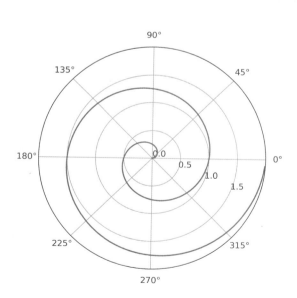

识图基础篇 ▶▶▶

1.1 施工技术概论

能够为项目创造价值的技术才是好的技术，只有将BIM技术应用到项目中才能够创造价值。要想通过BIM技术创造价值，就需要先了解项目施工的相关内容。本节将按照项目施工的顺序依次讲解项目施工的内容和技术要点，以便为后期的项目实践打好基础。

1.1.1 施工测量

施工测量是进行项目施工的第一步，只有确定了施工内容的精准位置才能够进行施工。下面将通过施工测量的内容、方法和对应的工具来介绍如何开展施工测量的工作。

施工测量的基本工作

工程项目中的施工测量一般包含长度的测设、角度的测设、建筑物细部点的平面位置测设、建筑物细部点高程位置的测设和倾斜线的测设等内容。

> 📋 **提示**
> 测角、测距和测高差是测量的基本工作。

施工测量的内容

施工测量需遵循由整体到局部的组织实施原则，一般包含以下3个部分。

❖ 施工控制网

施工控制网的布设包含厂区控制网、建筑物施工控制网和建筑方格网点。

❖ 建筑物定位、基础放线和细部测设

根据控制桩、已经建立的建筑物施工控制网和图纸给定的细部尺寸进行轴线控制和细部测设。

❖ 竣工图的绘制

根据施工控制点将有变化的细部点位在竣工图上重新设定，竣工图的绘制应符合相关规定和要求。

施工测量的方法

施工测量的方法包含直角坐标法、极坐标法、角度前方交会法、距离交会法和方向线交会法，常用的是直角坐标法和极坐标法。

❖ 直角坐标法

直角坐标法指通过已知点和未知点的坐标差，用加减法计算得到未知点坐标的方法，如图1-1所示。使用这种方法能减轻工作量，并且测量的精度较高，适用于施工控制网为方格网或轴线形式的情况。

❖ 极坐标法

极坐标法指通过已知点的位置、测定点和已知点的夹角与距离来确定测定点位置的方法，如图1-2所示。这种方法适用于测设点靠近已知点并便于量距的情况。

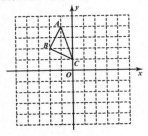

图1-1

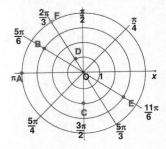

图1-2

❖ 角度前方交会法

角度前方交会法是一种分别在两个已知控制点上对待定点观测水平角以计算出待定点的坐标的方法。该方法适用于不便量距或测设点远离控制点的情况。

❖ 距离交会法

距离交会法是以两个已知控制点为中心，分别以目标点与两已知控制点的距离为半径画圆，通过交会点求得目标点的方法。该方法不需要使用仪器，但是测量的精度较低。

❖ 方向线交会法

方向线交会法可以通过经纬仪测设，也可以通过细线绳测设，测定点由相对应的两个已知点或两个定向点的方向线交会而得。

施工测量的仪器

施工测量是精度要求较高的工作，其误差一般以mm为单位计量，为了达到对应的级别，必然需要用到相应的工具。在项目施工测量的工作中，常用的精密工具有水准仪、经纬仪和全站仪。

❖ 水准仪

水准仪主要由望远镜、水准器和基座3个部分组成，是为水准测量提供水平实现和对水准标尺进行读数的一种仪器，实物如图1-3所示。

❖ 经纬仪

经纬仪由照准部、水平度盘和基座3部分组成，是对水平角和竖直角进行测量的一种仪器，实物如图1-4所示。

❖ 全站仪

全站仪由电子经纬仪、光电测距仪和数据记录装置组成，实物如图1-5所示。全站仪可以在同一时间测量平距、高差、点的坐标和高程，适用于大型工程的场地坐标的测设、复杂工程的定位和细部测设。

图1-3　　　　　　　　　　　　图1-4　　　　　　　　　　　　图1-5

1.1.2　土方工程施工

土方工程是建筑工程施工中的主要工程之一，包括一切土（石）方的开挖、填筑、运输、排水和降水等，涉及场地平整、路基开挖、人防工程开挖、地坪填土、路基填筑和基坑回填等工程。

基坑支护施工

基坑支护一般分为浅基坑支护和深基坑支护两大类。

❖ 浅基坑支护

浅基坑支护为基坑深度较浅的情况下的支护方式，实物如图1-6所示。浅基坑施工的方法主要包含斜柱支撑、锚拉支撑、型钢桩横挡板支撑、短桩横隔板支撑、临时挡土墙支撑、挡土灌注桩支护和叠袋式挡墙支护等方法。

❖ 深基坑支护

深基坑一般指基坑深度大于等于5m，或者基坑深度虽小于5m，但现场地质情况复杂或周围环境复杂的基坑工程，实物如图1-7所示。深基坑施工的方法包括灌注桩排桩支护、地下连续墙支护、土钉墙、型钢混凝土搅拌墙、板桩围护墙、水泥土重力式围护墙、内支撑和锚杆等方法。

图1-6　　　　　　　　　　　　图1-7

人工降排地下水

在进行建筑基坑及边坡、地基和基础工程的施工过程中,应控制地下水、地表水和潮汐的影响。在地下水水位以下含水丰富的土层中开挖基坑时,一般采用人工降低地下水水位的方法。降水的方法一般有轻型井点、多级轻型井点、喷射井点、电渗井点、真空降水管井和降水管井等方法。每种方法具有不同的优点和适用情况。

❖ 轻型井点

轻型井点具有机具简单、使用灵活、拆装方便、降水效果好、可防止流沙现象发生、提高边坡稳定性和费用较低的优点。

❖ 喷射井点

喷射井点具有设备简单、排水深度大、比多级轻型井点降水使用的设备少、土方开发少、施工快和费用较低的优点。

❖ 真空降水管井

真空降水管井所使用的设备较为简单,且排水量大、降水较深,同时由于水泵在地面上,因此易于维护。

土方开挖

土方开挖的顺序应当遵循"开槽支撑、先撑后挖、分层开挖、严禁超挖"的原则,严禁在基坑边坡影响范围内堆放土方。另外,基坑周边应设置排水沟,对坡顶、坡面和坡脚采取降(排)水措施。

1.1.3 地基处理与基础工程施工

地基指建筑物下面支承基础的土体或岩体。作为建筑地基的土层分为岩石、碎石土、砂土、粉土、黏性土和人工填土。地基有天然地基和人工地基(复合地基)两类,天然地基是不需要人工加固的天然土层,人工地基需要经人工加固处理,常见的有石屑垫层、砂垫层和混合灰土回填再夯实等。基础工程指采用工程措施改变或改善基础的天然条件,使之符合设计要求的工程。下面分别对地基处理和基础工程施工进行介绍。

地基处理的方法

地基处理就是提高地基的强度,为改善其变形性质或渗透性质而采取的技术措施。处理后的地基应满足建筑物地基的承载力、变形和稳定性的要求。常见的地基处理方式有换填地基、压实和夯实地基、复合地基、注浆加固、预压地基和微型桩加固等。

桩基础施工

桩基础按照施工工艺分为钢筋混凝土预制桩、泥浆护壁成孔灌注桩、长螺旋钻孔压灌桩、沉管灌注桩、干作业成孔灌注桩和钢桩等。钢筋混凝土预制桩的施工方法分为锤击沉桩法和静力压桩法两种。

❖ 锤击沉桩法

锤击沉桩法需遵循"确定桩位和沉桩顺序→桩基就位→吊桩、喂桩→校正→锤击沉桩→接桩→再锤击沉桩→送桩→收锤→切割桩头"的施工程序,施工实况如图1-8所示。

❖ 静力压桩法

静力压桩法需遵循"测量定位→压桩机就位→吊桩、插桩→桩身对正调直→静压沉桩→接桩→再静压沉桩→送桩→终止压桩→检查验收→转移桩基"的施工程序,施工实况如图1-9所示。

图1-8   图1-9

混凝土基础施工

混凝土基础的主要形式有条形基础、独立基础、筏形基础和箱形基础。另外,混凝土基础施工主要包含钢筋、模板、混凝土、后浇带混凝土和混凝土结构缝处理等工程内容。

❖ **钢筋工程**

钢筋工程需遵循"钢筋放样→钢筋制作→钢筋半成品运输→基础垫层→弹钢筋定位线→钢筋绑扎→钢筋验收、隐蔽"的施工程序，施工实况如图1-10所示。

❖ **模板工程**

模板工程需遵循"模板制作→定位放线→模板安装、加固→模板验收→模板拆除→模板的清理、保养"的施工程序，施工实况如图1-11所示。

图1-10　　　　　　　　　图1-11

❖ **混凝土工程**

混凝土工程需遵循"混凝土搅拌→混凝土运输、泵送与布料→混凝土浇筑、振捣和表面抹压→混凝土养护"的施工程序，施工实况如图1-12所示。

图1-12

1.1.4　主体结构工程施工

主体结构是基于地基基础，接受、承担和传递建设工程所有上部荷载，维持上部结构整体性、稳定性和安全性的有机联系的系统体系。它和地基基础共同构成了建设工程完整的结构系统，是建设工程安全使用的基础，是建设工程结构安全、稳定、可靠的载体和重要组成部分。主体结构一般包括混凝土结构、砌体结构、钢结构和装配式混凝土结构等形式，下面依次进行讲解。

混凝土结构工程

混凝土结构有强度较高、可模性好、适用面广、耐久性与耐火性较好和维护费用低等诸多特点。在项目的施工过程中，现阶段应用的混凝土结构大部分为现浇混凝土结构。现浇混凝土结构具有整体性好、延展性好的特点，适用于抗震抗爆结构，同时防振性和防辐射性能较好，因此也适用于防护结构。

当然，混凝土结构的缺点也较为明显，包括自重大、抗裂性差、施工过程复杂、受环境影响大和施工工期较长等。混凝土结构施工的内容包含模板工程、钢筋工程和混凝土工程等。

❖ **模板工程**

模板工程包括模板和支撑系统两大部分。模板质量的好坏直接影响混凝土成型的质量，支架系统的好坏直接影响其他施工的安全。模板支撑系统如图1-13所示。常见的模板有胶合板模板、组合钢模板、钢框木胶合板模板、大模板、组合铝合金模板、早拆模板体系、滑模、飞模和爬模等。

❖ **钢筋工程**

混凝土结构使用的普通钢筋可分为热轧钢筋和冷加工钢筋两类。钢筋通过调直、除锈、下料切断、接长弯曲成型等方式加工成现场需要的形状，并按照设计图纸的要求安装到对应的位置。钢筋调直机实物如图1-14所示。

图1-13　　　　　　　　　图1-14

❖ **混凝土工程**

普通混凝土是以水泥、水、砂、石子、外加剂和矿物掺和料等按照适当的比例配制而成的。现阶段大部分项目施工使用的混凝土为商品混凝土，通过混凝土罐车运输到现场用于施工。

混凝土浇筑前应根据施工方案认真交底，并做好浇筑前的各项准备工作，如检查模板、钢筋、支撑、预埋件并清理模板内的杂物等。

浇筑混凝土时，需要满足各项规范的规定，保证浇筑高度、浇筑温度等符合要求。

混凝土浇筑后的养护分为自然养护和加热养护两大类。现场养护一般为自然养护，如图1-15所示；自然养护又可以分为覆盖浇水养护、薄膜布养护和养生液养护。

图1-15

🏛 砌体结构工程

砌体结构工程指通过砌体砌筑而成的结构，实物如图1-16所示。根据砌体的不同，又分为砖砌体工程、混凝土小型空心砌块砌体工程和填充墙砌体工程。

🏛 钢结构工程

钢结构工程适用于大跨度的建筑物或高层建筑物的顶部，实物如图1-17所示。钢结构工程的施工一般包括钢结构构件的制作、钢结构构件的连接和钢结构的涂装等内容。

图1-16

图1-17

🏛 装配式混凝土结构工程

装配式建筑是指将传统的结构构件在工厂中进行预制并运输到建筑施工现场，再通过可靠的连接方式装配并安装而成的建筑，如图1-18所示。由于装配式建筑需要达到更加精细化的要求，因此越来越多的施工方开始通过BIM技术来实现相应的应用。

图1-18

1.2 BIM在土建施工中的应用

前面对施工的基础内容进行了讲解，本节将基于施工中的具体技术讲解BIM是如何在土建施工中应用的。

1.2.1 BIM在土建施工中应用的内容

针对不同的施工内容，BIM技术将会有不同的应用。下面从招投标、碰撞检测、施工模拟、成本管理、综合管控能力、场地布置、工作面管理、安全文明管理等方面讲解BIM技术是如何为土建施工提供帮助的。

🏛 招投标

BIM可以更立体地展现项目的技术方案和实力，并且能更精确、快捷地制定投标价，提升企业的中标率。在现阶段的项目招投标过程中，很多项目的招标文件中都会明确要求相应的BIM工作内容，项目越大，对BIM的要求就越高。因此，一个不懂BIM的公司在以后的招投标工作中将很难取得优势。

🏛 碰撞检测

通过BIM技术，可以使多专业管道及设备的碰撞检测更加方便，人员的协调沟通有理可依，从而减少施工中不必要的麻烦，同时减少设计变更，加快施工进度。例如，根据BIM模型在项目的施工阶段进行碰撞检测，可帮助业主提前发现图纸问题，减少施工阶段的变更。另外，将建模过程中发现的问题整理成报告，并提前与设计单位进行沟通交流，可在前期规避相应的问题。

🏛 虚拟施工，有效协同

三维可视化和时间维度的结合可进行虚拟施工，以便直观、快速地对比施工计划和实际进展，同时进行有效协同。这不仅减少了建筑的质量和安全问题，还降低了返工和整改等延误工期的概率。

成本管理

由于工程项目的投资巨大，因此传统的管理方式很难避免资源的浪费。BIM技术则可以帮助项目减少资源的浪费，提高项目的收益。基于BIM的信息化管理方式在成本管理上具有以下特点。

①多算对比，有效管控。

②精确计划，减少浪费。

③数据调用，决策支持。

④快速算量，精度提升。

提升项目综合管控能力

施工企业在企业级层面应用BIM技术，可以实现对项目部的有效支撑、有效控制并降低管控风险，从而进一步提升项目的管控能力。

现场布置优化管理

利用BIM技术可以直观地模拟各个阶段的现场情况，灵活地进行现场平面布置，让现场平面布置得更为合理、高效。

工作面管理

BIM技术可提高施工组织协调的有效性，集成工程资源、进度和成本等信息，实现合理的施工流水划分，并基于模型完成施工的分包管理。

安全文明管理

安全文明管理主要体现在以下3点。

①用BIM建立三维模型，以便提前判断危险源；在建筑物附近布置防护设施模型，提前排查安全死角。

②利用BIM根据相应灾害进行分析和模拟，提前模拟灾害发生的过程，经专家组分析原因后，制定相应措施，并编制人员疏散、救援的应急预案。

③基于BIM技术，将智能芯片植入项目现场劳务人员的安全帽中，对其进行进出场的控制、工作面布置等方面的动态查询和调整。

1.2.2 BIM在土建施工中的工作流程

BIM技术作为一种新兴的技术方式是如何应用在项目上的呢？BIM应用在土建施工中都有哪些工作需要开展呢？该按照怎样的方式和流程开展相应的工作呢？在深入学习BIM技术之前，我们有必要针对上述问题了解BIM在土建施工过程中的工作流程。只有对BIM的工作有了系统的认知，我们才能知道每一步工作的意义。下面按照项目应用的顺序讲解BIM工作是怎样在项目中开展的。

BIM实施方案的编制

BIM实施方案是项目BIM工作开展的依据和目标。在项目施工前，根据规范、施工合同、BIM合同和施工图纸等确立项目BIM应用方案的内容，是BIM工作的第一步。

结构施工图的识读

识读结构施工图是搭建结构施工模型的前提。识读结构施工图一般按照结构施工图中的图纸顺序进行。

❖ 阅读结构设计总说明

结构设计总说明是结构设计的核心内容。通过结构设计说明可以知道本项目的结构设计依据、项目概况和框架承重结构的信息等内容。

提示

> 阅读设计总说明，并结合其他图纸，可对项目有一个大体的了解。

❖ **阅读基础图纸**

基础图纸是关于项目基础设置的详细表达，通过基础图纸可以了解项目基础设置的具体信息。

❖ **阅读主体结构平面图**

主体结构平面图一般包含结构柱图、结构梁图和结构楼板图3类，每一类图纸都对应了同一类的构件，通过相应的平面图可以了解到主体结构的相关信息。

❖ **阅读其他图纸**

结构图纸中还包含楼梯详图、其他详图索引等内容。楼梯详图是结构楼梯的详细表达，而其他详图索引是对项目中其他结构信息的进一步说明。

❖ **结构施工模型的建立**

结构施工模型的建立一般根据项目施工的实际情况来进行。模型的建立顺序一般为"桩基承台→结构柱→结构梁→结构楼板（主体结构由下往上一次绘制）→楼梯→细部节点"。

建筑施工图的识读

识读建筑施工图是搭建建筑施工模型的前提。识读建筑施工图一般按照建筑施工图中的图纸顺序进行。

❖ **阅读建筑设计总说明**

建筑设计总说明是建筑设计的核心内容。通过建筑设计说明可以了解本项目的建筑设计依据、项目概况和门窗等有关建筑装饰装修等内容的信息。

提示

> 阅读设计总说明，可以对项目有一个大体的了解，并可结合其他建筑图纸进行阅读。

❖ **阅读底层平面图**

底层平面图又叫作首层平面图，其所包含的信息最多，主要包含室外建筑做法、门窗墙体做法和房间布置等建筑信息。

❖ **阅读标准层平面图**

标准层平面图相对于底层平面图而言缺少室外建筑做法，其他内容类似。

❖ **阅读顶层平面图**

顶层平面图一般为屋顶做法，屋顶做法主要涉及坡度、防水等内容。

❖ **阅读其他图纸**

建筑图纸中还包含楼梯详图、其他详图索引等内容。楼梯详图是建筑楼梯的详细表达，而其他详图索引是对项目中其他细部节点做法信息的进一步说明。

❖ **建筑施工模型的建立**

建筑施工模型的建立一般以结构模型为基础。建筑模型的搭建按照高度从下往上依次进行，模型的精细程度需要根据BIM实施方案来确定。

❖ **场地布置模型的建立**

场地布置模型是施工前期根据项目施工实际确定的施工现场进行布置的。场地布置模型的顺序一般没有什么要求，但是场地布置的模型内容必须符合BIM实施方案并满足项目使用的需求。

BIM应用

BIM应用是指针对本项目的具体BIM应用点。BIM应用点的内容在BIM实施方案中会确定下来，根据项目的需求通过BIM应用来创造价值。BIM的应用一般包含模型浏览与检查、漫游动画渲染、工程量统计和施工模拟等内容，这些内容都是基于已经完成的项目模型来实现的。

1.3 BIM实施方案

BIM实施方案是项目BIM工作开展的依据和目标。我们对项目需求进行分析和研究，了解项目的实际需求，并通过实施方案体现出来。一个好的实施方案是项目BIM工作的前提，制作BIM实施方案是项目BIM工作的第一步。实施方案应当包含以下9个部分。

①编制依据。

②工程概况。

③BIM策划目标。

④BIM实施制度及管理体系。

⑤BIM应用描述。

⑥BIM准备工作。

⑦临时设施模型建立。

⑧正式工程BIM工作的实施与应用。

⑨BIM交付和存档。

下面针对项目BIM实施方案的内容进行详细的讲解。

1.3.1 编制依据

编制依据是编制BIM实施方案的依据，其中涉及相关法规、规范和项目相关资料。相关内容如表1-1所示。

表1-1 编制依据

编制依据		编号
业主提供的招标文件、招标答疑文件、投标时提供的工程总平面图和标前交底会相关资料		
现场和周边的踏勘情况		
地方有关现场安全、文明施工的各种规定		
业主、设计单位指定的各类标准、规范、规程、国家和省级标准图集		
国家标准、规范	《建筑结构可靠性设计统一标准》	GB 50068-2018
	《建筑工程抗震设防分类标准》	GB 50223-2008
	《建筑结构荷载规范》	GB 50009-2012
	《工程测量规范》	GB 50026-2007
	《建筑抗震设计规范》（2016年版）	GB 50011-2010
	《混凝土结构设计规范》（2015版）	GB 50010-2010
	《混凝土结构工程施工质量验收规范》	GB 50204-2015
	《砌体结构工程施工质量验收规范》	GB 50203-2011
	《建筑地基基础设计规范》	GB 50007-2011
	《建筑地基基础工程施工质量验收标准》	GB 50202-2018
	《地下工程防水技术规范》	GB 50108-2008
	《混凝土外加剂应用技术规范》	GB 50119-2013
	《混凝土结构耐久性设计标准》	GB/T 50476-2019
	《屋面工程质量验收规范》	GB 50207-2012
行业及地方相关标准、规范	《钢筋焊接及验收规程》	JGJ 18-2012
	《钢筋机械连接技术规程》	JGJ 107-2016
	《建筑地基处理技术规范》	JGJ 79-2012
	《混凝土小型空心砌块工程质量检验评定标准》	DG/TJ 08-20007-2000
	《混凝土泵送施工技术规程》	JGJ/T 10-2011
其他资料	其他国家及省级现行BIM相关规范	

> **提示**
>
> 编制依据要根据项目的实际情况而定，在满足国家规范和相应地方法规的基础上可以有所变动。

1.3.2 工程概况

工程概况指施工工程项目的基本情况，主要包括工程名称、规模、性质、用途、资金来源、投资额、开竣工日期、建设单位、设计单位、监理单位、施工单位、工程地点、工程总造价、施工条件、建筑面积、结构形式、图纸设计完成情况和承包合同等内容。

1.3.3 BIM策划目标

BIM策划目标是项目BIM应用内容的介绍，根据项目实际情况编写。其内容一般包含技术目标、质量目标、安全目标、进度目标、总承包管理目标和科技创优目标。

技术目标

消除现场冲突，提升现场生产效率；减少施工变更；无损耗传递施工方案信息，便于施工交底；优化施工流程；为绿色施工提供技术支持。

质量目标

通过三维可视化，对项目进行质量交底；通过标准化模型和实际构件的比对进行质量验收；通过三维扫描技术和BIM技术，提前发现质量安全隐患。

安全目标

提前对项目进行漫游、模拟，以便辨识施工危险源，并完成对危险源的优化设计，杜绝导致死亡和重伤的安全隐患。

进度目标

对项目进行4D模拟，可优化工序衔接和流水施工，节约施工工期。

总承包管理目标

总承包管理的优点是提高信息传递的准确性和全面性，有效减少工程变更、争议、纠纷和索赔的耗费，使资金、技术和管理等各个环节衔接得更加紧密，实现对工程项目进行全生命周期的管理。

科技创优目标

进行BIM项目应用的研究和创新，后续可参加相关BIM比赛或进行论文的撰写。

1.3.4 BIM实施制度及管理体系

BIM实施制度及管理体系是项目BIM工作人员分工和职责的划分，通过建立完善的BIM工作体系来保证BIM工作的顺利开展。BIM相关岗位及人员安排如表1-2所示。

表1-2 BIM相关岗位及人员安排

岗位	职责
BIM实施组长	负责统筹整个BIM系统，包括系统的建立和实施管理，团队的组建、管理和调配，组织BIM相关培训，解决BIM实施过程中的技术问题，对接公司BIM管理部和总包业主，落实BIM管理规定
土建BIM工程师	负责工程建筑、结构专业的BIM建模、模型应用和深化设计等工作，主要提供完整的墙、门窗、楼梯及屋顶等建筑信息的Revit模型，主要的平面图、立面图、剖面图和门窗明细表，以及建筑平面图的主要尺寸标注，方便施工沟通，对项目的总平面、网络传输等进行管理
钢构BIM工程师	对工程的钢构进行建模及深化设计，主要提供完整的钢柱、钢梁和压型板等构件信息BIM模型，辅助工厂预制构件加工，提供主要的平面图、立面图和剖面图，以及构件的尺寸、重量表
给排水BIM工程师	建立工程的给排水、消防专业BIM模型，完成管线综合深化设计、水泵等设备和管路的设计复核等工作，主要包括提供完整的给排水管道、阀门及管道附件的Revit管网模型，以及主要的平面图、立面图、剖面图、管道和配件明细表，此外还需提供平面图的主要尺寸标注
暖通BIM工程师	建立工程的暖通专业BIM模型，完成管线综合深化设计、空调设备和管路的设计复核等工作，主要包括提供完整的暖通管道、系统机柜等的Revit暖通管网模型，以及主要的平面图、立面图、剖面图、管道和设备明细表，此外还需提供平面图的主要尺寸标注
电气BIM工程师	建立工程的电气专业BIM模型，完成管线综合深化设计、电气设备和线路的设计复核等工作，提供完整的电缆布线、线板、电气室设备、照明设备和桥架等的Revit电气信息模型，以及主要的平面图、立面图、剖面图和设备明细表，此外还需提供平面图的主要尺寸标注

岗位	职责
幕墙BIM工程师	建立工程的幕墙专业BIM模型，优化轻钢龙骨布置，并完成开窗位置的调整和材质的选择等工作，提供完整的幕墙三维效果图、预埋点位布置图，提供完整的BIM幕墙模型，以及主要轻钢、幕墙玻璃材质的尺寸表
装饰工程BIM工程师	完成装饰工程BIM模型的审核，装饰工程相关模拟的审核等，由分包提供人员进行管理
市政专业BIM工程师	现场施工环境、市政设施的管理

提示

BIM技术人员一般由独立的BIM工程师担任，而相关负责人则一般由与项目相关的领导兼任。

1.3.5 BIM应用描述

BIM应用描述指项目BIM应用的具体内容，通过详细的描述来说明BIM在项目中具体的应用点和相应的应用方式，一般应用点包含以下内容。

①数字化数据集成（BIM建模）。

②项目施工平面三维部署。

③碰撞检测。

④管线综合与排布。

⑤项目工程量统计。

⑥施工安全危险源动态模拟。

⑦结构预留洞口。

⑧二次结构排布。

⑨高支模方案模拟。

⑩坡道方案模拟。

⑪电梯井操作平台设计。

⑫二次结构三维排砖图。

⑬临时消防管线排布。

项目应用描述所包含的应用点不局限于以上几种，应根据项目实际进行项目应用点的选择和策划，并对项目应用进行相应的描述。下面以管线综合与排布为例说明如何进行相关应用点的描述。

传统工作

随着建筑物越来越复杂，传统的管线排布问题成了设计和施工的难题。管线综合是工程项目中的难点，尤其是在综合排布上，过去使用的是传统的2D设计，而不可见的原因造成了二次返工和浪费等现象，这些现象普遍存在。

BIM场景

根据设备、材料的选型、规格尺寸和施工的操作工艺等要求，通过BIM技术合理布置机电各专业系统的设备和管路，同时综合考虑机电其他系统的管线、设备排布，满足设计和使用功能的要求，如图1-19所示。运用BIM技术对管线系统进行优化，在提高净高的同时，也使得管线排列整齐合理。绘制内容完善、数据准确并且表达清楚的深化设计图纸，经原设计审核确认后，即可用于工程施工。

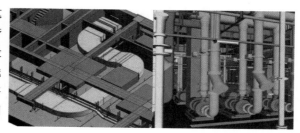

图1-19

1.3.6 BIM准备工作

BIM准备工作涉及基础设施、技术、沟通机制和模型搭建等内容，下面依次对相关内容进行介绍。

基础设施准备

在项目开展前，需准备好实施BIM所需要的软件、硬件、空间和网络等基础设施。选择硬件时考虑建立模型阶段和模型应用阶段所需的硬件需求等，选择软件时考虑数据共享等问题。

硬件配置

项目BIM应用计算机硬件配置如表1-3所示。

表1-3 BIM应用计算机硬件配置

配置	推荐
系统	Windows 7 64位以上
CPU	英特尔i7处理器
内存	16GB以上
显卡	独立显卡，具备2GB以上显存

共享空间和网络

一般项目的共享空间选择用云盘，可有效进行组内有关资料的共享。同时，要求组员计算机的BIM文件设置个人密码，防止数据泄露，此外BIM组长还需要定期对阶段资料进行整理，并定期备份在中心文件夹中，中心文件夹需放置在台式计算机中。

沟通机制

沟通机制主要包含协同方式、会议和模型提交时间。

①协同方式一般为链接。

②定期举行多方协调会，组织甲方、分包方和监理方等人员就应用BIM技术等问题进行研讨，并配合技术部、工程部和商务部等部门的工作，梳理BIM阶段目标与任务。

③根据施工工期确定任务预计开始时间、预计完成时间等，然后填写阶段任务表。

软件配置

项目BIM应用计算机软件配置如表1-4所示。

表1-4 BIM应用计算机软件配置

软件名称	软件功能	备注
Autodesk Revit	建立建筑、结构、水、暖和电专业的模型；建立族模型；进行专业间的碰撞检测、深化设计；对三维模型进行渲染等	建模软件
Autodesk Navisworks	集成不同专业的模型；专业级的碰撞检测并生成报告；施工动态模拟；三维漫游；三维测距、展示等	模拟分析软件
Lumion	渲染三维动画	辅助软件

技术准备

项目BIM人员对施工设计图纸、施工深化图纸、施工方案、施工进度计划、工程量和合同等资料进行收集整理，将资料分类保存在共享空间，并实时进行更新。

根据项目需求向分公司技术中心提出要求，根据项目实施BIM的相关工作内容对相关人员进行培训和过程指导，包括操作技能、软件培训和实施策划等内容。

建模准备

建模需要准备的内容包括建立文件夹命名标准、模型拆分标准、模型色彩标准、模型详细程度、建模标准、模型交付和存档标准等（详见《项目BIM实施标准》），并确定项目的BIM进度计划表。

1.3.7 临时设施模型建立

场地平面布置模型是进行项目施工的场地布置规划，合理的规划能够使项目施工更加便利，减少不必要的成本支出。场地布置模型的建立必须满足相应的规范，建立符合要求的场地总平面布置模型是BIM施工的必备技能。

施工总平面布置

利用施工场地平面布置模型进行总平面布置，包含对施工车辆的进出场路线、施工材料的堆放区域、水平运输过程和施工环道布置方案、塔吊直径选型，以及不同阶段施工平面布置之间动态转换等的模拟。

❖ 施工场地模型建立

通过Revit进行临时场地的建模确定场地类型，一般所需的模型有场地地形、道路（含坡道）、施工区域、场地和大型机械布置位置，可按照此顺序创建模型。

❖ 材料场地布设

根据项目策划中的资源需求量，确定材料用量和周转材料用量，判定材料场地大小；根据结构施工图纸，确定钢筋材料堆放场地大小；根据现场钢筋使用情况，确定各机械设备数量；根据钢结构用量与钢结构进场情况，确定钢结构场地大小和位置。确定相关信息后，将标准化模型导入Revit，完成材料场地的布设。

若在项目地下室的施工阶段中，材料场地存在多次周转，需根据不同阶段设置不同材料场地，可将不同阶段材料场地模型导入Navisworks，然后通过可视化和动态模拟，判断材料场地布设的合理性。材料场地布设流程如表1-5所示。

表1-5 材料场地布设流程

详细流程	注意事项
确定场地大小	合理利用施工场地，保证各区域材料用量
合理布置模型	提前完善Revit内场地模型族库，避免布置时重新绘制模型
布设不同阶段场地	根据实际情况合理划分施工阶段
导入Navisworks	将不同阶段的场地布置导入相关软件，实施动态状况模拟，确保场地布置的合理性
交付和存档	将完成的实体模型、动画模拟等进行存档

生活区平面布置

根据生活区平面布置图，建立生活区标准化模型，模型包含项目办公室、场地、大门、围挡、门卫、草坪砖、停车场、篮球场、食堂、宿舍、卫生间、水泵房、暖气房、消防水箱和消防环路等内容。建立生活区BIM模型的流程与施工场地平面部署流程一致。

临电、消防管道和消防泵房

临时用电、消防管道和消防泵房是施工时期临时性机电内容，是现场施工的必备条件。

❖ 临电布设

确认现场临时用电位置（包括塔吊、钢筋加工场、现场镝灯、施工电梯、地下室照明和地上操作临时用电），然后确定用电量，选择合适的空气开关，并确定配电箱尺寸和电缆直径，保证临电布设的准确性。

❖ 消防管道、消防泵房布设

根据施工面积，确定消防用水量；消防水管管径和消防水箱尺寸需提前研究讨论；确定消防管道水平管布设位置；根据每层建筑面积，确定消防水带的长度；根据消防水管分支数和供水高度，确定消防水泵型号、尺寸、数量、连接形式和附属器件，并咨询设备厂家。此外还需提供水泵图纸或Revit族文件，保证建模的图形与实际相符。临电、消防管道和消防泵房布设流程如表1-6所示。

表1-6 临电、消防管道和消防泵房布设流程

详细流程	注意事项
确定用电量、用水量	合理选择电缆尺寸和消防水管管径，避免浪费
布设管线位置	标注出管线布设的形式，如部分电缆需埋地敷设、部分电缆需要穿管敷设
布设管线终端	在用水终端及用电终端准确设置终端位置，保证与实际相符
导入Navisworks	动态模拟供水形式
交付和存档	将完成的实体模型、动画模拟等存档

1.3.8 正式工程BIM工作的实施与应用

BIM的应用贯穿于整个施工过程，在施工的过程中，BIM的应用价值越大，应用点就越多。下面将从施工模型深化和方案的模拟与交底两个方面讲解BIM在实际项目中的应用。

施工模型深化

各专业的BIM工程师需结合自身经验和施工技术人员进行配合，对建筑信息模型的施工合理性、可行性进行甄别，并进行相应的调整优化。深化模型的内容包括钢结构的深化节点、现场施工复杂节点和专业机房综合布线等，最终生成可指导施工的三维图形文件和节点图，该流程如表1-7所示。

表1-7 深化模型流程

建模流程	要点	备注
模型建立	根据施工图纸建立各个专业的模型	—
模型优化	与相关专业技术人员配合，完成模型的深化冲突检测，若出现冲突需重新进行模型的优化	—
生成施工作业模型和深化设计图纸	分阶段深化模型，阶段性成果验收合格交底后，可进行下一道工序的深化设计	—
指导现场施工	现场按深化图纸施工，施工员和质检员按照深化图纸进行检查	—
交付和存档	做好保密工作，防止文档资料外泄	模型信息和竣工项目一致

方案模拟与交底

利用前期建立的BIM模型对主体阶段的施工进行BIM优化，完成深化设计模型、施工方案的可视化交底。下面将以悬挑脚手架和二次结构排砖的方案模拟与交底作为示例进行说明。

❖ 悬挑脚手架施工方案的模拟

确定悬挑脚手架施工顺序，保证动态模拟严格按照施工顺序进行，重点指出工字钢布置位置、固定形式与位置、钢管搭设形式、架体与工字钢连接节点和斜拉钢丝绳固定形式等，同时有针对性地对劳务进行可视化交底。悬挑脚手架施工模拟流程如表1-8所示。

表1-8 悬挑脚手架施工模拟流程

详细流程	注意事项
检查主体结构模型	确保模型和施工蓝图内容一致
导入Navisworks	软件在进行数据互用时，可选择性地导出构件，以降低对硬件的要求
进行施工方案模拟	根据脚手架施工布置方案，进行脚手架施工过程的模拟
选择最优方案	对最优模拟方案进行复核，如有需要可进行视频编辑
交付和存档	将完成的实体模型、动画模拟等存档

❖ 机电安装

利用前期建立的BIM模型指导机电安装，其中包含三维漫游、管线综合与排布、管线支吊架、深化拆分设计和施工方案的模拟等内容。

当管线综合与排布流程为机电各专业完成模型的建立后，需要综合各专业模型进行碰撞检测，并筛选出有效的碰撞结果。根据排布的原则和顺序对管线排布进行深化，并对净高进行检测，需满足通过和检修需求。管线综合与排布流程如表1-10所示。

表1-10 管线综合与排布流程

详细流程	注意事项
召开协调会议	依据实际情况安排机电施工顺序 对管线进行二维平面、剖面的大体排布，制定管线的排布思路和原则
综合各专业模型	单专业内的碰撞检测 以项目基点为参照综合模型
管线碰撞检测	碰撞检测时依据排布原则和排列顺序，如依据小管让大管、有压让无压和无坡让有坡等原则筛选有效碰撞结果
管线优化与排布	依据国家相关施工标准进行管线的优化和排布
交付和存档	将Revit模型、碰撞检测结果等存档

❖ 二次结构排砖图

由于二维排砖图对转角墙部位无法进行准确的表达且容易出现不能指导现场施工等情况，因此需要砌筑工人在现场重新进行计算。当采用BIM技术进行排砖时，在三维图形中将准确表示转角墙的排砖形式，提前对二次砌筑进行预排，可加快砌筑进度，有效节省工期。二次结构排砖流程如表1-9所示。

表1-9 二次结构排砖流程

详细流程	注意事项
采用Revit建模	依据方案进行排布
审核三维模型	交由技术人员对砖排布进行审核，主要节点包含墙转角、墙间连接处和预留洞口等内容
视点生成二维图纸	对于不同规格形状的砌体进行标注说明
对劳务交底	在交底过程中重点讲解节点处

❖ 安全控制

BIM的安全控制主要从安全源辨识和技术预防两方面进行。一是对有危险源的地方以三维漫游方式进行漫游，并对现场施工人员进行视频安全交底，增强对施工现场危险源的可视感和理解力，从而规避危险事故的发生；二是通过对狭小空间进行施工模拟，分析操作空间中施工人员与现场构件发生碰撞的可能，从而预先制定安全措施方案，杜绝导致死亡和重伤的安全隐患。

❖ 质量控制

在施工过程中，在现场将标准化、模块化的BIM模型与施工作业结果进行比对和验证，可以有效地避免错误的发生，有利于进行质量验收。另外，通过比较三维扫描技术和BIM模型，还可以发现质量安全等隐患。

对出现的质量问题，可通过现场的相关图像、视频和音频等方式关联到模型中的相应构件上，并记录问题出现的部位或工序，便于后期分析原因，进而制定并采取解决措施，同时收集并记录每次问题的相关资料，积累对类似问题的预判和处理经验，为日后的工程项目事前、事中和事后的控制提供依据。

1.3.9 BIM交付和存档

完成施工阶段的BIM应用后，相应的资料和内容应当保留，为后期的运营维护提供依据。我们在讨论BIM的时候，说的更多的是全生命周期的BIM应用，所以在完成相应的BIM工作后，相应的资料应当进行交付和存档。

🏢 交付和存档

工程交付成果包含不同种类的交付物，主要包含建筑工程信息模型、图纸、表格、碰撞检测报告、BIM策划书、工程量清单和检视视频等，最后根据项目需求选择相应的交付成果。

🏢 保密资料

建立数据安全协议，防止任何数据崩溃、病毒感染和项目团队成员、其他员工或外来人员的不恰当使用或故意损坏等情况的发生。

02

第2章 结构施工图识图基础

结构施工图指关于承重构件的布置，是包括使用的材料、形状、大小及内部构造的工程图样，是承重构件及其他受力构件施工的依据。现阶段的施工依然是以二维施工图纸为依据，从施工的角度来说，学会识读结构施工图纸是从事相关工作必备的技能之一。本章将讲述结构施工图的相应内容，通过本章的学习，读者将掌握结构施工图的相关规定，并能通过结构施工图了解结构设计的意图。

↳ 了解结构施工图的基础知识
↳ 掌握结构施工图制图规则
↳ 掌握平法施工图的表示方法
↳ 掌握柱、梁、板等结构构件的平法表达规则

技术专题

提 示

实训案例

练习案例

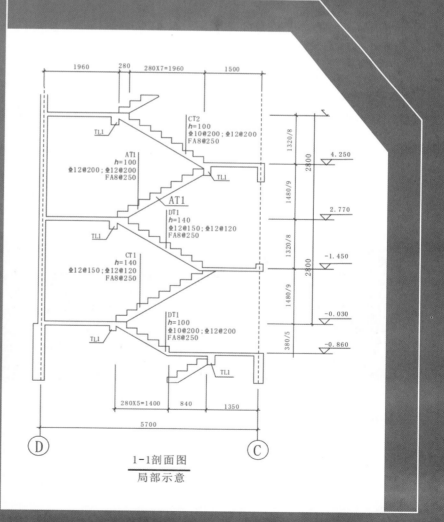

1-1剖面图
局部示意

识图基础篇 ≫

2.1 结构施工图基础知识

结构施工图是按照一定的规则和特定要求绘制的，所有的结构施工图都必须按照规定好的方式方法进行表达和说明，而这些基本的规定就是我们了解结构施工图的敲门砖。在工程施工图中，除对建筑物的造型设计进行图示的表达，还应对建筑各部位的承重构件（如基础、柱、梁、板和楼梯等结构）进行图示的表达，这种图样称为结构施工图，简称"结施"。它是房屋结构定位、基坑放样、开挖、钢筋造配绑扎和构件立模浇筑等的重要依据。本节将讲解结构施工图中的基础知识，以便读者对结构施工图有一个基本的了解。

2.1.1 结构施工图概述

工程图纸是工程规划、设计、概预算和管理的重要依据和重要技术文件。在项目初期，设计人员将自己的设计思想和意图绘制成各种形状的图样；在建筑施工时，施工人员根据图纸进行施工、生产，把设计者的设计思想变为实物。在整个项目周期中，图纸起着关键的传导作用，使用者和管理者可根据图纸进行使用、维护和修理等工作。

2.1.2 建筑物的分类与构成

建筑物的分类和构成用来区分不同类型的建筑物及其组成。建筑物按照不同的标准有不同的分类方式，下文将按照基本和常用的方式对建筑物进行分类和讲解。

建筑物的分类

按照建筑物的用途进行区分，通常可以将建筑物分为民用建筑和工业建筑。

❖ 民用建筑

民用建筑是人们大量使用的非生产性建筑。根据使用功能的不同，它分为居住建筑（住宅建筑）和公共建筑两大类。

居住建筑主要指供家庭和集体生活起居使用的建筑物，如住宅、宿舍和公寓等，如图2-1所示。

公共建筑主要指供人们进行各种社会活动的建筑物，包括行政办公建筑、文教建筑、科研建筑、医疗建筑和商业建筑等，如图2-2所示。

❖ 工业建筑

工业建筑指为工业生产服务的各类建筑，也可以称为厂房类建筑，如生产车间、辅助车间、动力用房和仓储建筑等，如图2-3所示。

图2-1   图2-2   图2-3

建筑物的构成

建筑物由结构体系、围护体系和设备体系组成。

❖ 结构体系

结构体系承受竖向荷载和侧向荷载，并将这些荷载安全地传至地基，一般分为上部结构和地下结构。上部结构指基础以上部分的建筑结构，包括墙、柱、梁和屋顶等；地下结构指建筑物的基础结构。

❖ 围护体系

建筑物的围护体系由屋面、外墙、门和窗等组成，屋面、外墙围护出的内部空间不仅能够遮蔽外界恶劣气候的侵袭，还能起到隔音的作用，从而保证使用人群的安全和私密。门是连接内外的通道，窗户可以透光、通气和开放视野，内墙将建筑物内部划分为不同的单元。

❖ 设备体系

设备体系通常包括供电系统、给排水系统和供热通风系统。其中供电系统分为强电系统和弱电系统两部分，强电系统指供电、照明等，弱电系统指通信、探测和报警等；给水系统为建筑物的使用人群提供了饮用水和生活用水，排水系统则用于排走建筑物内的污水；供热通风系统为建筑物内的使用人群提供了舒适的环境。根据使用需要，还有防盗报警、灾害探测和自动灭火等智能系统。

2.1.3 建筑结构制图的基本规定

图纸是工程技术人员传达技术思想的共同语言，图纸上详尽、充分地描述了工程对象的形状、构造、尺寸、材料、技术工艺和工程数量等各项技术资料，是工程设计的主要成果和施工建造的重要技术文件。为使不同岗位的技术人员对工程图的各项内容有完全一致的理解，必须在表达上对图纸的各个项目有严格而统一的规定，这就是制定制图标准的意义。

> 提示
>
> 为了便于绘制、阅读和管理工程图样，业内制定了相应的国家标准，简称"国标"，代号为GB。

图纸的幅面

图纸幅面指图纸宽度与长度组成的图面。绘制图样时，基本幅面代号有A_0、A_1、A_2、A_3和A_4共5种，绘制的单位为mm，并以表2-1中规定的图纸基本幅面尺寸为标准。

表2-1 图纸基本幅面尺寸

幅面代号 尺寸代号	A_0	A_1	A_2	A_3	A_4
B（mm）×L（mm）	841×1189	594×841	420×594	297×420	210×297
c（mm）	10			5	
a（mm）	25				

标题栏与会签栏

图纸标题栏和会签栏说明的是图纸的设计信息，其中主要包含本套图纸的设计单位、日期、相关责任人和法律法规规定的其他内容。

> 提示
>
> 设计的好与坏会直接影响建筑物的安全，为了保证设计的内容符合相关要求，必须对设计实行责任划分来保障设计图纸的质量和内容。

❖ 图纸标题栏

工程图样应有工程名称、设计单位名称、图名、图号、设计号、设计人、绘图人和审核人等的签名和日期等基础信息，将这些内容集中到列表，并放置在图纸的右下角，这个部分就是"图纸标题栏"，简称"图标"。根据工程的需要确定其尺寸、格式和分区，签字区应包含实名列和签名列，如表2-2所示。

表2-2 图纸标题栏

设计单位名称		
审定		
总设计师		
审核		
标审		
专业负责人		
校核		

续表

设计		
建设单位		
项目名称		
建筑物号		
图名		
图号		
出图状态		设计阶段
版号		专业
比例		日期
张数		张号

❖ 会签栏

有时工程图样还需要设计会签栏，它是各工种负责人签字用的表格，一般放置在图纸的装订边的上端或右端。当然，不需要会签栏的图纸可不设置会签栏。会签栏应按表2-3所示的格式进行绘制，其尺寸应为100mm×20mm，栏内应填写会签人员所代表的专业、姓名和日期（年、月、日）。

表2-3 会签栏

会签单位	会签者	日期

提示

当一个会签栏不够用时，可添加另外一个，两个会签栏应并列排放。除此之外，图纸的标题栏、会签栏和装订边的位置应符合规定。

图线

为了表达工程图样中的不同内容，并且能够分清内容的主次关系，应使用不同线型和不同粗细的图线绘制图样。

为了统一表达图样，"国标"规定了结构施工图中图线的宽度，绘图时按照图样的类型和尺寸大小以一定系数等比例进行放大或缩小，系数一般为2.0mm、1.4mm、1.0mm、0.7mm、0.5mm和0.35mm。在同一张图纸中，相同比例的图样应选用相同的线宽组。图线按线宽分为粗线、中粗线和细线3种，它们的宽度比为4：2：1。

在工程制图的标准中，习惯将粗实线的宽度以b（线宽）表示。每个图样应根据复杂程度和比例大小，先选定基本的线宽，再按规定的线宽比例确定中线和细线，由此得到绘图所需的所有线宽，如表2-4所示。

表2-4 比例

实线	粗	b	主要可见轮廓线
	中	0.5b	可见轮廓线
	细	0.25b	可见轮廓线、图例线
虚线	粗	b	见各有关专业制图标准
	中	0.5b	不可见轮廓线
	细	0.25b	不可见轮廓线、图例线
单点长画线	粗	b	见各有关专业制图标准
	中	0.5b	见各有关专业制图标准
	细	0.25b	中心线、对称线等
双点长画线	粗	b	见各有关专业制图标准
	中	0.5b	见各有关专业制图标准
	细	0.25b	假想轮廓线、成型前原始轮廓线
折断线		0.25b	断开界线
波浪线		0.25b	断开界线

比例

在工程施工图纸中，无法把图纸画成和实物一样大小，因此需要缩小实物的比例。画图时的缩放处理是按比例进行的，并需对该信息进行注写，如图2-4所示。

平面图 1:100

图2-4

①图样的比例为图中图形与其实物相应要素的线性尺寸之比，如比例为1∶2的图样指图上一个单位长代表实物的两个单位长；比例的大小指比值的大小，如1∶50大于1∶500。比例符号为"∶"，比例以阿拉伯数字表示。

②比值等于1的比例称为原值比例，即1∶1；比值大于1的比例称为放大比例，如5∶1；比值小于1的比例称为缩小比例，如1∶50。

③绘图时应根据图样的用途和所绘物体的大小及其复杂程度来确定绘图所用的比例。

④比例宜注写在图名的右侧，比例的字高宜比图名的字高小一号或两号。

⑤在一般情况下，一个图样应选用一种比例。根据专业制图的需要，同一图样可选择使用两种比例。当构件的纵横向断面尺寸相差悬殊时，可在同一详图中的纵、横向选择使用不同的比例进行绘制，此外轴线尺寸和构件尺寸也可以选择使用不同的比例进行绘制。在特殊情况下，我们可以自选比例，这时除了注出绘图比例，还必须在适当位置绘制出相应的比例尺。

符号

尺寸有限的二维图纸在表达大于图纸范围几十倍的三维立体结构时必然存在一定的不足。在实际的项目中，常通过不同的特定符号来简化图纸的表达。符号的表达方式一般都进行了规定，下面讲解结构施工图纸中常见的各种符号的表达方式和对应的含义。

❖ 剖切符号

因为不同类型的图纸的剖切符号组成不一致，所以这里只介绍结构施工图中剖切符号的规定。

（1）剖面图的剖切符号应符合下列规定。

①当剖面图的数量较多时，应按顺序由左至右、由上至下连续编排。

②需要转折的剖切位置线，应在转角的外侧加注与该符号相同的编号。

③建（构）筑物剖面图的剖切符号宜注在±0.00标高的平面图上。

（2）断面图的剖切符号应符合下列规定。

①断面剖切符号的编号宜采用阿拉伯数字，并按顺序连续编排，注写在剖切位置线的一侧，如图2-5所示。

②如果剖面图或断面图与被剖切图样不在同一张图纸上，那么可在剖切位置线的另一侧注明其所在图纸的编号，也可以在图集中进行说明。

图2-5

❖ 索引符号

要想查询图纸，明确前后图之间的关系，学会索引符号的使用是关键的一步。为了使详图和原图相互照应，并且方便查对，应在原图上使用索引符号。

如果需要查看图样中的某一局部或构件的详图，那么应以索引符号索引另一张图纸。索引符号由直径为10mm的圆和指引线组成，圆和指引线均以细实线绘制，同时在索引符号中应注明详图的编号及其所在图纸的图纸号，下面对索引符号的编写规则进行详述。

①如果索引出的详图与被索引的图样在同一张图纸上，那么详图的编号应注写在索引符号的上半圆内，并在下半圆内画一段水平细实线，如图2-6所示。

②如果索引出的详图与被索引的图样不在同一张图纸上，那么该详图所在图纸的图纸号应注写在索引符号的下半圆内，如图2-7所示。

③如果索引出的详图采用标准图，那么应在索引符号水平中线的延长线上加注该标准图集的编号，如图2-8所示。

④如果索引符号用于索引剖面图，那么索引符号应在引出线的一侧加画一条剖切位置线，引出线的一侧表示该剖视详图的剖视方向，如图2-9所示。

图2-6

图2-7

图2-8

图2-9

📖 定位轴线

定位轴线是确定主要结构位置的线，如确定建筑的开间、柱距、进深或跨度的线，如图2-10所示。

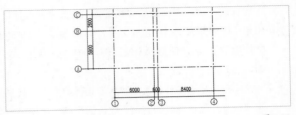

图2-10

📖 尺寸标注

除了画出建筑物及其各部分的形状外，还必须正确、详尽和清晰地标注建筑物的实际尺寸，以表现其大小，作为施工时的依据。

完整的尺寸包括尺寸界线、尺寸线、尺寸起止符号和尺寸数字，如图2-11所示。

图2-11

> **提示**
> 图样本身的任何图线均不得用作尺寸线，包括图形的轮廓线、轴线、中心线和另一尺寸的尺寸界线（包括它们的延长线）。另外，尺寸线画在两尺寸界线之间，用来注写尺寸。

📖 标高

标高是用于标注建筑物高度的一种尺寸形式，在建筑和结构图纸中也有相应的建筑标高和结构标高。标高符号是结构施工中的必备符号之一。标高的表示方式也是有规定的，下面对标高的标注规则进行详述。

①建筑物上某部位的标高（高程）应注写在标高符号上，标高符号应以约3mm高的等腰直角三角形表示，并用细实线绘制，其形式和画法如图2-12所示。

$$4.500$$

图2-12

②总平面图上的标高符号宜涂黑表示，其形式和画法如图2-13所示。标高符号的尖端应指向被标注的高度，标高符号的尖端既可向下，又可向上。

$$4.65$$

图2-13

③标高数字应以米（m）为单位，并注写到小数点以后第3位。在总平面图中，可注写到小数点以后第2位。

④零点标高应注写成±0.000，正数标高不注"＋"，负数标高需要注"—"，如3.000负数标高应注为—0.3000。标高有绝对标高和相对标高之分。在实际的施工中，用绝对标高不方便施工，因此习惯上将房屋底层的室内地坪高度定为零点标高，以此为基准的标高称为相对标高。

📖 结构施工图的其他规定

除了常规的基础规定，还有一些建筑工作者在工作中渐渐形成的习惯性规定，读者也有必要进行一定的了解。

（1）结构图应采用正投影法绘制，特殊情况下也可采用仰视投影法绘制。

（2）结构平面图中的剖面图、详图的编号顺序宜按下列规定编排。

①外墙按顺时针方向从左下角开始编号。

②内横墙按从左至右、从上至下的顺序编号。

③内纵墙按从上至下、从左至右的顺序编号。

📖 混凝土结构施工图平法图集

混凝土结构施工图平法图集是结构施工图在内容表达上的标准，也是结构施工图独有的制图依据。平法图集中讲述了结构构件在施工图中表达的方式方法和对应的要求，掌握了混凝土结构施工图平法图集的规定，才能够了解结构设计文件的内容。本章的其他小节将会以平法图集为依据对结构施工图的内容进行讲解。

❖ 平法施工图表示方法的产生

随着经济的发展和建筑设计标准化水平的提高，近年来各设计单位采用一些较为方便的图示方法。为了规范各地的图示方法，建设部于2003年1月20日下发通知，批准《混凝土结构施工图平面整体表示方法制图规则和构造详图》作为国家建筑标准设计图集（简称"平法"图集），图集号为03G101，于2003年2月15日执行。2011年后对03G101进行了修改，新图集号为11G101。2016年后对11G101进行了修改，图集号为16G101。现阶段所用的版本为较新的16G101。

❖ **平法表示方法与传统表示方法的区别**

把结构构件的尺寸和配筋等按照平面整体表示方法的制图规则整体、直接地表示在各类构件的结构布置平面图上，再与标准构造详图进行结合，形成一套新型、完整的结构设计表示方法，改善了以往传统的将构件（柱、剪力墙和梁）从结构平面设计图中索引出来，再逐个绘制模板详图和配筋详图的烦琐的绘制手段。

2.2 基础平法施工图

基础结构施工图依据标准图集的要求进行出图。本节以《混凝土结构施工图平面整体表示方法制图规则和构造详图》标准图集为依据，讲解独立基础、条形基础、筏形基础和桩基础的施工图表示方法。

2.2.1 基础概述

基础是建筑物的墙或柱埋在地下的扩大部分，是房屋的地下承重结构，它承受了房屋上部结构的全部荷载，通过自身的调整，把它传递给地基。

按照埋置深度和施工方法的不同，可将基础分为浅基础和深基础两大类。

浅基础

一般的房屋基础，其埋置深度不大（一般不超过5m），可用一般施工方法和施工机械开挖基坑并进行排水，这类基础称为浅基础，如独立基础、条形基础和筏形基础等。

❖ **独立基础**

独立基础是独立的块状形式，常用的断面基础形式有踏步式、锥形、杯形和用于多层框架结构或厂房排架的柱下基础，实物如图2-14所示。

❖ **条形基础**

条形基础是连续带形，分为墙下条形基础和柱下条形基础两类，实物如图2-15所示。

❖ **筏形基础**

当建筑物上部荷载较大而地基承载能力又比较弱时，用简单的独立基础或条形基础已不能适应地基变形的需要，这时常将墙或柱下基础连成一片，使整个建筑物的荷载承受在一块整板上，这种满堂式的板式基础称为筏形基础。实物如图2-16所示。

图2-14   图2-15   图2-16

📑 **提示**

由于筏形基础的底面积大，因此可减小基底的压强，同时也可提高地基土的承载力，并能更有效地增强基础的整体性，调整建筑物的不均匀沉降。

📖 深基础

深基础是相对浅基础而言的，深基础与浅基础的区别在于埋置的深度不同，主要的深基础形式为桩基。当建造比较大的工业和民用建筑时，若地基的软弱土层较厚，采用浅埋基础不能满足地基强度和变形的要求，就会使用桩基。桩基的作用是将荷载传递给埋藏较深的坚硬土层，或通过桩周围的摩擦力传给地基，如钢筋混凝土预制桩和灌注桩。

❖ 预制桩

预制桩可以简单理解为在工厂或施工现场制作，在指定位置打入土层的桩基。实物如图2-17所示。

❖ 灌注桩

灌注桩是通过在相应位置挖出孔洞并灌入混凝土而成型的桩基。预制桩在尺寸和长度上有所限制，灌注桩是为了弥补预制桩的不足而产生的更大尺寸、更大深度的桩基。实物如图2-18所示。

图2-17

图2-18

2.2.2 基础平面图和详图

基础平面图和详图是用来表达结构内容的图纸，在一般的结构施工图中，结构基础内容的表达由基础平面图和基础详图两部分组成。在查看结构基础内容时，需要将两者结合才能够正确地理解结构基础设计的意图和内容。

❖ 基础平面图

基础平面图是一种剖面图，是假想用一个水平剖切面在房屋的室内底层地面标高±0.000处将房屋剖开，移去剖切平面以上的房屋和基础回填土后，再向房屋的下部所作的水平投影。基础平面图主要包括基础的平面布置、定位轴线位置、基础的形状和尺寸、基础梁的位置和代号、基础详图的剖切位置和编号等。基础平面图的绘制比例通常采用1：50、1：100和1：200。

❖ 基础详图

由于基础平面图只表示了基础平面布置，没有表达出基础各部位的断面，因此为了给基础施工提供详细的依据，就必须画出各部分的基础详图。

基础详图是一种断面图，是采用假想的剖切平面垂直剖切基础中具有代表性的部位得到的断面图。为了更清楚地表达基础的断面，基础详图的绘制比例通常取1：20和1：30。基础详图的主要内容有基础断面图中的定位轴线、编号、结构、形状、尺寸、材料、配筋、标高、防潮层的位置、基础梁的尺寸和配筋等，如图2-19所示。该图充分表达了基础的断面形状、配筋、大小、构造和埋置深度等内容。

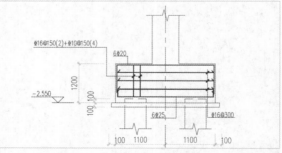

图2-19

> 📋 **提示**
>
> 在阅读基础详图的施工图时，应先将图、剖面编号和基础平面图相互对照，找出基础详图在平面图中的剖切位置，再将不同的基础断面以详图的方式绘出。对于断面结构形式基本相同、仅尺寸和配筋略有不同的基础，可以只绘制一个详图示意，不同之处用代号表示，再以列表的方式将不同的断面与各自的尺寸和配筋一一对应。两者只是表达形式有所区别，这与不同设计单位的施工图的表达习惯有关。

2.2.3 独立基础平法施工图

基础是将建筑上部荷载传递给地基的构件。当建筑物的上部结构采用框架结构或单层排架结构承重时，基础常采用方形、圆柱形或多边形等形式，这类基础称为独立基础，也称单独基础。独立基础可分为普通独立基础和杯口独立基础两种类型；基础底板的截面形式又可分为阶形和坡形两种。

> **提示**
>
> 柱下独立基础是承受柱子荷载并直接将荷载传递给地基持力层的单个构件，柱下独立承台则是承受柱子荷载、将荷载传递给其下的桩基础（单桩或多桩），再传递给地基持力层的转换构件（或过渡构件）。柱下独立基础也叫独立基础；独立承台包括墙下、多柱下独立承台。

表示方法

在绘制独立基础的平面布置图时，应将独立基础平面与基础所支撑的柱子一起绘制。

当设置基础连系梁时，可根据图面的疏密情况，将基础连系梁和基础平面布置图一起绘制，或单独绘制基础连系梁布置图。

在独立基础平面布置图上应标注基础的定位尺寸，当独立基础的柱中心线与建筑轴线不重合时，应标注其定位尺寸。编号相同且定位尺寸相同的基础，可仅选择一个进行标注。

平面注写方式

独立基础的平面注写方式分为集中标注和原位标注两种。

❖ 集中标注

普通独立基础和杯口独立基础的标注包括基础编号、截面竖向尺寸和配筋3项必注内容，此外还包括基础底面标高（与基础底面基准标高不同时）和必要的文字注解两项选注内容。

素混凝土普通独立基础的集中标注，除无基础配筋内容外，均与钢筋混凝土普通独立基础相同。

下面讲解独立基础集中标注的具体内容，其规定如下。

（1）注写独立基础编号（必注内容）遵循表2-5所示的规则。独立基础底板的截面形状通常为阶形截面（编号加下标j，如DJ$_j$xx、BJ$_j$xx）和坡形截面（编号加下标p，如DJ$_p$xx、BJ$_p$xx）两种。

表2-5 独立基础编号

类型	独立基础底板截面形状	代号	序号
普通独立基础	阶形	DJ$_j$	xx
	坡形	DJ$_p$	xx
杯口独立基础	阶形	BJ$_j$	xx
	坡形	BJ$_p$	xx

（2）注写独立基础截面竖向尺寸。下面按普通独立基础和杯口独立基础分别进行说明。

①普通独立基础。

当基础为阶形截面时，如图2-20所示。阶形截面普通独立基础DJ$_j$xx的竖向尺寸注写分别为400、300和300时，表示h_1=400，h_2=300和h_3=300，基础底板总厚度为1000。

当基础为坡形截面时，如图2-21所示。坡形截面普通独立基础DJ$_p$xx的竖向尺寸注写分别为350、300时，表示h_1=350、h_2=300，基础底板总厚度为650。

②杯口独立基础。

当基础为阶形截面时，其竖向尺寸分为两组，一组表达杯口内，另一组表达杯口外，两组尺寸以"，"分隔，注写为a_0/a_1，$h_1/h_2/\cdots\cdots$，如图2-22所示。

当基础为坡形截面时，注写为a_0/a_1，$h_1/h_2/h_3$，如图2-23所示。

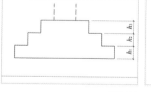

图2-20

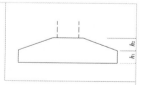

图2-21

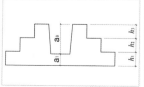

图2-22

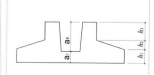

图2-23

（3）注写独立基础底板配筋。

（4）注写基础底面标高（选注内容）。当独立基础的底面标高与基础底面基准标高不同时，应注写独立基础底面标高。

（5）必要的文字注解（选注内容）。当独立基础的设计有特殊要求时，宜增加必要的文字注解，如注写基础底板配筋的长度是否采用减短方式等内容。

❖ 原位标注

原位标注的内容与集中标注的内容类似，其位置一般在数值有变化的地方。

2.2.4 条形基础平法施工图

条形基础指基础长度远大于宽度的一种基础形式。按上部结构分为墙下条形基础和柱下条形基础，基础的长度大于或等于10倍基础的宽度。

表示方法

条形基础平法施工图有平面注写和截面注写两种表示方法。

当绘制条形基础平面布置图时，应将条形基础平面与基础所支撑的柱、墙一起绘制；当基础底面标高不同时，需注明与基础底面基准标高不同之处的范围和标高。

当梁板式基础梁中心或板式条形基础板中心与建筑定位轴线不重合时，应标注其定位尺寸；对于编号相同的条形基础，可仅选择一个进行标注。

条形基础整体上可分为梁板式条形基础和板式条形基础两类。

①梁板式条形基础适用于钢筋混凝土框架结构、部分框支剪力墙结构和钢结构。平法施工图将梁板式条形基础分解为基础梁和条形基础底板两部分。

②板式条形基础适用于钢筋混凝土剪力墙结构法施工图，仅表达条形基础底板。

条形基础的编号分为基础梁编号和条形基础底板编号，规则如表2-6所示。

表2-6 条形基础编号规则

类型		代号	序号	跨数及有无外伸
基础梁		JL	xx	
条形基础底板	坡形	TJB$_p$	xx	（xx）端部无外伸 、（xxA）一端有外伸、（xxB）两端有外伸
	阶形	TJB$_j$	xx	

平面注写方式

条形基础平面注写内容主要包含基础梁的注写和基础底板的注写。注写的形式包含集中标注和原位标注。

❖ 条形基础梁的注写内容

基础梁的平面注写内容分为集中标注和原位标注两部分，当集中标注的某项数值不适用于基础梁的某部位时，则将该项数值采用原位标注。在施工时应优先以原位标注为准。

集中标注

基础梁的集中标注内容有基础梁编号、截面尺寸和配筋3项必注内容，此外还包括基础梁底面标高（与基础底面基准标高不同时）和必要的文字注解两项选注内容，具体规定如下。

（1）基础梁编号（必注内容）的规则如表2-7所示。

表2-7 基础梁编号规则

类型	代号	序号	跨数有无外伸
基础圈梁	JQL	xx	（xx）端部无外伸 （xxA）一端有外伸 （xxB）两端有外伸
基础梁	JL	xx	

（2）注写基础梁截面尺寸（必注内容）。注写方式为$b×h$，分别表示梁截面的宽度和高度。当为竖向加腋梁时用$b×hYc_1×c_2$表示，c_2为腋长，c_1为腋高。

（3）注写基础梁配筋（必注内容）。

（4）注写基础梁底面标高（选注内容）。当条形基础的底面标高和基础底面基准标高不同时，应注写条形基础底面标高。

（5）必要的文字注解（选注内容）。当基础梁的设计有特殊要求时，宜增加必要的文字注解。

原位标注

原位注写的修正内容遵循以下原则。

（1）当在基础梁上集中标注的某项内容（如截面尺寸、箍筋、底部与顶部贯通纵筋或架立筋、梁侧面纵向构造钢筋和梁底面标高等）不适用于某跨或某外伸部位时，将其修正内容原位标注在该跨或该外伸部位。施工时原位标注取值优先。

（2）当在多跨基础梁的集中标注中已注明竖向加腋，而该梁某跨根部不需要竖向加腋时，则应在该跨原位标注无 $Yc_1×c_2$ 的 b/h，以修正集中标注中的竖向加腋要求。

❖ 条形基础底板的注写内容

条形基础底板TJB$_p$、TJB$_j$的平面注写内容分为集中标注和原位标注两部分。

集中标注

条形基础底板的集中标注内容包括条形基础底板编号、截面竖向尺寸、配筋3项必注内容，此外还包括条形基础底板底面标高（与基础底面基准标高不同时）、必要的文字注解两项选注内容。

素混凝土条形基础底板的集中标注，除无底板配筋内容外，与钢筋混凝土条形基础底板相同，具体规定如下。

（1）注写条形基础底板编号（必注内容）。条形基础底板向两侧的截面形状通常有阶形截面（编号加下标j）和坡形截面（编号加下标p）两种形式。

（2）注写条形基础底板截面竖向尺寸（必注内容）。

（3）注写条形基础底板底部和顶部配筋（必注内容）。

（4）注写条形基础底板底面标高（选注内容）。

（5）必要的文字注解（选注内容）。当条形基础底板有特殊要求时，应增加必要的文字注解。

原位标注

条形基础底板的原位标注规定如下。

（1）原位注写条形基础底板的平面尺寸，应遵循以下原则。

  ①素混凝土条形基础底板的原位标注与钢筋混凝土条形基础底板相同。对于相同编号的条形基础底板，可仅选择一个进行标注。

  ②条形基础存在双梁或双墙共用同一基础底板的情况，当为双梁或为双墙且梁或墙的荷载差别较大时，条形基础两侧可取不同的宽度，实际宽度以原位标注的基础底板两侧非对称的不同台阶宽度进行表达。

（2）原位注写的修正内容。当在条形基础底板上集中标注的某项内容，如底板截面竖向尺寸、底板配筋和底板底面标高等不适用于条形基础底板的某跨或某外伸部分时，可通过原位标注在不同的地方进行标注，施工时原位标注取值优先。

截面注写方式

条形基础的截面注写方式可分为截面注写和列表注写（结合截面示意图）两种。

❖ 截面注写

采用截面注写方式应在基础平面布置图上对所有条形基础进行编号。对于已在基础平面布置图上原位标注清楚该条形基础梁和条形基础底板的水平尺寸的情况，可不在截面图上重复表达。

❖ 列表注写

对多个条形基础可采用列表注写（结合截面示意图）的方式进行集中表达。列表中的内容为条形基础截面的几何数据和配筋，截面示意图上应标注与表中栏目相对应的代号。列表的具体内容规定如下。

①基础梁列表集中注写的栏目为编号、几何尺寸和配筋。

②条形基础底板列表集中注写的栏目为编号、几何尺寸和配筋。

2.2.5 筏形基础平法施工图

筏形基础平法施工图是在基础平面布置图上采用平面注写方式进行表达。

梁板式筏形基础

梁板式筏形基础的施工图的表达主要包含其表示方法、类型与编号、平面注写方式3方面。

❖ 表示方法

当绘制基础平面布置图时，应将梁板式筏形基础与其所支承的柱、墙一起绘制。梁板式筏形基础以多数相同的基础平板底面标高作为基础底面基准标高。当基础底面标高不同时，需注明与基础底面基准标高不同之处的范围和标高。

通过选注基础梁底面和基础平板底面的标高高差来表达两者间的位置关系，可以明确其"高板位"（梁顶与板顶齐平）、"低板位"（梁底与板底齐平）及"中板位"（板在梁的中部）3种不同位置组合的筏形基础。

对于轴线未居中的基础梁，应标注其定位尺寸。

❖ 类型与编号

梁板式筏形基础由基础主梁、基础次梁和梁板式筏形基础平板等构成，编号规则如表2-8所示。

表2-8 梁板式筏形基础编号规则

构件类型	代号	序号	跨数及有无外伸
基础主梁（柱下）	JL	xx	（xx）、（xxA）或（xxB）
基础次梁	JCL	xx	（xx）、（xxA）或（xxB）
梁板式筏形基础平板	LPB	xx	—

❖ 平面注写方式

平面注写的内容包含基础主梁与基础次梁、梁板式筏形基础平板两个部分，注写的方式包含集中标注和原位标注。

基础主梁与基础次梁的注写内容

基础主梁JL与基础次梁JCL的平面注写内容分为集中标注与原位标注两部分。当集中标注中的某项数值不适用于梁的某部位时，则该项数值采用原位标注。施工时原位标注优先。

集中标注

基础主梁JL与基础次梁JCL的集中标注内容包括基础梁编号、截面尺寸和配筋这3项必注内容，此外还包括基础梁底面标高高差（相对于筏形基础平板底面标高）这项选注内容，具体规定如下。

（1）注写基础梁的编号。

（2）注写基础梁的截面尺寸。注写方式为$b \times h$，表示梁截面的宽度和高度。当为竖向加腋梁时，用$Yc_1 \times c_2$表示，c_1为腋长，c_2为腋高。

（3）注写基础梁的配筋。

原位标注

基础主梁与基础次梁的原位标注规定如下。

（1）当基础梁外伸部位截面高度发生变化时，在该部位原位注写$b \times h_1/h_2$，h_1为根部截面高度，h_2为尽端截面高度。

（2）注写修正内容。当在基础梁上集中标注的某项内容（如梁截面尺寸、箍筋、底部与顶部贯通纵筋或架立筋、梁侧面纵向构造钢筋、梁底面标高高差等）不适用于某跨或某外伸部分时，则将其修正内容原位标注在该跨或该外伸部位。施工时原位标注取值优先。

梁板式筏形基础平板的注写内容

梁板式筏形基础平板LPB的平面注写内容分为集中标注和原位标注两部分。

集中标注

梁板式筏形基础平板LPB贯通纵筋的集中标注应在所表达的板区双向均为第1跨（X与Y双向首跨）的板上引出（图面从左至右为X向，从下至上为Y向）。

板区划分的条件是板厚相同、基础平板底部和顶部贯通纵筋配置相同的区域为同一板区。

集中标注的内容规定如下。

（1）注写基础平板的编号。

（2）注写基础平板的截面尺寸。

（3）注写基础平板的底部、顶部贯通纵筋及其跨数和外伸情况。

提示

基础平板的跨数以构成柱网的主轴线为准，两主轴线之间无论有几道辅助轴线（如框筒结构中混凝土内筒中的多道墙体），均可按一跨考虑。

原位标注

梁板式筏形基础平板LPB的原位标注主要表达平板底部附加非贯通纵筋，注写时应遵循以下原则。

（1）原位注写的位置和内容。横向连续布置的跨数和外伸情况不受集中标注贯通纵筋的板区限制。

（2）注写修正内容。当集中标注的某些内容不适用于梁板式筏形基础平板某板区的某一板跨时，应由设计者在该板跨内注明，施工时应按注明内容取用。

梁板式筏形基础平板LPB的平面注写规定同样适用于钢筋混凝土基础平板。

平板式筏形基础

平板式筏形基础的施工图的表达主要包含其表示方法、类型与编号和平面注写方式3方面。

❖ **表示方法**

平板式筏形基础平法施工图是在基础平面布置图上采用平面注写方式进行的表达。

当绘制基础平面布置图时，应将平板式筏形基础和其所支承的柱、墙一起绘制。当基础底面标高不同时，需注明和基础底面基准标高不同之处的范围和标高。

❖ **类型与编号**

平板式筏形基础的平面注写表达方式有两种，一种是划分为柱下板带和跨中板带进行表达，另一种是按基础平板进行表达。平板式筏形基础构件编号规则如表2-9所示。

表2-9 平板式筏形基础构件编号规则

构件类型	代号	序号	跨数及有无外伸
柱下板带	ZXB	xx	（xx）、（xxA）或（xxB）
跨中板带	KZB	xx	xx（xx）、（xxA）或（xxB）
平板式筏形基础平板	BPB	xx	—

❖ **平面注写方式**

平板式筏形基础平面注写内容包含柱下板带、跨中板带和平板式筏形基础平板3部分，分为集中标注和原位标注两种形式。

柱下板带、跨中板带的平面注写方式

柱下板带ZXB（视其为无箍筋的宽扁梁）和跨中板带KZB的平面注写方式分为集中标注和原位标注两种。

集中标注

柱下板带和跨中板带的集中标注应在第1跨（X向为左端跨，Y向为下端跨）引出，具体规定如下。

（1）注写编号。

（2）注写截面尺寸。

（3）注写底部和顶部贯通纵筋。

原位标注

柱下板带和跨中板带原位标注的具体规定如下。

（1）原位注写的位置和内容。

（2）注写修正内容。当在柱下板带、跨中板带上集中标注的某些内容（如截面尺寸、底部和顶部贯通纵筋等）不适用于某跨或某外伸部分时，则将修正的数值原位标注在该跨或该外伸部位。施工时原位标注取值优先。

柱下板带ZXB和跨中板带KZB的注写规定同样适用于平板式筏形基础上局部有剪力墙的情况。

平板式筏形基础平板BPB的平面注写方式

平板式筏形基础平板BPB的平面注写分为集中标注与原位标注两部分内容。

集中标注

虽然基础平板BPB的平面注写和柱下板带ZXB、跨中板带KZB的平面注写不是同一种表达方式,但是可以表达同样的内容。

原位标注

平板式筏形基础平板BPB的原位标注主要表达横跨柱中心线下的底部附加非贯通纵筋。

实训:识读梁板式筏形基础图纸

素材名称	素材文件>CH02>实训:识读梁板式筏形基础图纸.jpg
实例位置	无
视频名称	实训:识读梁板式筏形基础图纸.mp4
学习目标	掌握梁板式筏形基础图纸的识读方法

初识图纸

本例需要识读的筏形基础图纸如图2-24所示。

信息提取

①名称为LPB1。

②厚度为800mm。

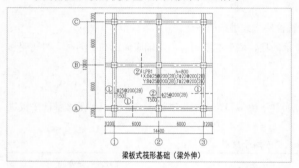

梁板式筏形基础(梁外伸)

图2-24

练习:识读平板式筏形基础图纸

素材名称	素材文件>CH02>练习:识读平板式筏形基础图纸.jpg
实例位置	无
视频名称	练习:识读平板式筏形基础图纸.mp4

本练习需要识读的筏形基础图纸如图2-25所示。

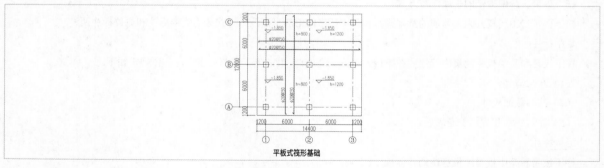

平板式筏形基础

图2-25

2.2.6 桩基础平法施工图

桩基础平法施工图的表达主要包含其表示方法、类型与编号、平面注写方式3方面。

灌注桩平法施工图

灌注桩平法施工图是在灌注桩平面布置图上采用列表注写方式或平面注写方式进行表达。

❖ **表示方法**

灌注桩平面布置图可采用适当比例单独绘制，并标注其定位尺寸。

❖ **列表注写方式**

列表的注写方式指在灌注桩平面布置图上分别标注定位尺寸，在桩表中注写桩编号、桩尺寸、纵筋、螺旋箍筋、桩顶标高和单桩竖向承载力特征值。桩编号注写内容规定如下。

（1）注写的桩编号由类型和序号组成，应符合表2-10所示的规则。

表2-10 桩编号注写规则

类型	代号	序号
灌注桩	GZH	xx
扩底灌注桩	GZH$_k$	xx

（2）注写的桩尺寸包括桩径D和桩长L。当注写扩底灌注桩时，还应在括号内注写扩底端尺寸$D_0/h_b/h_c$或$D_0/h_b/h_{c1}/h_{c2}$，D_0表示扩底端直径，h_b表示扩底端锅底形矢高，h_c表示扩底端高度，如图2-26所示。

（3）注写桩纵筋。

（4）注写桩顶标高。

（5）注写单承载力特征值。

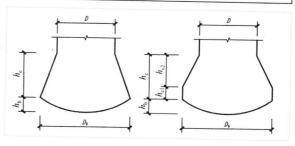

图2-26

❖ **平面注写方式**

平面注写方式的规则同列表注写方式，将表格中内容除单桩竖向承载力特征值以外的信息集中标注在灌注桩上，如图2-27所示。

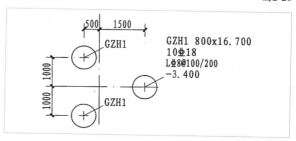

图2-27

桩基承台平法施工图

桩基与承台的组合是桩基础中较为常用的。桩基承台一般包含桩基、承台、承台拉梁3个部分。在图纸的表达中，一般会将桩基、承台和拉梁分开进行说明。

❖ **表示方法**

桩基承台平法施工图有平面注写和截面注写两种表示方法。

当绘制桩基承台平面布置图时，应将承台下的桩位和承台所支承的柱、墙一起绘制；当设置基础连系梁时，可根据图面的疏密情况，将基础连系梁和基础平面布置图一起绘制，或将基础连系梁布置图单独进行绘制。

当桩基承台的柱中心线或墙中心线和建筑定位轴线不重合时，应标注其定位尺寸，编号相同的桩基承台，可仅选择一个进行标注。

❖ **类型与编号**

桩基承台分为独立承台和承台梁，按表2-11所示的规则编号。

表2-11 桩基承台编号规则

类型	独立承台截面形状	代号	序号	说明
独立承台	阶形	CT$_j$	xx	单阶截面即为平板式独立承台
	坡形	CT$_p$	xx	

❖ **平面注写方式**

承台的平面注写包含集中标注和原位标注。承台内容主要包含独立承台和承台梁两个部分。

独立承台的平面注写方式

独立承台的平面注写方式分为集中标注和原位标注两种。

集中标注

独立承台的集中标注在承台平面上集中引注，包括独立承台编号、截面竖向尺寸和配筋3项必注内容。承台板底面标高（与承台底面基准标高不同时）和必要的文字注解两项为选注内容，具体规定如下。

（1）注写独立承台编号（必注内容）。独立承台的截面形式通常有阶形截面（编号加下标j，如CT_jxx）和坡形截面（编号加下标p，如CT_pxx）两种。

（2）注写独立承台截面竖向尺寸（必注内容）。

（3）注写独立承台配筋（必注内容）。

（4）注写基础底面标高（选注内容）。当独立承台的底面标高和桩基承台底面基准标高不同时，应将独立承台的底面标高注写在括号内。

（5）必要的文字注解（选注内容）。当独立承台的设计有特殊要求时，宜增加必要的文字注解。

原位标注

独立承台的原位标注主要用于在桩基承台平面布置图上标注独立承台的平面尺寸，相同编号的独立承台可仅选择一个进行标注，其他仅标注编号。

承台梁的平面注写方式

承台梁CTL的平面注写方式分为集中标注和原位标注两种。

集中标注

承台梁的集中标注内容为承台梁编号、截面尺寸和配筋3项必注内容，此外还包括承台梁底面标高（与承台底面基准标高不同时）、必要的文字注解两项选注内容。具体规定如下。

（1）注写承台梁编号（必注内容）。

（2）注写承台梁截面尺寸（必注内容）。

（3）注写承台梁配筋（必注内容）。

（4）注写承台梁底面标高（选注内容）。

（5）必要的文字注解（选注内容）。

原位标注

承台梁的原位标注规定为原位注写修正内容。当在承台梁上集中标注的某项内容（如截面尺寸、箍筋、底部和顶部贯通纵筋或架立筋、梁侧面纵向构造钢筋和梁底面标高等）不适用于某跨或某外伸部位时，将其修正内容原位标注在该跨或该外伸部位。施工时以原位标注取值优先。

❖ **截面注写方式**

桩基承台的截面注写方式可分为截面标注和列表注写（结合截面示意图）两种。

采用截面标注的方式应在桩基平面布置图上对所有桩基承台进行编号，桩基承台的截面注写方式可参照独立基础和条形基础的截面注写方式进行设计施工图的表达。

列表注写方式需单独列表说明并对其进行编号，在平面图纸汇总时仅对桩基内容进行编号。

2.3 柱平法施工图

柱平法施工图依据标准图集的要求进行出图，规则内容参见图集16G101-1。本节将通过表示方法、列表注写方式和截面注写方式3个部分讲解结构施工图中的柱平法表达方式。

2.3.1 表示方法

柱平法施工图是在柱平面布置图上采用列表注写方式或截面注写方式进行表达。

在柱平法施工图中，应注明各结构层的楼面标高、结构层高和相应的结构层号，并应注明上部结构嵌固部位位置，注写规则如下。

（1）框架柱嵌固部位在基础顶面时无须注明。

（2）框架柱嵌固部位不在基础顶面时，在层高表嵌固部位标高下使用双细线注明，并在层高表下注明上部结构嵌固部位标高。

（3）框架柱嵌固部位不在地下室顶板，但仍需考虑地下室顶板对上部结构实际存在的嵌固作用，这时可在层高表地下室顶板标高下使用双虚线注明。此时首层柱端箍筋加密区的长度范围和纵筋连接位置均按嵌固部位要求设置。

2.3.2 列表注写方式

列表注写方式是在柱平面布置图上，分别在同一编号的柱中选择一个（有时需要选择几个）截面标注几何参数代号；在柱表中注写柱编号、柱段起止标高、几何尺寸（含柱截面对轴线的偏心情况）和配筋的具体数值，并配以各种柱截面形状及其箍筋类型图的方式来表达柱平法施工图，注写内容规定如下。

（1）注写的柱编号由类型代号和序号组成，规则如表2-12所示。

（2）注写各段柱的起止标高，自柱根部往上以变截面位置或截面未变但配筋改变处为界分段注写。

表2-12 柱编号注写规则

柱型类型	代号	序号
框柱	KZ	xx
转换柱	ZHZ	xx
芯柱	XZ	xx
梁柱	LZ	xx
剪力墙上柱	QZ	xx

（3）对于矩形柱，在注写柱截面尺寸$b \times h$及与轴线关系的几何参数代号b_1、b_2和h_1、h_2的具体数值时，需对应于各段柱分别进行注写，其中$b=b_1+b_2$，$h=h_1+h_2$。当截面的某一边收缩变化至与轴线重合或偏到轴线的另一侧时，b_1、b_2、h_1和h_2中的某项为零或为负值。

①对于圆柱，表中一栏改用在圆柱直径数字前加d表示。为使表达更为简单，圆柱截面与轴线的关系也用b_1、b_2和h_1、h_2表示，并使$d=b_1+b_2=h_1+h_2$。

②对于芯柱，则根据结构需要在某些框架柱的一定高度范围内在芯柱内部的中心位置进行设置（分别引注其柱编号）。芯柱中心应与柱中心重合，并标注其截面尺寸。

（4）注写柱纵筋。

列表注写方式遵循表2-13所示的规则（以KZ1为例）。

表2-13 列表注写规则

柱号	标高（m）	b（mm）$\times h$（mm）	角筋	b边一侧中部筋	h边一侧中部筋	箍筋类型号	箍筋
KZ1	基础顶~4.450	500×500	4C32	3C32	2C25	1（5×4）	C10@100/200
	4.450~8.950	500×500	4C25	3C25	2C25	1（5×4）	C8@100/200
	8.950~12.550	400×400	4C25	2C20	2C20	1（4×4）	C8@100/200

2.3.3 截面注写方式

截面注写方式指在柱平面布置图的柱截面上，分别在同一编号的柱中选择一个截面，以直接注写截面尺寸和配筋具体数值的方式来表达柱平法施工图，如图2-28所示。

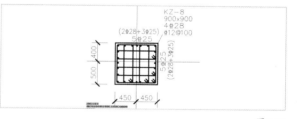

图2-28

实训：识读结构柱平面平法施工图

素材名称	素材文件>CH02>实训：识读结构柱平面平法施工图.tif
实例位置	无
视频名称	实训：识读结构柱平面平法施工图.mp4
学习目标	掌握结构柱平法施工图的识读方法

初识图纸

本例需要识读的结构柱平法表达如图2-29所示。

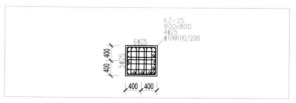

图2-29

信息提取

①名称为KZ-25。

②尺寸为800mm×800mm。

③其他内容为钢筋信息。

练习：识读结构柱平面平法施工图

扫码观看视频

素材名称	素材文件>CH02>练习：识读结构柱平面平法施工图.tif
实例位置	无
视频名称	练习：识读结构柱平面平法施工图.mp4

本练习需要识读的结构柱平法表达如图2-30所示。

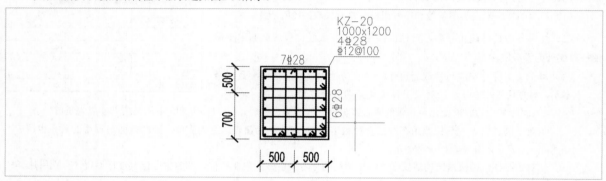

图2-30

2.4 剪力墙平法施工图

剪力墙即结构承重墙体，剪力墙平法施工图主要包含剪力墙柱、剪力墙身、剪力墙梁和洞口4个部分的内容，下面一一进行讲解。

2.4.1 平法施工图的表示方法

平法施工图是按照国家平法图集的规定绘制的图纸。剪力墙的平法表达必须满足平法施工图中的要求，其表达是在图集的规范要求下按照标准的格式进行的的。

表示方法

剪力墙平法施工图是在剪力墙平面布置图上采用列表注写方式或截面注写方式进行表达。

剪力墙平面布置图既可采用适当比例单独绘制，又可与柱或梁平面布置图合并绘制。当剪力墙较复杂或采用截面注写方式时，应按标准层分别绘制剪力墙平面布置图。

在剪力墙平法施工图中，应注明各结构层的楼面标高、结构层高和相应的结构层号，并注明上部结构嵌固部位位置。

对于轴线未居中的剪力墙（包括端柱），应标注其偏心定位尺寸。

列表注写方式

剪力墙可视为由剪力墙柱、剪力墙身和剪力墙梁3类构件构成，因此剪力墙的列表注写方式指分别在剪力墙柱表、剪力墙身表和剪力墙梁表中，对应于剪力墙平面布置图上的编号，用绘制界面配筋图并注写几何尺寸和配筋具体数值的方式来表达剪力墙平法施工图。

编号规定将剪力墙按剪力墙柱、剪力墙身和剪力墙梁（简称为墙柱、墙身和墙梁）3类构件分别进行编号。

墙柱编号由墙柱类型代号和序号组成，表达形式应符合表2-14所示的规定。

表2-14 墙柱编号注写规则

墙柱类型	代号	序号
约束边缘构件	YBZ	xx
构造边缘构件	GBZ	xx
非边缘暗柱	AZ	xx
扶壁柱	FBZ	xx

墙身编号由墙身代号、序号及墙身所配置的水平和竖向分布钢筋的排数组成，其中排数注写在括号内。

墙梁编号由墙梁类型代号和序号组成，表达形式应符合表2-15所示的规定。

表2-15 墙梁编号表达形式

墙梁类型	代号	序号
连梁	LL	
连梁（对角暗撑配筋）	LL（JC）	xx
连梁（交叉斜筋配筋）	LL（JX）	xx
连梁（集中对角斜筋配筋）	LL（DX）	xx
连梁（跨高比不小于5）	LLk	xx
暗梁	AL	xx
边框梁	BKL	xx

❖ **剪力墙柱表**

在剪力墙柱表中表达的内容，其规定如下。

（1）注写墙柱编号应绘制该墙柱的截面配筋图，标注墙柱的几何尺寸。

（2）注写隔断墙柱的起止标高，自墙柱根部往上以变截面筋改变处为界分段注写。墙柱根部标高一般指基础顶面标高（部分框支剪力墙结构则为框支梁顶面标高）。

（3）注写各段墙柱的纵向钢筋和箍筋。

❖ **剪力墙身表**

在剪力墙身表中表达的内容，其规定如下。

（1）注写墙身编号（含水平和竖向分布钢筋的排数）。

（2）注写各段墙身的起止标高，自墙身根部往上以变截面位置或截面未变但配筋改变处为界分段注写。墙身根部标高一般指基础顶面标高（部分框支剪力墙结构则为框支梁的顶面标高）。

（3）注写水平分布钢筋、竖向分布钢筋和拉结筋的具体数值。

❖ **剪力墙梁表**

在剪力墙梁表中表达的内容，其规定如下。

（1）注写墙梁编号。

（2）注写墙梁所在楼层号。

（3）注写墙梁顶面标高高差。这里指相对于墙梁所在结构层楼面标高的高差值，高于结构层楼面标高者为正值，低于结构层楼面标高者为负值，当无高差时不注。

（4）注写墙梁的截面尺寸、上部纵筋、下部纵筋和箍筋的具体数值。

（5）跨高比不小于5的连梁（编号为LLkxx），按框架梁设计时采用平面注写方式，注写规则同框架梁，可采用适当比例单独绘制，也可与剪力墙平法施工图合并绘制。

📠 截面注写方式

截面注写方式指在分标准层绘制的剪力墙平面布置图上，以直接在墙身、墙梁上注写截面尺寸和配筋具体数值的方式来表达剪力墙平法施工图。

绘制剪力墙平面布置图时以适当比例放大，其中对墙柱绘制配筋截面图，对所有墙柱、墙身和墙梁进行编号，并分别在相同编号的墙柱、墙身和墙梁中选择一根墙柱、一道墙身和一根墙梁进行注写，其注写方式按以下规定进行。

（1）从相同编号的墙柱中选择一个截面，并注明几何尺寸，标注全部纵筋和箍筋的具体数值。

（2）从相同编号的墙身中选择一道墙身，按顺序引注的内容为墙身编号（应包括注写在括号内墙身所配置的水平和竖向分布钢筋的排数）、墙厚尺寸，水平分布钢筋、竖向分布钢筋和拉筋的具体数值。

（3）从相同编号的墙梁中选择一根墙梁，按顺序引注的内容为墙梁编号、墙梁截面尺寸，墙梁箍筋、上部纵筋、下部纵筋和墙梁顶面标高高差的具体数值。

2.4.2 洞口的表示方法

无论采用列表注写方式还是截面注写方式，剪力墙的洞口均可在剪力墙平面布置图上进行原位表达。在剪力墙平面布置图上绘制洞口示意，并标注洞口中心的平面定位尺寸。另外，在洞口中心位置引注需要注意以下4点内容。

（1）洞口编号。矩形洞口为JDxx（xx为序号），圆形洞口为YDxx（xx为序号）。

（2）洞口的几何尺寸。矩形洞口的尺寸表示为"洞宽×洞高"（$b×h$），圆形洞口的尺寸表示为洞口直径（D）。

（3）洞口中心的相对标高。

（4）洞口每边的补强钢筋。

例如，当注写方式为JD5 1000×900＋1.400 6C20，B8@150时，表示该洞口为5号矩形洞口，洞口宽度为1000mm，洞口高度为900mm，洞口中心距本层结构楼面1400mm，其他内容为钢筋信息。

2.4.3 地下室外墙的表示方法

地下室外墙的表示方法仅适用于起挡土作用的地下室外围护墙。

表达方式

地下室外墙中的墙柱、连梁和洞口等的表示方法同地上剪力墙。地下室外墙编号由墙身代号和序号组成，表达为DWQxx。

平面注写方式

地下室外墙平面注写方式包括集中标注中的墙体编号、厚度和钢筋信息。

❖ 集中标注

地下室外墙的集中标注规定如下。

（1）注写地下室外墙编号，包括代号、序号和墙身长度。

（2）注写地下室外墙的厚度为h=xxx。

（3）注写地下室外墙的外侧、内侧贯通筋和拉筋。

❖ 原位标注

地下室外墙的原位标注主要表示在外墙外侧配置的水平非贯通筋或竖向非贯通筋。

实训：识读剪力墙身表

扫码观看视频

素材名称	素材文件>CH02>实训：识读剪力墙身表.jpg
实例位置	无
视频名称	实训：识读剪力墙身表.mp4
学习目标	掌握剪力墙身表的识读方法

初识图纸

本例需要识读的剪力墙身表如表2-16所示。

表2-16 剪力墙身表

编号	标高（m）	墙厚（mm）	排数	水平分布筋	垂直分布筋	拉筋（矩形布置）
Q1	基础～－0.050	200	2	C8@200	C8@200	C6@600x600

信息提取

①墙体名称为Q1。

②墙体的底部为基础标高，顶部为－0.050m。

③墙体的厚度为200mm。　　　　　　　　　　　④其他内容为钢筋信息。

练习：识读剪力墙身表

素材名称	素材文件>CH02>练习：识读剪力墙身表.jpg
实例位置	无
视频名称	练习：识读剪力墙身表.mp4

扫码观看视频

本练习需要识读的剪力墙身表如表2-17所示。

表2-17 剪力墙身表

编号	标高（m）	墙厚（mm）	排数	水平分布筋	垂直分布筋	拉筋（矩形布置）
Q2	基础~ −0.100	200	2	C10@200	C10@200	C6@600x600

2.5 梁平法施工图

梁平法施工图的表达方式与基础梁类似。本节主要讲解梁平法施工图的表示方法、平面注写方式、截面注写方式。

2.5.1 表示方法

梁平法施工图指在梁平面布置图上采用平面注写方式或截面注写方式进行表达。

梁平面布置图应分别按梁的不同结构层（标准层），将全部梁以及与其相关联的柱、墙和板一起采用适当比例绘制。

在梁平法施工图中，应注明各结构层的顶面标高和相应的结构层号。

对于轴线未居中的梁，应标注其偏心定位尺寸（贴柱边的梁可不注）。

2.5.2 平面注写方式

在梁平面布置图中，分别在不同编号的梁中各选一根梁，在其上以注写截面尺寸和配筋的具体数值等方式来表达梁平法施工图。平面注写包括集中标注和原位标注，集中标注表达梁的通用数值，原位标注表达梁的特殊数值。当集中标注中的某项数值不适用于梁的某部位时，则将该项数值进行原位标注。施工时原位标注取值优先。

集中标注

梁集中标注的内容，有5项必注值和一项选注值（集中标注可从梁的任意一跨引出）。

（1）注写梁编号（必注内容）。梁编号由梁类型代号、序号、跨数和有无悬挑代号组成，按表2-18所示的规则编号。

表2-18 梁编号注写规则

梁类型	代号	序号	跨数及是否带有悬挑
楼层框架梁	KL	xx	（xx）、（xxA）或（xxB）
楼层框架扁梁	KBL	xx	（xx）、（xxA）或（xxB）
屋面框架梁	WKL	xx	（xx）、（xxA）或（xxB）
框支梁	KZL	xx	（xx）、（xxA）或（xxB）
托柱转换梁	TZL	xx	（xx）、（xxA）或（xxB）
非框架梁	L	xx	（xx）、（xxA）或（xxB）
悬挑梁	XL	xx	（xx）、（xxA）或（xxB）
井字梁	JZL	xx	（xx）、（xxA）或（xxB）

（2）注写梁截面尺寸（必注内容）。

①当为等截面梁时，用$b \times h$表示。

②当为竖向加腋梁时，用$b \times h$ Y$c_1 \times c_2$表示，c_1为腋长，c_2为腋高。

③当为水平加腋梁时，一侧加腋时用$b \times h$ PY$c_1 \times c_2$表示，其中c_1为腋长，c_2为腋宽，加腋部位应在平面图中绘制。

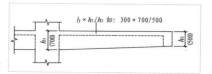

图2-31

④当有悬挑梁且根部和端部的高度不同时，用"/"分隔根部与端部的高度值，如图2-31所示。

（3）注写梁箍筋（必注内容）。

（4）注写梁上部通长筋或架立筋配置。

（5）注写梁侧面纵向构造钢筋或受扭钢筋配置（必注内容）。

（6）梁顶面标高高差（选注内容）。梁顶面标高高差指相对于结构层楼面标高的高差值，对于位于结构夹层的梁，则指相对于结构夹层楼面标高的高差。有高差时，需将高差写入括号内，无高差时不注。

原位标注

梁原位标注的内容规定如下。

当在梁上集中标注的内容（即梁截面尺寸、箍筋、上部通长筋或架立筋、梁侧面纵向构造钢筋或受扭纵向钢筋，以及梁顶面标高高差中的某一项或几项数值）不适用于某跨或某悬挑部分时，则将其不同数值原位标注在该跨或该悬挑的部位，施工时应按原位标注的数值取用。

2.5.3 截面注写方式

对所有梁按规定进行编号，然后从相同编号的梁中选择一根梁，先将"单边截面号"画在该梁上，再将截面配筋详图画在本图或其他图上。当某梁的顶面标高和结构层的楼面标高不同时，应在其梁编号后注写梁顶面的标高高差（注写规定与平面注写方式相同）。

截面注写方式既可以单独使用，又可与平面注写方式结合使用。

实训：识读梁平法施工图

素材名称	素材文件>CH02>实训：识读梁平法施工图.tif
实例位置	无
视频名称	实训：识读梁平法施工图.mp4
学习目标	掌握梁平法施工图的识读方法

初识图纸

本例需要识读的梁平法施工图如图2-32所示。

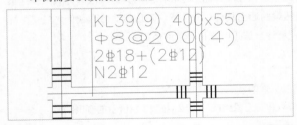

图2-32

信息提取

①梁的名称为KL39。

②梁的跨数为9跨。

③梁的高度为550mm，宽度为400mm。

④其他内容为钢筋信息。

练习：识读梁平法施工图

素材名称	素材文件>CH02>练习：识读梁平法施工图.tif
实例位置	无
视频名称	练习：识读梁平法施工图.mp4

本练习需要识读的梁平法施工图如图2-33所示。

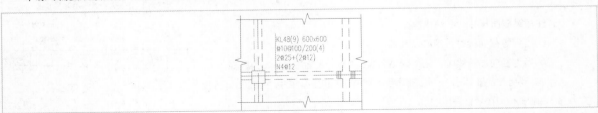

图2-33

2.6 有梁楼盖平法施工图

有梁楼盖的制图规则适用于以梁为支座的楼面板与屋面板平法施工图。

2.6.1 表示方法

有梁楼盖平法施工图是在楼面板和屋面板布置图上采用平面注写的表达方式。板平面注写主要包括板块集中标注和板支座原位标注。

为了方便设计的表达和施工识图，规定结构平面的坐标方向按以下方式识读。

①当两向轴网正交布置时，图面从左至右为X向，从下至上为Y向。

②当轴网出现转折时，局部坐标方向顺轴网转折角度做出相应的转折。

2.6.2 平面注写方式

板的注写内容包括板块的集中标注和板支座的原位标注两部分。

📑 板块集中标注

板块集中标注的内容有板块编号、板厚、上部贯通纵筋、下部纵筋和当板面标高不同时的标高高差。

❖ 板块编号

对于普通楼面，两向均以一跨为一板块；对于密肋楼盖，两向主梁（框架梁）均以一跨为一板块（非主梁密肋不计）。所有板块应逐一编号，相同编号的板块可择其一做集中标注，其他仅注写置于圆圈内的板编号，以及当板面标高不同时的标高高差。板块编号遵循表2-19所示的规则。

表2-19 板块编号规则

板型	代号	序号
楼板	LB	XX
屋板	WB	XX
悬板	XB	XX

❖ 板厚

板厚注写为h=xxx（为垂直于板面的厚度）。当悬挑板的端部改变截面厚度时，用"/"分隔根部和端部的高度值，并注写为h=xxx/xxx。当设计已在图注中统一注明板厚时，此项可不注。

❖ 板面标高高差

板面标高高差指相对于结构层楼面标高的高差，应将其注写在括号内，且有高差则注，无高差不注。

同一编号板块的类型、板厚和纵筋均应相同，但板面标高、跨度、平面形状和板支座上部的非贯通纵筋可以不同，如同一编号板块的平面形状可为矩形、多边形或其他形状等。

> 📋 **提示**
> 在进行施工预算时，应根据实际平面形状分别计算各块板的混凝土和钢筋用量。

📑 板支座原位标注

板支座原位标注的内容为板支座上部的非贯通纵筋和悬挑板上部的受力钢筋。

📺 实训：识读有梁楼盖平法表达

素材名称	素材文件>CH02>实训：识读有梁楼盖平法表达.jpg
实例位置	无
视频名称	实训：识读有梁楼盖平法表达.mp4
学习目标	掌握有梁楼盖平法表达的方法

扫码观看视频

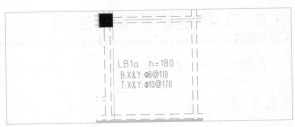

图2-34

初识图纸

本例需要识读的有梁楼盖平法表达如图2-34所示。

信息提取

①楼板名称为LB1a。

②楼板厚度为180mm。

③板面标高在无表达时一般默认为楼层结构标高。

其余内容为钢筋信息。

练习：识读有梁楼盖平法表达

素材名称	素材文件>CH02>练习：识读有梁楼盖平法表达.png
实例位置	无
视频名称	练习：识读有梁楼盖平法表达.mp4

本练习需要识读的有梁楼盖平法表达如图2-35所示

图2-35

2.7　无梁楼盖平法施工图

无梁楼盖指楼板直接将力传递给结构柱的结构形式。无梁楼盖一般处于地下室部位。

2.7.1　表示方法

无梁楼盖平法施工图是在楼面板和屋面板布置图上采用平面注写的表达方式。板平面注写主要包含板带集中标注、板带支座原位标注两部分内容。

集中标注

集中标注应在板带贯通纵筋配置相同跨的第1跨（X向为左端跨，Y向为下端跨）进行注写。相同编号的板带可择其一做集中标注，其他仅注写板带编号（注在圆圈内）。板带集中标注的具体内容包括板带编号、板带厚、板带宽和贯通纵筋。

❖ 板带编号

板带编号遵循表2-20所示的规则。

表2-20　板带编号规则

板带类型	代号	序号	跨数及有无悬挑
柱上板带	ZBS	xx	（xx）、（xxA）或（xxB）
跨中板带	KZB	xx	（xx）、（xxA）或（xxB）

❖ 板带厚

板带厚注写为$h=xxx$。当无梁楼盖的整体厚度已在图中注明时，此项可不注。

❖ 板带宽

板带宽注写为$b=xxx$。当无梁楼盖的板带宽度已在图中注明时，此项可不注。

支座原位标注

板带支座原位标注的具体内容为板带支座上部非贯通纵筋。

2.7.2 暗梁的表示方法

暗梁平面注写包括暗梁集中标注、暗梁支座原位标注两部分内容。在施工图中，通常在柱轴线处画中粗虚线表示暗梁。

集中标注

暗梁集中标注包括暗梁编号、暗梁截面尺寸（箍筋外皮宽度×板厚）、暗梁箍筋、暗梁的上部通长筋和架立筋4部分内容。暗梁编号遵循表2-21所示的规则。

表2-21 暗梁编号规则

构件类型	代号	序号	跨数及有无悬挑
暗梁	AL	xx	（xx）、（xxA）或（xxB）

支座原位标注

暗梁支座原位标注包括梁支座的上部纵筋和梁的下部纵筋。

实训：识读无梁楼盖平法表达

素材名称	素材文件>CH02>实训：识读无梁楼盖平法表达.jpg
实例位置	无
视频名称	实训：识读无梁楼盖平法表达.mp4
学习目标	掌握无梁楼盖平法表达的方法

扫码观看视频

初识图纸

本例需要识读的无梁楼盖平法表达如表2-22所示。

表2-22 无梁楼盖平法表达

板带类型	代号	板面通长筋（T）	板底通长筋（B）
跨中板带	KZB-X1	C10@150	C10@150

信息提取

①类型为跨中板带。

②代号为KZB-X1。

③其他内容为钢筋信息。

练习：识读无梁楼盖平法表达

素材名称	素材文件>CH02>练习：识读无梁楼盖平法表达.jpg
实例位置	无
视频名称	练习：识读无梁楼盖平法表达.mp4

扫码观看视频

本练习需要识读的无梁楼盖平法表达如表2-23所示。

表2-23 无梁楼盖平法表达

板带类型	代号	板面通长筋（T）	板底通长筋（B）
跨中板带	KZB-X3	C12@120	C16@150

2.8 楼梯平法施工图

楼梯是人们进出建筑物内部某一部位所使用的垂直交通设置之一。除此之外，还有电梯等其他垂直交通工具。本书以民用建筑中常见的钢筋混凝土楼梯为例，详细介绍楼梯结构施工图的识读方法。

2.8.1 表示方法

现浇混凝土板式楼梯平法施工图有平面注写、剖面注写和列表注写3种表达方式。

楼梯平面布置图应采用适当比例集中绘制，需要时绘制其剖面图。

为了方便施工，在集中绘制的板式楼梯平法施工图中，宜注明各结构层的楼面标高、结构层高和相应的结构层号。

2.8.2 楼梯类型

钢筋混凝土现浇楼梯按平面布置的形式分为单跑楼梯、双跑楼梯、三跑楼梯、双合楼梯、双分楼梯和剪刀式楼梯等。在16G101图集中,楼梯共分为12种类型,楼梯的编号由梯板代号和序号组成,如ATxx、BTxx等,其详细规则如表2-24所示。

表2-24 楼梯编号规则

楼梯类型	适用范围		抗震计算
	抗震构造措施	适用结构	结构整体抗震计算
AT	无	剪力墙、砌体结构	不参与
BT			
CT	无	剪力墙、砌体结构	不参与
DT			
ET	无	剪力墙、砌体结构	不参与
FT			
GT	无	剪力墙、砌体结构	不参与
ATa	有	框架结构、框剪结构中框架部分	不参与
ATb			不参与
ATc			参与
CTa	有	框架结构、框剪结构中框架部分	不参与
CTb			不参与

2.8.3 平面注写方式

平面注写方式是指在楼梯平面布置图上以注写截面尺寸和配筋具体数值的方式来表达楼梯施工图,其表达方式包括集中标注和外围标注。

集中标注

楼梯集中标注的内容有6项,具体规定如下。

(1)梯板类型代号与序号,如ATxx。

(2)梯段板厚度和平板厚度不同时,梯板厚度应注写在梯板上,可在梯段板厚度后的括号内以字母P开头注写平板厚度。

(3)踏步段总高度和踏步级数之间以"/"分隔。

(4)梯板支座的上部纵筋与下部纵筋之间以";"分隔。

(5)梯板分布筋以F开头注写分布钢筋的具体值,该项也可在图中统一说明。

(6)ATC型楼梯还需要注明梯板两侧边缘构件的纵向钢筋和箍筋。

外围标注

楼梯外围标注的内容,包括楼梯间的平面尺寸、楼层结构标高、层间结构标高、楼梯的上下方向、楼梯的平面几何尺寸、平台板配筋、楼梯及梯柱配筋等。

2.8.4 剖面注写方式

剖面注写方式需在楼梯平法施工图中绘制楼梯平面布置图和楼梯剖面图,注写内容分为平面注写和剖面注写两部分。

楼梯平面布置图的注写内容包括楼梯间的平面尺寸、楼层结构标高、层间结构标高、楼梯的上下方向、梯板的平面几何尺寸、梯板类型与编号、平台板配筋、梯梁和梯柱配筋等。

楼梯剖面图注写内容包括梯板集中标注、梯梁与梯柱编号、梯板水平与竖向尺寸、楼层结构标高和层间结构标高等。

2.8.5 列表注写方式

列表注写方式是指用列表方式注写梯板的截面尺寸和配筋的具体数值来表达楼梯施工图。

03

第 3 章 建筑施工图识图基础

建筑施工图是用来表示房屋的规划位置、外部造型、内部布置、内外装修、细部构造、固定设施和施工要求等的图纸,它包括施工图首页、总平面图、平面图、立面图、剖面图和详图等内容。与结构施工图相同,学会识读建筑施工图纸是从事相关工作必备的技能之一。本章讲述结构施工图的相应内容,通过本章的学习,读者将掌握建筑施工图的相关规定,并通过建筑施工图了解建筑设计的意图。

↳ 了解建筑施工图的基础知识
↳ 了解建筑施工图的组成
↳ 掌握建筑施工图制图规则
↳ 掌握建筑构件的表达规则

技术专题

提 示

实训案例

练习案例

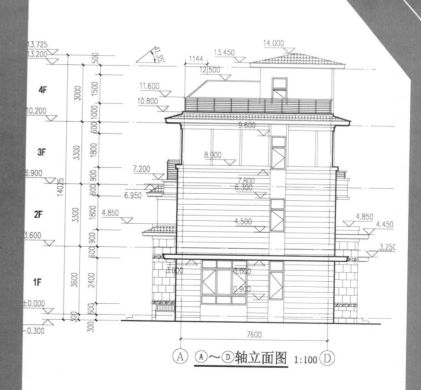

ⒶⒶ~Ⓓ轴立面图 1:100 Ⓓ

识图基础篇 >>

3.1 建筑施工图基础知识

建筑施工图是按照正投影原理和建筑工程施工图的绘制规范，将建筑物的全貌和细部节点完整表达的施工图纸，包含了建筑物的平面布置、外形轮廓、尺寸大小、结构构造和材料做法等内容，并按照国家标准的规定使用正投影法进行表达。

3.1.1 建筑施工图的内容

建筑施工图在布局上大同小异，建筑施工图包括图纸目录、门窗表、建筑设计总说明、建筑总平面图、一层至屋顶层平面图、正立面图、背立面图、左侧立面图、右侧立面图、剖面图（根据工程需要可能有多个剖面图）、详图、门窗详图和楼梯详图（根据功能需要可能有多个楼梯和电梯）等内容。

3.1.2 建筑施工图的组成要素

建筑施工图的组成包含了不同的内容，每一项内容所对应的作用各不相同。各项内容经过相互补充，组成了一个有机的整体，因此了解建筑施工图中各部分的作用是识读具体内容的前提。一套建筑图纸包含的内容较多，每一部分内容对整个建筑都有着不可替代的作用。

❖ **图纸目录**

图纸目录是整个建筑设计整体情况的目录，从中可明确图纸数量、出图尺寸、工程号、单位建筑和整个建筑物的主要功能。如果图纸目录与实际图纸有出入，那么必须与建筑设计部门核对情况。

❖ **构造做法表、室内装修表、门窗表和门窗详图**

构造做法表是建筑施工图中相应构造做法的具体表达，如墙面、屋面和地面等不同位置的建筑做法。

室内装修表不要求大家掌握。

门窗表包括门窗编号、门窗尺寸及其做法，这在计算结构荷载时是必不可少的。

门窗详图则是对于门窗表的深入解读，读者可与门窗表进行对照。

❖ **建筑设计总说明**

建筑设计总说明主要用以说明图样的设计依据和施工要求，这对结构设计是非常重要的，因为建筑设计总说明中会提到多种做法和结构设计中需要使用的数据，如建筑物所处的位置（在结构中用以确定抗震设防烈度，以及风载、雪载）、黄海标高（用以计算基础大小和埋深桩顶标高等，没有黄海标高根本无法进行施工），以及墙体的做法、地面的做法和楼面的做法（用以确定各部分荷载）等内容。总之，阅读建筑设计总说明时不能草率，这是检验结构设计正确与否的重要环节。

❖ **建筑平面图**

建筑平面图是将房屋从门窗洞口处经水平剖切后，俯视剖切平面以下部分在水平投影面所得到的图形，因此得到的图纸信息比较直观，其主要信息包括柱网布置、每层房间的功能、墙体布置、门窗布置和楼梯位置等内容，如图3-1所示。除此之外，屋顶层平面图是一处值得注意的地方，通常为了体现外立面的效果，现代建筑都会有层面构架，所以屋顶的构造会比较复杂，需要读者仔细理解建筑的设计构思，必要时还需要咨询建筑设计人员或索要效果图，力求明白整个构架的三维形状，这样才能保证在进行工程量的统计时不会出错。另外，层面构架是结构找坡还是建筑找坡也都需要了解清楚。

📋 **提示**

建筑平面图是将房屋从门窗洞口处经水平剖切而形成的平面，这个剖切高度的选择很重要。为了能够在平面视图中尽可能多地显示建筑物的信息，剖切的高度应当根据实际情况来定，规范中并没有强制性规定高度，一般将剖切高度定在1m~1.5m，相当于站在本层高度1m~1.5m处往下看所看到的样子。这个高度可以保证门窗墙体和大部分的内容能够被剖切显示。在一些特殊的项目上，为了平面表达更加丰富，高度选择可以更加自由。

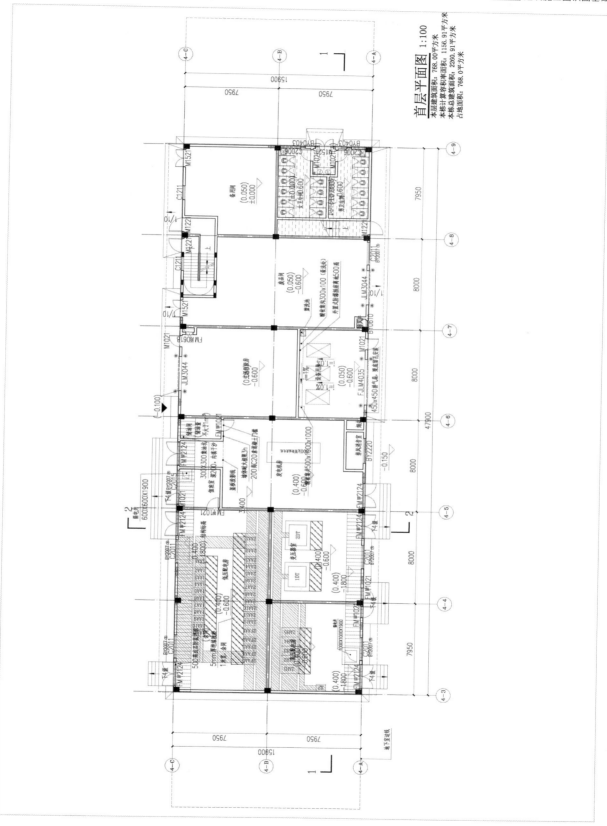

首层平面图 1:100

本层建筑面积: 768.00平方米
本栋计算容积率面面积: 1156.91平方米
本栋总建筑面积: 2260.91平方米
占地面积: 768.0平方米

图3-1

053

❖ **建筑立面图**

建筑立面图是建筑物在与外墙面平行的投影面上的投影，一般是从建筑物的4个方向的投影图对建筑立面的描述，主要包含外观上的效果、门窗在立面上的标高布置、立面布置、立面装饰材料及其凹凸变化等内容，如图3-2所示。

❖ **建筑剖面图**

建筑剖面图是建筑物沿垂直方向向下的剖面图。在绘制建筑剖面图时，常用一个剖切平面进行剖切，必要时可用两个平行的剖切平面进行剖切。剖切部位应选在能反映房屋全貌、构造特征较强且有代表性的地方，如图3-3所示。

图3-2

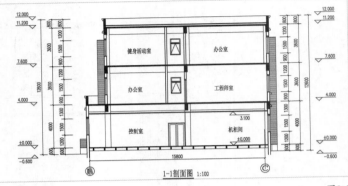

图3-3

📋 **提示**
建筑剖面图和建筑立面图、建筑平面图相互配合可体现出一幢房屋的全局面貌，它们是建筑施工中最基本的图样。

❖ **建筑详图**

在建筑施工图中，为了更加清晰地表述建筑物的各部分做法，让施工人员了解设计意图，需要对构造复杂的节点绘制详图，以便说明建筑物的详细做法，通常用较大比例绘制出的图样称为详图、大样图或节点图，如图3-4所示。

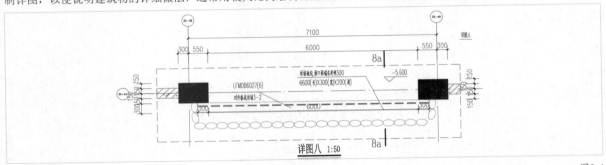

图3-4

📋 **提示**
不仅要通过详图进一步了解建筑师的构思，更要理解并分析节点的画法是否合理。

楼梯详图表示楼梯的组成结构、各部位尺寸和装饰的做法，一般包括楼梯间平面详图、剖视详图及栏杆、扶手详图，这些详图一般会画在同一张图纸上。另外，由于楼梯是每一个多层建筑必不可少的部分，多采用预制、现浇混凝土楼梯，因此楼梯详图又分为楼梯各层平面图和楼梯剖面图。

外墙节点详图是建筑墙身的局部放大图，它详尽地表达了墙身从局部防潮层到屋顶的各个主要节点的构造和做法，一般使用标准图集。

📋 **提示**
相比较而言，门窗详图在建筑施工图中的作用并不大。

❖ **建筑总平面图**

总平面图表明新建工程在基底范围内的总体布置，它主要表示原有的和新建房屋的位置、标高、道路布置、构筑物、地形和地貌等信息，是新建房屋定位、施工放线和土方施工，以及水、电、暖和煤气等管线施工总平面布置的依据，如图3-5所示。

图3-5

3.2 图纸目录

图纸目录与一本书或一篇文章的目录类似，主要用于对所有图纸的内容进行统计和排序。通过图纸目录，读者可以知道本套图纸共有多少张，每一张图纸的名称和所在的位置。

每个专业的图纸都会有图纸目录，建筑专业图纸在各专业中排在最前面，并按照顺序依次进行排列，最后绘制为表格。图纸目录一般按照专业进行编写，建筑专业的图纸一般命名为"建施-XX"。通过图纸目录可以了解项目有多少张图纸，每张图纸对应的名称和图号等信息。图纸目录示例如表3-1所示。

表3-1 图纸目录示例

名称	图号	张数	备注
目录	1	1	
建筑设计说明	2	1	
构造做法表、室内装修表、门窗表和门窗详图	3	1	
底层平面图	4	1	
二层平面图	5	1	
三层平面图	6	1	
屋顶层平面图	7	1	
南立面图、北立面图	8	1	
东立面图、西立面图	9	1	
1-1、3-2剖面图、卫生间详图	10	1	
楼梯详图	11	1	
平面节点详图	12	1	
墙身节点详图	13	1	

在识读建筑施工图的过程中，一般按照建筑施工图图纸目录的顺序进行识读，所以了解建筑施工图的目录内容和顺序是识读建筑施工图的第一步。读者需要通过图纸目录确定图纸是否有所遗漏，在没有头绪的情况下按照图纸目录的顺序识读建筑图纸。

3.3 设计说明

建筑设计说明是整个建筑施工图设计的指导性文件，包含设计依据、工程概况、设计标高、建筑构造、做法和其他相关说明等内容。

3.3.1 设计依据

设计依据主要包含以下5个方面。
①设计合同和开发商的设计要求文件。
②政府职能部门就本工程的批本：规划报批、设计红线图、建筑工程消防设计审核意见。
③得到开发商确认，获各主管部门批准的初步设计图纸。
④国家有关建筑设计规范。
⑤国家与工程所在地的其他行政规范、规定和标准。

3.3.2 工程概况

工程概况的内容是对项目工程的简单描述，主要内容包含以下7个方面。
①建筑的性质与结构形式。
②建筑层数、规模和类别。
③耐火等级。
④屋面防水等级。
⑤结构类型。
⑥使用耐久年限。
⑦抗震设防烈度。

3.3.3 设计标高

设计标高是项目标高的相对值、特殊部位的标高和标高单位等内容的简单说明。

标高的相对值

项目的标高参照的是政府给定的绝对标高，为了有利于项目标高的设置，一般会在项目中设置一个相对标高作为参照。在项目建设的过程中，常常参照相对标高，而相对标高和绝对标高之间有一个转换值，可以帮助项目转换标高，如某工程的±0.000相当于绝对标高4.900m，那么4.900m指本项目±0.000对应的绝对标高是4.900m。

特殊部位的标高

项目中的一些部位的高度存在一定变化。为了简化图纸中的标注，可以在设计说明中统一进行相应的规定，如某项目设计说明中注明"卫生间、淋浴间、洗衣间、保洁间和厨房比同层标高低0.015m"指项目中相应的房间部位的地面高度比其他未标注的地面高度低0.015m，在图纸中的相应部位可以不进行标注。

标高单位

在建筑工程中，标高的单位一般为米，用m表示。除标高以外的内容在无特殊标注的情况下，一般默认为毫米，用mm表示。

3.3.4 建筑构造及做法

建筑构造及做法包含墙体、楼地面（屋面）、门窗、外装修和其他相关说明，下面一一进行说明。

墙体

墙体工程中的主要内容包括建筑墙体的材质、参照的图集、施工工艺和墙体中洞口。

楼地面（屋面）

楼地面及屋面中的主要内容包括设计地面的材质、做法、坡度及屋面的防水、坡度。由于建筑图纸中会有详细的楼地面做法表，因此这里不再进行详述，读者可参照3.4.1小节构造做法表中的内容进行内容的详读。

门窗

门窗部分的内容主要包括门窗参照的规范图集、门窗洞口及相应的施工工艺要求。门窗的洞口尺寸、材质及数量详见门窗表和门窗详图。

外装修

外装修中的内容主要涉及外立面的做法，相应的内容和土建施工关系不大，在此不做描述。

其他相关说明

其他相关的说明包含防火设计、节能设计和油漆涂料工程等内容。

3.4 构造做法表、室内装修表、门窗表及门窗详图

构造做法表、室内装修表、门窗表和门窗详图中涉及的内容较多，与BIM的相关工作的关联性较大。本节将从这4个方面按照顺序一一进行讲解。

3.4.1 构造做法表

构造做法表是关于建筑做法的一些具体描述，如在结构施工图纸中完成结构墙体的浇筑工作后该如何进行后续施工等问题，就必须按照建筑施工图中的构造做法表开展。以内墙面做法为例，信息如表3-2所示。

表3-2 内墙面构造做法表

内墙面	内墙乳胶漆一底二面 2mm厚的面层耐水腻子分遍刮平 5mm厚的1：0.55水泥石灰膏砂浆分层压实抹平 8mm厚的1：1：6水泥石灰膏砂浆打底扫毛 3mm厚的专用界面剂一道甩毛 喷湿墙面

构造做法表是完成一个正确并完整的建筑模型所具备的基本内容，建筑外观是基于不同做法而呈现出的样貌，读者需经过不断的积累才能做到识图并迅速了解建筑的外观。

> **提示**
>
> 如果读者希望能够从事相关工作，特别是从事施工方面的工作，那么对于具体的建筑做法需要有一定的了解，至少应该知道各种材质的实物及其施工的基本知识，这也是后续进行BIM相关工作的基本能力。

3.4.2 室内装修表

室内装修表是建筑内部装修部位的分布表达。在实际项目中，不同功能的房间需要不同的做法，而如何将不同的做法定义到具体的房间就需要通过室内装修表来确定，示例信息如表3-3所示。

表3-3 室内装修表示例

部位	楼地面	踢脚	墙面	顶棚
大厅、走廊	地面-1、楼面-1	踢脚-1	内墙-1	顶棚-1
办公室、会议室、资料室、活动室、值班休息室	地面-2、楼面-2	踢脚-1	内墙-1	顶棚-1
厨房、餐厅、卫生间、淋浴间、保洁间、洗衣间	地面-1、楼面-1	踢脚-1	内墙-2	顶棚-2
楼梯	地面-1、楼面-1	踢脚-1	内墙-1	顶棚-3

部位	楼地面	踢脚	墙面	顶棚
强电间	地面-1、楼面-1	踢脚-1	内墙-2	顶棚-3
电信机房	地面-3	踢脚-1	内墙-2	顶棚-3

通过室内装修表，我们可以知道所有房间的装修做法，有助于做出与实际做法一样的模型。

3.4.3 门窗表

门窗表中的内容提供了门窗的尺寸、个数和位置等信息。门窗是建筑模型中非常重要的一部分，在结构模型中并没有建筑墙体和墙体中的门窗，而门窗的放置则可以很好地检查结构和建筑是否存在一定的出入，也可以通过门窗来丰富建筑模型的表达，示例信息如表3-4所示。

表3-4 门窗信息示例

类型	设计编号	洞口尺寸		分层樘数			总樘数	选用图集	备注
		宽（mm）	高（mm）	一层（mm）	二层（mm）	三层（mm）			
门	MM1021	1000	2100	12	13	21	46		木夹板门
窗	C1836-1	1800	3600	9	15		24		铝合金固定及平开门

门窗相关工作需根据门窗表来进行，并通过门窗表来核实图纸中相对应的数量。

3.4.4 门窗详图

门窗详图和门窗表相对应，它起到详细表达门窗的具体样式及其对应的窗台高度等细节性内容的作用。以C1836-1为例，其详图如图3-6所示。

门窗详图中描述了C1836-1的做法说明，其做法如下。

①窗台为0mm，底部900mm范围内为固定扇，中间为1800mm高的平开部分，上部900mm范围内为固定扇。

②门窗的尺寸为1800mm×3600mm。

在进行门窗表的识读过程中，读者要学会对照门窗详图和门窗表来进行门窗内容的识读，经过两者的相互补充来了解建筑图纸中的门窗内容。

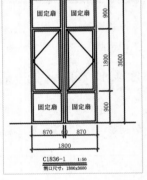

图3-6

3.5 建筑平面图

用一个假想的水平面把一栋房屋略高于窗台的部分切掉，将剩余部分通过正投影得到的水平投影图称为建筑平面图。

3.5.1 建筑平面图的作用与特点

建筑平面图是建筑内容表达的主要方式。了解建筑平面图的作用和特点是识读建筑施工图非常重要的一步。

建筑平面图的作用

建筑平面图主要反映房屋的平面形状、大小，房间的相互关系，内部布置，墙的位置、厚度和材料，门窗的位置，其他建筑构配件的位置和各种尺寸等信息。建筑平面图是施工放线、砌墙、安装门窗、室内装修和编制预算的重要依据。

建筑平面图是其他建筑施工图的基础，它采用了标准图例的统一性和规范性，与其他详图和图集存在非常紧密的关联性。只有先将建筑平面图看明白，心中对建筑的布局和结构都有了基本的了解，在看其他图纸时才能做到心中有数，再结合立面图和剖面图就能看懂图纸。

3.5.2 建筑平面图的内容

建筑平面图的内容是建筑施工图主要的说明方式，读者要知道其主要包含的内容和表达方式。

建筑物的平面定位轴线及尺寸

从定位轴线的编号及间距可以了解各承重构件的位置及房间大小，以便施工时放线定位，如图3-7所示。

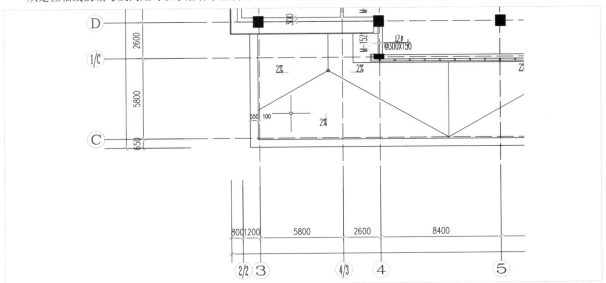

图3-7

各层楼地面标高

建筑工程上常将室外地坪以上的第1层（即底层）室内平面处标高定为零标高，即±0.000标高处，如图3-8所示。以零标高为界，地下层的平面标高为负值，标准层以上的标高为正值。

图3-8

门窗位置及编号

在建筑平面图中，大部分的房间都有门窗，这些尺寸都是确定门窗位置的主要依据，分别如图3-9和图3-10所示。

门窗均按照国家标准规定的图例绘制，并在图例旁边注写门窗代号，M表示门，C表示窗，通常按顺序使用不同的编号编写为M-l、M-2和C-2等。

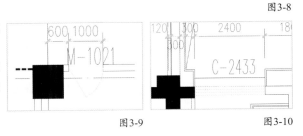

图3-9   图3-10

剖面位置、细部构造及详图索引

平面图是用一个假想的水平面把一栋房屋横向切开而形成的，切开的剖面位置很重要，切得高形成的平面图和切得低形成的平面图有很大差别。因此，建筑工程上将切开面定在房屋的窗台以上部分但又不超过窗顶的位置，这样平面图就能将门窗的位置清楚地显现出来。

由于平面图的比例较小，某些复杂部位的细部构造不能很明确地表示出来，因此常通过详图索引的方式将复杂部位的细部构造另行画出，并通过放大的比例表达设计思想。在看图的时候，可以通过详图索引所指向的位置找到相应的详图，再对照平面图理解建筑的真正构造。

> **提示**
>
> 若图纸空间足够，那么在该平面图旁会找到一些细部节点详图。

屋面排水及布置要点

建筑的屋面分为平屋面和坡屋面，它们的排水方法有很大不同。

❖ 坡屋面

因为坡屋面的坡度较大，所以一般采用无组织排水。无组织排水即自由落水，指不用进行任何处理，水会顺着坡度自高向低流下。

有些坡屋面建筑在下檐口会设有檐沟，使坡面上的水流进檐沟，并在其内填0.5%~1%的纵坡，使雨水集中到雨水口，再通过落水管流到地面或排到地下排水管网，这就是有组织的排水，别墅的设计中常采用这种方法。读图的时候，应根据实际情况来看屋面的排水。

❖ 平屋面

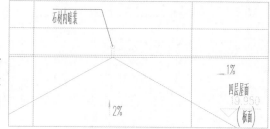

平屋面的做法较为复杂，它常通过材料找坡的方式进行绘制，即由轻质的垫坡材料形成，如水泥炉渣、石灰炉渣等。上人屋面平屋顶材料找坡的坡度宜为2%~3%，不上人屋面一般找坡层的厚度的最薄处不小于20mm，如图3-11所示。在识读平屋面的排水图时，应注意排水坡度、排水分区和落水管的位置等要点。

图3-11

文字说明

在建筑平面图中，有一些通过绘图方式不能表达清楚或过于烦琐的内容，设计者会通过文字的方式在图纸的下方加以说明，如墙体的厚度、空调孔的位置及高度、排气道选用的图集、厨卫和阳台的地面标高等。

其他

除了上述提到的常规内容，平面视图中还可能存在剖面图的符号、指北针、楼梯的位置、梯段的走向和级数等内容。

3.5.3 建筑平面图的识图方法

建筑平面图中的内容比较繁杂、凌乱，不同于结构施工图的统一性。建筑施工平面图所包含的内容种类较多，不同种类的构件的表达方式也不尽相同，读者在识读建筑平面图时要学会掌握相应的方式方法。掌握建筑平面图的识读方法和技巧有利于读者快速并准确地掌握建筑平面图中所表达的内容。

识读方法

建筑平面图的识读过程中，需要注意以下8点内容。

①看建筑平面图时，应从底层看起。先看图名、比例和指北针，了解这张平面图的绘图比例及房屋朝向。

②在底层平面图上看建筑门厅、室外台阶、花池和散水的情况。

③看房屋的外形和内部墙体的分隔情况，了解房屋平面形状和房间的分布、用途、数量及相互间的联系，如走廊、楼梯和房间的位置分布等信息。

④看图中定位轴线的编号及间距尺寸，了解各承重墙或柱的位置及房间大小，以便施工时定位放线并查阅图样。

⑤看平面图中的内部尺寸和外部尺寸，从各部分尺寸的标注知道每个房间的开间、进深、门窗及室内设备的大小、位置。

⑥看门窗的位置和编号，了解门窗的类型和数量，以及其他构配件和固定设施的图例。

⑦在底层平面图上看剖面的剖切符号，了解剖切位置及其编号。

⑧看地面的标高、楼面的标高和索引符号等。

识读技巧

识图的方式应遵循"先大后小"的原则，先记住建筑的总宽度和总长度，再对轴线的间距、门窗的位置及编号、楼梯、电梯的位置、套型个数和标高等内容进行查看。待记住了大致内容后，再记忆细节部分，具体到每个房间的布局及门窗、空调孔和管道等处的位置，不清楚的地方一定要对照立面图和剖面图。

实训：识读建筑平面图

素材名称	素材文件>CH03>实训：识读建筑平面图.tif
实例位置	无
视频名称	实训：识读建筑平面图.mp4
学习目标	掌握建筑平面图的识读方法

扫码观看视频

初识图纸

本例需要识读的建筑平面图如图3-12所示。

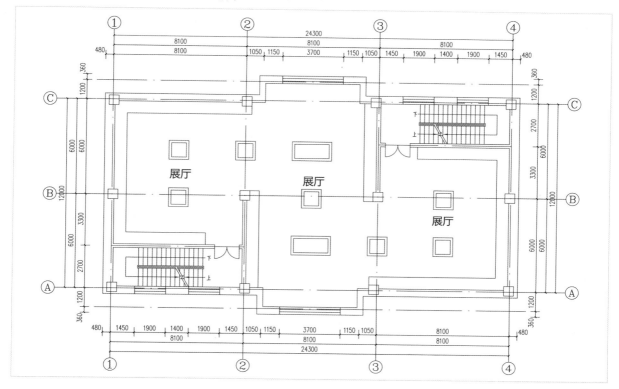

图3-12

信息提取

①建筑的开间为24.3m，进深为12m。

②建筑的本层功能为展厅。

③建筑在左下角和右上角各有一个楼梯。

④建筑本层在两个楼梯间处各有一个双扇平开门，平开门类型和尺寸均未标注。

⑤建筑本层的结构柱在图中有示意表达。

⑥建筑墙体围护结构图中有所表达，墙体厚度在平面图中无法确定。

> **提示**
>
> 由于该平面图纸内容较少，因此图中表述的很多内容都无法确定，需要结合建筑说明和其他图纸进行确定。在实际项目的图纸识读过程中，很多信息靠一张图纸是难以确定的，这是非常正常的事情。

练习：识读建筑平面图

素材名称	素材文件>CH03>练习：识读建筑平面图.jpg
实例位置	无
视频名称	练习：识读建筑平面图.mp4

扫码观看视频

本练习需要识读的建筑平面图如图3-13所示。

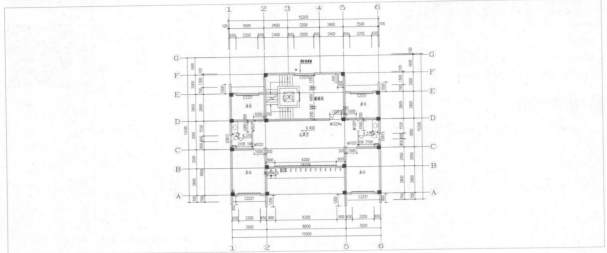

图3-13

3.6 建筑立面图

在与房屋立面平行的投影面上形成的正投影图称为建筑立面图，简称立面图。它主要反映了房屋的外貌、各部分配件的形状、相互关系及立面装修的做法等内容，是建筑及装饰施工的重要图样。

3.6.1 建筑立面图的作用与特点

从图纸的表达方式来看，平面图很难清晰地表达建筑的外部特征，建筑立面图则可以很好地表达建筑物的外立面形状及特征，因此立面图所表达的内容也是建筑施工图中重要的一环。本小节将介绍建筑立面图的作用及特点，帮助读者了解建筑立面图。

建筑立面图的作用

一栋建筑给人的第一印象往往是建筑的立面，立面设计的优劣直接影响着建筑的形象。立面设计主要分为大体块的设计和体量的变形两部分，大体块的设计是为了反映建筑的功能特征，并结合建筑内部空间及其使用要求而进行的体量设计，这类功能的立面设计形成了建筑的大体造型；体量的变形主要是对建筑体型的各个方面进行深入的刻画和处理，使整个建筑形象趋于完善，同时保证立面各组成部分的形状、色彩、比例关系和材料质感等内容设计合理，一般通过节奏、韵律和虚实对比等规则规律地设计出完整、美观并反映出有时代特征的立面。

建筑立面图的图示特点

建筑立面图的表达方式和平面图有着本质的区别，掌握建筑立面图的图示特点才能够明白应该如何识读立面图。

❖ **简洁的正投影图**

建筑立面图是一个正投影图，与平面图相比，立面图就显得比较简洁了。它的简洁之处在于图示中的大部分内容都是以单线条表示，只要在一个平面上没有凹凸或分隔的墙体，那么立面图上就只表现它的外轮廓。

❖ **建筑物的外形轮廓**

立面图主要控制建筑的高度和细部外观，只有高度和宽度的比例合适，整体建筑才会看起来比较协调。细部表现得越丰富，建筑外观才会越完善。建筑物的外形轮廓一般以粗实线表示，这样才会更加醒目。

❖ **确定建筑物的各部位标高**

工程上常用层高或净高来控制尺寸，建筑物的各部位标高可以依建筑物的层高或净高而定。一般民用建筑的层高如表3-5所示。

表3-5 民用建筑层高

建筑物	标高（m）
住宅	2.7~2.8
宿舍	2.7~2.8或3.3~3.6
中学教室	3.6~3.9
小学教室	3.3~3.6
办公室	3.0~3.6

建筑层高应结合建筑的使用功能、工艺要求和技术经济条件来综合确定，同时还要符合专用建筑设计规范和当地城市规划部门及有关专业的要求。

❖ **屋面做法详图索引**

如果屋面的做法相对简单，那么可以直接在立面图中表示，如只有一定高度的女儿墙，如果墙面没有其他装饰，那么在立面图上只用单线条表示；如果屋面的做法比较复杂，那么就不能直接在立面图中将做法和构造表达清楚，需要用详图索引的方式另画详图或选择相应的图集。

3.6.2 建筑立面图的内容

建筑立面图的内容包含以下6点。

①图名、比例和立面两端的轴线和编号，如图3-14所示。

②外墙面的体型轮廓和屋顶外形线在立面图中通常用粗实线表示，如图3-15所示。

③门窗的形状、位置和开启方向是立面图中的主要内容，如图3-16所示。

图3-14　　　　　　　　　　　　图3-15

④按照投影原理，除了反映立面图在外墙上的一些构筑物，还会有室外地坪以上能够看得到的细部，如勒脚、台阶、花台、雨篷、阳台、檐口、屋顶和外墙面的壁柱雕花等。雨篷立面图表达如图3-17所示。

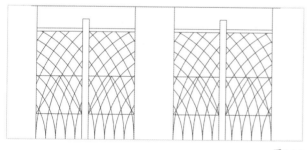

图3-16

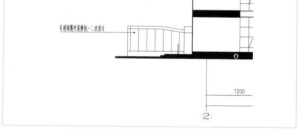

图3-17

⑤立面图需包含标高和竖向的尺寸，如图3-18所示。

⑥立面图中常用相关的文字说明来标注房屋外墙的装饰材料和做法。通过标注详图索引，可以将复杂部分的构造以另画详图的方式进行表达，如图3-19所示。

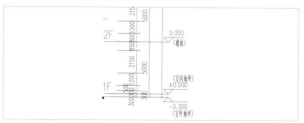

图3-18

图3-19

3.6.3　建筑立面图的识图方法

建筑立面图的识图需要遵循一定规律。掌握建筑立面图的识读方法和技巧有利于读者快速并准确地掌握建筑立面图中所表达的内容,基本的识图方法如下。

①先看立面图上的图名和比例,再看定位轴线,以便确定立面图的朝向及绘图比例的大小,立面图两端的轴线及其编号应与平面图上的轴线及其编号相对应。

②看建筑立面的外形,了解门窗、阳台栏杆、台阶、屋檐、雨篷和出屋面排气道等的形状及位置。

③看立面图中的标高和尺寸,了解室内外地坪、出入口地面、窗台、门口和屋檐等处的标高位置。

④看房屋外墙面装饰材料的颜色、材料类型和分格做法等内容。

⑤看立面图中的索引符号、详图的出处和选用的图集等内容。

实训:识读建筑立面图

素材名称	素材文件>CH03>实训:识读建筑立面图.tif
实例位置	无
视频名称	实训:识读建筑立面图.mp4
学习目标	掌握建筑立面图的识读方法

初识图纸

本例需要识读的建筑立面图如图3-20所示。

图3-20

信息提取

①从立面图纸中可知,本侧的宽度为34.2m。

②由标高可知本项目的高度、每一层的楼面标高和每一层的层高。

③由整体可知本侧建筑的立面轮廓形状。

④通过立面可以看到本侧所有的门窗定位及轮廓。

⑤通过立面图中的上部索引符号可以查询对应的详图表达。

⑥通过本侧的文字说明可以知道相应位置的装修用材料说明。

⑦门窗对应的位置有对应的门窗名称。

练习:识读建筑立面图

素材名称	素材文件>CH03>练习:识读建筑立面图.tif
实例位置	无
视频名称	练习:识读建筑立面图.mp4

本练习需要识读的建筑立面图如图3-21所示。

图3-21

3.7 建筑剖面图

如果说建筑平面图是由一个假想的水平剖切面将房屋剖切形成的，那么建筑剖面图则是由一个假想的竖直剖切面将房屋剖切形成的。移去剖切平面和观察者之间的部分，对留下来的部分进行正投影，得到的图样就是建筑剖面图。

> **提示**
> 剖切平面是假想的平面，由一个投影图画出剖面图后，其他投影图不会受到剖切的影响，需要按照剖切前的完整形体来画。也就是说，不同剖面图之间相互独立，互不影响。

3.7.1 建筑剖面图的作用

建筑剖面图是一套建筑图纸中不可缺少的部分，建筑立面图看的是整个建筑的外部特征，而建筑剖面图看的是建筑物内部的特征。了解建筑剖面图的作用才能够知道建筑剖面图对于整个建筑图纸的意义。

反映建筑物的内部结构、构造关系及尺寸

建筑剖面图的主要任务是根据房屋的使用功能和建筑外观造型的需要，考虑层数、层高及建筑在高度方向上的安排。它用于表示建筑物内部垂直方向的结构形式、分层情况、内部构造及各部位的高度，同时还要表明房屋各主要承重构件之间的相互关系，如各层梁、板的位置及其与墙和柱的关系、屋顶的结构形式及其尺寸等内容。

采用节点详图和施工说明来表达具体做法

地面以上的内部结构和构造形式主要由各层楼面、屋面板决定。在剖面图中，主要是表达清楚楼面层、屋顶层、各层梁、梯段、平台板和雨篷等与墙体间的连接情况。

> **提示**
> 详图一般采用较大比例，如1:1、1:5和1:10等比例单独进行绘制，同时还要附加详细的施工说明。

不同的剖切面区别表达

剖面图的数量和位置需要根据项目需求来确定，不同剖切面表达的内容也不尽相同。一般情况下，简单的楼房有两个剖面图即可，一个剖面图表达建筑的层高、被剖切到的房间布局和门窗的高度等内容；另一个剖面图表达楼梯间的尺寸、每层楼梯的踏步数量及踏步的详细尺寸、建筑入口处的室内外高差、雨篷的样式及位置等内容。

以确定竖向尺寸为主

建筑剖面图中的所有内容都和建筑物的竖向高度有关,它主要用于确定建筑物的竖向内容,所以在看剖面图时,主要看它的竖向高度,并且要与平面图、立面图结合着看。在剖面图中,主要房间的层高是影响建筑高度的主要因素,为保证使用功能齐全、结构合理且构造简单,应结合建筑规模、建筑层数、用地条件和建筑造型等内容进行相应的处理。

依据建筑剖面图进行分层

在施工过程中,根据建筑剖面图进行分层,逐步开展砌筑内墙、铺设楼板、屋面板和楼梯内部的装修等工作。

> **提示**
> 建筑剖面图和建筑立面图、建筑平面图结合起来表示建筑物的全局,因而建筑的平面图、立面图和剖面图是建筑施工最基本的图样。

3.7.2 建筑剖面图的内容

在建筑平面图中,一般会存在剖面符号,其对应的内容即是建筑剖面图,建筑剖面图可以理解为平面图的深入说明。在实际项目中,建筑剖面图的数量是根据项目的复杂程度而变化的,学会识读建筑剖面图才能够更好地掌握建筑施工图的内容。本小节讲解建筑剖面图的内容,帮助读者了解建筑剖面图。

图名、比例和定位轴线

建筑剖面图的图名表示为"1-1剖面图"或"I-I剖面图",即用阿拉伯数字、罗马数字或拉丁字母结合"剖面图"字段形成,如图3-22所示。

图3-22

剖切到的构配件及构造

剖切到的构配件主要有剖切到的屋面(包括隔热层及吊顶),楼面,室内外地面(包括台阶、明沟及散水等),内外墙身及其门、窗(包括过梁、圈梁、防潮层、女儿墙和压顶),各种承重梁和连系梁,楼梯梯段及楼梯平台,雨篷及雨篷梁,阳台和走廊等。剖面图中的结构梁如图3-23所示。

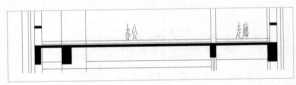

图3-23

未剖切到的可见的构配件

剖面图主要表达剖切到的构配件的构造及其做法,所以常用粗实线表示;未剖切到的可见的构配件也是剖面图中不可缺少的部分,但不是表现的重点,所以常用细实线表示,与立面图中的表达方式基本一样。

未剖切到的构配件主要有楼梯梯段、栏杆扶手、走廊端头的窗;可见的梁、柱;可见的水斗、雨水管;可见的踢脚和室内的各种装饰等。栏杆扶手的表达如图3-24所示。

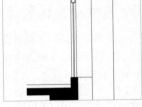

图3-24

3.7.3 建筑剖面图的识图方法

建筑剖面图的识图需要遵循一定规律,基本的识图方法如下。掌握建筑剖面图的识读方法和技巧有利于读者快速并准确地掌握建筑剖面图中所表达的内容。

①先看图名、轴线编号和绘图比例,然后将剖面图和底层平面图进行对照,确定建筑剖切的位置和投影的方向,从而了解剖面图表现的是房屋的哪个部分、朝向哪个方向的投影。

②看建筑重要部位的标高,如女儿墙顶的标高、坡屋面屋脊的标高、室外地坪与室内地坪的高差、各层楼面及楼梯转向平台的标高等。

③看楼地面、屋面、檐线及局部复杂位置的构造。楼地面、屋面的做法通常在建筑施工图的第1页的设计说明中选用相应的标准图集,与图集不同的构造通常用一条引出线指向需要说明的部位,并按其构造层次依次列出材料等说明,有时还会绘制在墙身详图中。

④看剖面图中某些部位坡度的标注,如坡屋面的倾斜度、平屋面的排水坡度、入口处的坡道和地下室的坡道等需要做成斜面的位置,通常这些位置都标注了坡度符号,如2%或1∶5等。

⑤看剖面图中有无索引符号。剖面图不能表达清楚的地方,应注有索引符号,对应详图查看剖面图,才能将剖面图真正看明白。

实训:识读建筑剖面图

素材名称	素材文件>CH03>实训:识读建筑剖面图.tif
实例位置	无
视频名称	实训:识读建筑剖面图.mp4
学习目标	掌握建筑剖面图的识读方法

扫码观看视频

初识图纸

本例需要识读的建筑剖面图如图3-25所示。

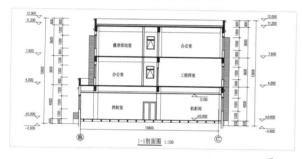

图3-25

信息提取

①从剖面图纸中可知本侧的宽度为15.8m。

②由标高可知本项目的高度、每一层的楼面标高及每一层的层高。

③由整体可知剖切位置的房间名称及用途。

④通过剖面图可以看到剖切位置所有的门窗轮廓。

⑤通过剖面图可以看到剖切位置的结构构件。

⑥通过剖面图可以看到剖切位置地面及顶板的高度。

练习:识读建筑剖面图

素材名称	素材文件>CH03>练习:识读建筑剖面图.tif
实例位置	无
视频名称	练习:识读建筑剖面图.mp4

扫码观看视频

本练习需要识读的建筑剖面图如图3-26所示。

图3-26

3.8 建筑详图

为了满足施工的要求，用图示的方式把建筑的细部构造用较大的比例详细地表达出来，这样的图称为建筑详图，也称大样图。

3.8.1 建筑详图的特点与作用

将整个项目置于几张缩小了几十倍甚至上百倍的平面图纸上，其表达的内容必然会存在一定的缺失。为了更好地描述细部构件的内容，就需要绘制建筑详图。

🏢 建筑详图的作用

建筑详图是建筑细部构造的施工图，是建筑平面图、立面图和剖面图等基本图纸的补充和深化，也是建筑工程的细部施工、建筑构配件的制作和预算编制的依据。

🏢 建筑详图的图示特点

建筑详图要求图示的内容清楚、尺寸标准齐全，且文字说明详尽，一般需要表达出构配件的详细构造，包括所用的各种材料及其规格、各部分的构造连接方法及其相对位置关系、详细尺寸、有关施工要求、构造层次和制作方法说明等内容。同时，建筑详图必须加注图名或详图符号，详图符号应与被索引的图样上的索引符号相对应，还要在详图符号的右下侧注写比例。对于套用标准图集或通用图集的建筑构配件或节点，只需注明所套用图集的名称、编号和页次等内容，不必另画详图。

3.8.2 建筑详图主要表现的部位

建筑详图的作用是对平面图中无法准确表达的部位进行详细说明，一般应用于相对复杂的部位，下面对这些部位进行说明。

①外墙节点、楼梯、电梯、厨房和卫生间等局部平面需要单独绘制建筑详图和构造详图，楼梯示例如图3-27所示。

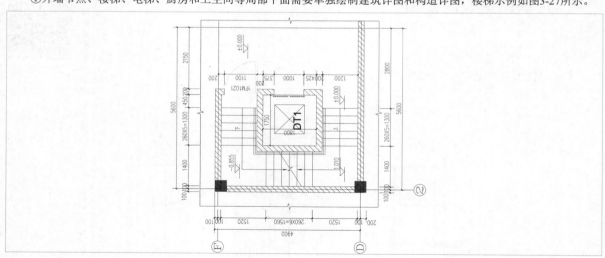

图3-27

②室内外装饰方面的构造、线脚、图案和造型等都是由建筑设计师来设计的，装饰示例如图3-28所示。

③特殊的或非标准的门、窗和幕墙等也应有构造详图，这些内容都是需要委托其他公司进行设计和加工。同时，这些内容还要绘制立面分格图，对开启的面积大小和开启方式及其与主体结构的连接方式、预埋件、用料材质和颜色等作出规定，如图3-29所示。

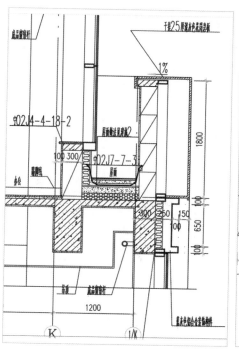

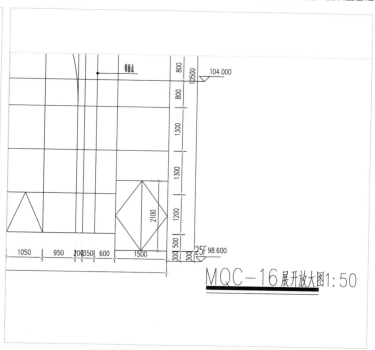

图3-28   图3-29

④对于其他一些内容,如在平面图、立面图和剖面图或文字说明中无法交代或交代不清的建筑构配件和建筑构造,要表达出其构造做法、尺寸、构配件相互关系和建筑材料等信息,同时绘制建筑详图。

> **提示**
>
> 相对于平面图、立面图和剖面图而言,建筑详图是一种辅助图样。

⑤对于紧邻的原有建筑,应绘出其局部的平面图、立面图和剖面图,并索引出新建筑与原有建筑结合处的详图。

3.8.3 建筑详图的内容

建筑详图的基本内容包含以下6点内容。

①图的名称、比例,如图3-30所示。

②图符号、编号及需另画详图时的索引符号,如图3-31所示。

③建筑构配件的形状、与其他构配件的详细构造、层次、有关的详细尺寸和材料图例等。

④各部位、各层次的用料、做法、颜色和施工要求等内容,如图3-32所示。

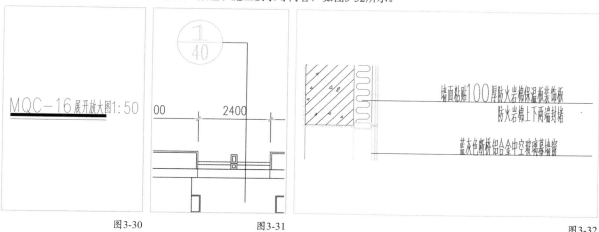

图3-30   图3-31   图3-32

⑤定位轴线及其编号，如图3-33所示。

⑥标注的标高等，墙身标高如图3-34所示。

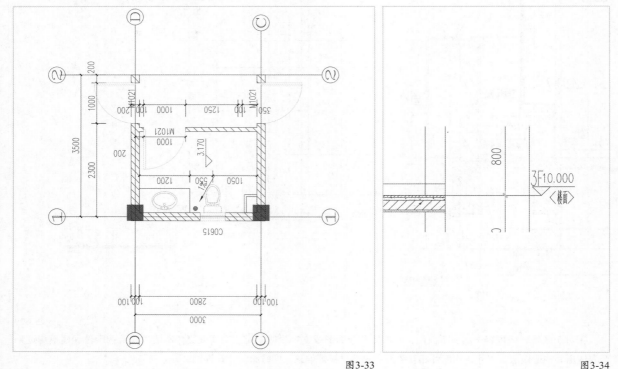

图3-33

图3-34

3.8.4 建筑详图的识图方法

识读建筑详图的时候，应先明确该详图与有关图的关系，根据所采用的索引符号、轴线编号和剖切符号等内容，明确该详图部分在平面图中的位置，并将局部构造和建筑物整体联系起来，形成完整的概念。

识读建筑详图的时候要细心研究，掌握有代表性的部位的构造特点，并进行灵活运用。一个建筑物由较多的构配件组成，而它们大多数属于相同类型，因此只要了解其中一个或两个的构造及尺寸，就可以类推其他构配件。

3.9 建筑总平面图

建筑总平面图是在建筑基底的地形图上，把已有的、新建建筑物的和拟建的建筑物、构筑物，以及道路、绿化用地等按与地形图同样的比例绘制出来的平面图，主要标明新建建筑物的平面形状、层数、室内外地面标高、新建道路、绿化、场地排水和管线的布置情况，以及出入口示意、附属房屋、地下工程的位置及功能、与道路红线及城市道路的关系和耐火等级等内容，并需要标明原有建筑、道路、绿化用地等与新建建筑物之间的相互关系及环境保护方面的要求。对于较为复杂的建筑总平面图来说，还可分项绘制出竖向布置图、管线综合布置图和绿化布置图等。

3.9.1 建筑总平面图的作用

建筑总平面图是新建房屋及设备定位、施工放线的重要依据，也是水、暖、电和天然气等室外管线施工的依据。它表明了新建房屋的位置、朝向与原有建筑物的关系，以及周围道路、绿化、给水、排水和供电条件等方面的情况，是新建房屋施工定位、土方施工、设备管网的平面布置、安装施工时进入现场的材料和构件、选择配件堆放场地、构建预制场地和运输道路的依据。

3.9.2 建筑总平面图的内容

建筑总平面图表达的内容区别于建筑施工图中的其他内容,其包含以下内容。

原有基地的地形图(等高线、地面标高等)

如果地形的变化较大,那么应该在建筑总平面图中画出相应的等高线,地面标高如图3-35所示。

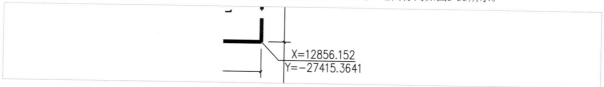

X=12856.152
Y=−27415.3641

图3-35

周围已有的建筑物、构筑物、道路和地面附属物

通过周围建筑概况了解新建建筑对已建建筑造成的影响和作用,并标明相邻的原有建筑物、拆除建筑物的位置或范围。

指北针或风向玫瑰图

指北针主要标明了建筑物的朝向,它的外圆直径为24mm,用细实线绘制,指针尾部的尺寸宜为3mm,指针的头部应注明"北"或"N"字样。

在总平面图中通常画有带指向北的风向频率玫瑰图(风玫瑰),用以表示该地区常年的风向频率和风速。风玫瑰是根据当年平均统计的各个方向吹风次数的百分数按一定比例绘制的,风是从外吹向中心,如图3-36所示。

图3-36

> **提示**
>
> 建筑物的位置朝向和当地主导风向有密切关系,如应把清洁的建筑物布置在主导风向的上风向,把有污染的建筑物布置在主导风向的下风向,以免当地的环境受有污染建筑物所散发的有害物的影响。

新建建筑物、构筑物的布置

新建建筑物的定位方式有以下3种。

①利用新建建筑物和原有建筑物之间的距离定位。

②利用施工坐标确定新建建筑物的位置。

③利用新建建筑物与周围道路之间的距离确定新建建筑物的位置。

此外,还需注明新建房屋底层室内地坪和室外整平地坪的绝对标高。

周围环境

建筑物周围的环境,如道路、河流、水沟、池塘和土坡等,应注明道路的起点、变坡、转折点、终点、道路中心线的标高和坡向等内容。

绿化及道路

在总平面图中,绿化及道路反映的范围较大,常用的比例为1∶300、1∶500、1∶1000和1∶2000等。

比例

建筑总平面图一般使用1∶500、1∶1000的比例,方便尺寸的计算。

主要技术经济指标

主要技术经济指标包括规划总用地面积、总建筑面积、建筑基底面积、建筑密度、绿化率和容积率等内容。该内容一般会统一放置于"主要技术经济指标表"中,如表3-6所示。

表3-6 主要技术经济指标

项目	单位	数量	备注
本项目征地面积	m²		
建、构筑物占地面积	m²		
建筑密度	%		
建筑面积	m²		
容积率	%		
道路及广场面积	m²		
绿地面积	m²		
绿地率	%		

3.9.3 计量单位

由于建筑总平面图所涉及的范围一般比较大，因此建筑总平面图中的单位和建筑平面图并不一致，主要计量单位的规定如下。

①总图中的坐标、标高和距离宜以m为单位，并应至少取至小数点后两位，不足时以0补齐；详图宜以mm为单位，如果不以mm为单位，那么应另加说明。

②建筑物、构筑物、铁路、道路方位角（或方向角）和铁路、道路转向角的度数，宜注写到"秒"，特殊情况应另加说明。

③铁路纵坡度宜以千分计，道路纵坡度、场地平整坡度和排水沟沟底纵坡度宜以百分计，并应取至小数点后一位，不足时则以0补齐。

3.9.4 建筑总平面图的识图方法

建筑总平面图主要根据其内容按照顺序进行识读。掌握建筑总平面图的识读方法和技巧有利于读者快速并准确地掌握建筑总平面图中所表达的内容。

①先要看总平面图的图纸名称、比例及文字说明，对图纸的大概情况有初步的了解。

②熟悉总平面图上的各种图例。由于总平面图的绘制比例较小，因此大多数物体不可能按照原状绘出，而采用图例符号来表示。

③在总平面图上都会有一个指北针或风向频率玫瑰图，它标明了建筑物的朝向及该地区的全年风向、频率和风速。

④了解新建房屋的平面位置、标高、层数及其外围尺寸等内容。看新建建筑物在规划用地范围内的平面布置情况，了解新建建筑物的位置及平面轮廓形状与层数、道路、绿化和地形等的情况。新建房屋平面位置在总平面图上的标定方法有两种，若是针对小型工程项目，则一般以邻近原有永久性建筑物的位置为依据引出相对位置；若是针对大型的公共建筑，则往往用城市规划网的测量坐标来确定建筑物转折点的位置。

⑤了解新建建筑物的室内外高差、道路标高、坡度和地面排水情况；了解绿化的要求和布置情况及周围的环境。

⑥看房屋的道路交通和管线的走向，确定管线引入建筑物的具体位置。

⑦在总平面图上还可能绘制给排水、采暖和电气施工图。

实训：识读建筑总平面图

素材名称	素材文件>CH03>实训：识读建筑总平面图.jpg
实例位置	无
视频名称	实训：识读建筑总平面图.mp4
学习目标	掌握建筑总平面图的识读方法

扫码观看视频

初识图纸

本例需要识读的建筑总平面图如图3-37所示。

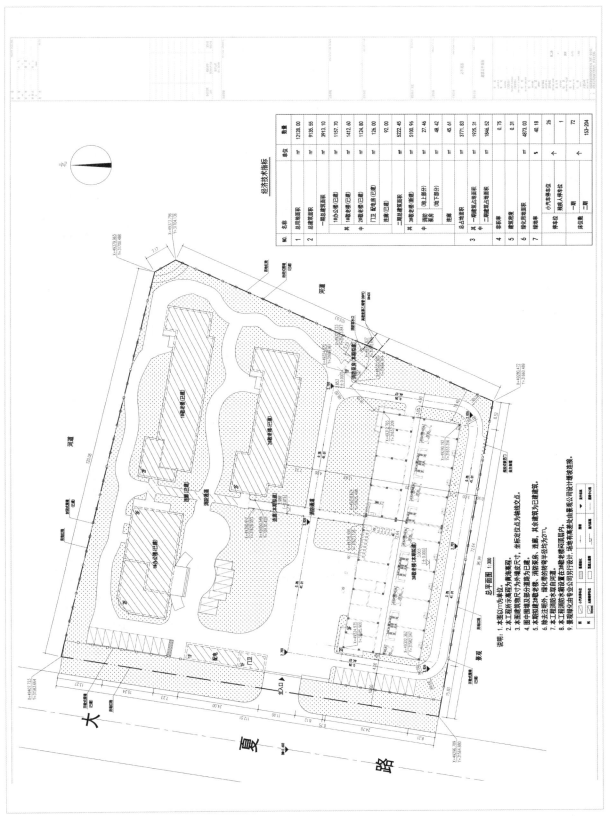

经济技术指标

NO.	名称		单位	数量
1	总用地面积		m²	12128.00
2	总建筑面积		m²	9135.55
	一期总建筑面积		m²	3913.10
	其中	1#办公楼（已建）	m²	1157.70
		1#栋老楼（已建）	m²	1412.60
		2#栋老楼（已建）	m²	1124.80
		门卫、配电房（已建）	m²	126.00
		连廊（已建）	m²	92.00
	二期总建筑面积		m²	5222.45
	其中	3#栋老楼（新建）	m²	5100.95
		消防水泵房（地上部分）	m²	27.46
		消防水泵房（地下部分）	m²	48.42
		连廊	m²	45.61
3	总占地面积		m²	3771.83
	其中	一期建筑物占地面积	m²	1925.31
		二期建筑物占地面积	m²	1846.52
4	容积率			0.75
5	建筑密度		%	0.31
6	绿化总占地面积		m²	4873.03
7	绿地率		%	40.18
	停车位	小汽车停车位	个	26
		残疾人停车位	个	1
	栋户数	一期		72
		二期		153-204

总平面图 1:300

说明: 1. 本图以m为单位。
2. 本工程所示高程为黄海高程。
3. 本图建筑物尺寸为外墙定形尺寸，坐标定位点为轴线交点。
4. 图中圆圈及路分道路为已建。
5. 本期拟建3#栋老楼、消防系统、连廊，其余建筑均为已建建筑。
6. 除去注明外，绿化带的转弯半径均为2714。
7. 本工程消防水取自河道。
8. 本工程消防水箱设复至3#栋老楼建河西层内。
9. 景观绿化由专业公司另行设计，环地有高差处由景观公司设计与楼衔接。

信息提取

①右上角为指北针，可以确定项目北和正北之间的角度。

②右侧表格为项目中的主要经济技术指标。

③通过总平面图的表达，可以看到项目周围的道路情况。

④通过总平面图的表达，可以看到原有建筑物轮廓及其层数。

⑤通过总平面图的表达，可以看到新建建筑物轮廓及其层数。

⑥通过总平面图的表达，可以看到整个场地的样貌。

⑦通过总平面图的表达，可以看到整个场地内的道路情况。

练习：识读建筑总平面图

素材名称	素材文件>CH03>练习：识读建筑总平面图.tif
实例位置	无
视频名称	练习：识读建筑总平面图.mp4

扫码观看视频

本练习需要识读的建筑总平面图如图3-38所示。

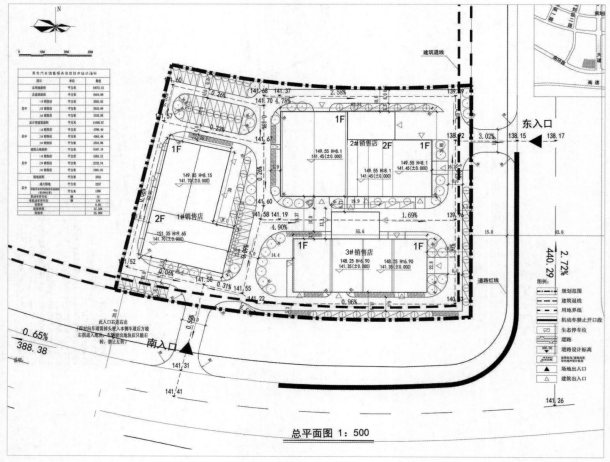

图3-38

04

第 4 章　AutoCAD 与 Revit 制图基础

　　俗话说，"工欲善其事，必先利其器。"BIM 技术的实现依托于众多软件，掌握软件的基本操作是实现 BIM 应用的前提。BIM 应用涉及的软件众多，如 AutoCAD、Revit、Lumion 和 Navisworks 等，这些软件分别对应了项目的不同阶段和应用内容，掌握了对应的软件才能够实现相应的功能。本章将讲解 AutoCAD 和 Revit 这两款常用制图软件的基础操作。

- ↳ AutoCAD 界面基础
- ↳ AutoCAD 中二维图元的绘制
- ↳ AutoCAD 中二维图元的修改
- ↳ AutoCAD 常用的面板
- ↳ Revit 的基础知识
- ↳ Revit 基础结构构件的绘制
- ↳ Revit 构件的基本修改
- ↳ Revit 中常用的面板

技 术 专 题

提　示

实 训 案 例

练 习 案 例

项目实践篇 ➤

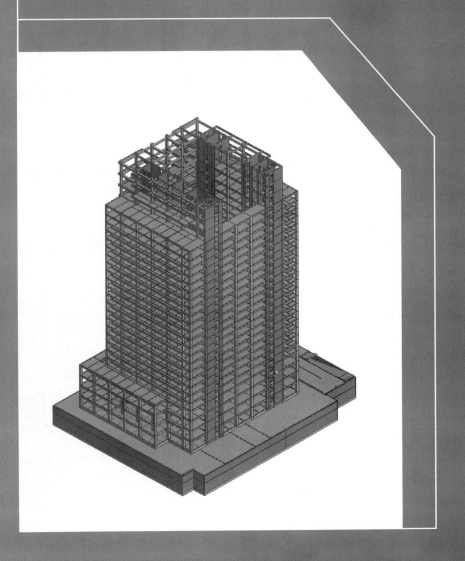

4.1 AutoCAD图纸管理基础

AutoCAD作为二维制图的基础性软件，是现阶段建筑行业从业人员必备的工具。如今的制图和施工规范大多以二维图纸为依据，掌握基础的CAD操作技能也是BIM从业人员的基础能力。本节以AutoCAD 2018为例讲解CAD的相关操作和技能。

4.1.1 操作界面

双击桌面上的AutoCAD 2018快捷方式图标，进入AutoCAD的操作界面，默认的操作界面中包含了"应用程序"按钮、快速访问工具栏、标题栏、选项卡标签、功能区、绘图区、命令行和状态栏，如图4-1所示。

图4-1

⚒ 技术专题 文件的打开与保存

文件的基本操作包括新建图形文件、打开图形文件和保存图形文件，这些操作都是基于已经打开的软件界面进行的。

在通常情况下，双击桌面上的AutoCAD快捷方式图标，即可打开AutoCAD，并可根据需要来执行相关的文件操作。打开后的初始界面如图4-2所示。

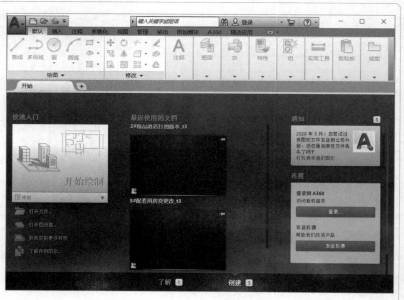

图4-2

开始新建图形文件。常用的方法是执行"应用程序"菜单中的"新建"命令来实现。执行"应用程序"菜单中的"新建>图形"命令，在打开的"选择样板"对话框中选择样本文件，单击"打开"按钮即可完成新建，如图4-3所示。

图4-3

除了新建文件外，当有后缀名为.dwg的文件时，可通过双击完成该文件的打开操作。也可执行"应用程序"菜单中的"打开>图形"命令（快捷键为Ctrl+N），在打开的"选择文件"对话框中选择该文件，单击"打开"按钮，如图4-4所示。

在AutoCAD 2018中，保存图形文件的方法有两种，分别为"保存"和"另存为"。对于新建的图像文件，在"应用程序"菜单中执行"保存"命令，在打开的"图形另存为"对话框中指定文件的名称和保存路径，最后单击"保存"按钮，即可将文件保存，如图4-5所示。

图4-4

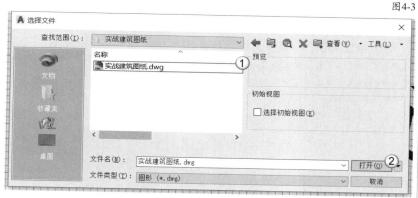

图4-5

在改动后保存已经存在的图形文件，只需执行"应用程序"菜单中的"保存"命令（快捷键为Ctrl+S），即可用当前的图形文件替换早期的图形文件。如果要保留原来的图形文件，可以执行"应用程序"菜单中的"另存为"命令进行保存，此时将生成一个副本文件，副本文件为改动后保存的图形文件，原图形文件将保留。

"应用程序"按钮

单击操作界面左上角的"应用程序"按钮可打开"应用程序"菜单,在其中可快速地进行文件管理、图形发布及选项设置。"应用程序"菜单中常用的命令有"新建""打开""保存""输出""发布""打印""关闭"等,如图4-6所示。

图4-6

快速访问工具栏

快速访问工具栏默认位于操作界面的左上方,该工具栏内放置了一些常用命令的快捷图标,如"新建""打开""保存""打印""放弃"等,如图4-7所示。

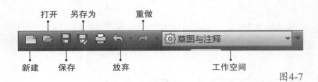

图4-7

> **技术专题 自定义快速访问工具栏**
>
> 在AutoCAD 2018中,快速访问工具栏中的命令是可以根据用户需求进行设置的。单击快速访问工具栏右侧的下拉按钮,在展开的列表中勾选所需命令的选项,即可在该工具栏中显示该命令图标,如图4-8所示。
>
>
>
> 若想取消显示某命令图标,则在快速访问工具栏中右击该图标并选择"从快速访问工具栏中删除"命令即可。另外,在列表中选择"在功能区下方显示"选项,可改变工具栏的位置。
>
> 图4-8

信息中心

信息中心位于工作界面的顶端,具有信息查询、用户登录等功能,单击◎按钮可以打开AutoCAD的帮助文档,如图4-9所示。

图4-9

功能区

AutoCAD 2018的功能区位于快速访问工具栏和信息中心的下方、绘图区的上方。它集中了AutoCAD的所有绘图命令,包括"默认""插入""注释""参数化""视图""管理""输出""附加模块""A360""精选应用"等选项卡,如图4-10所示。单击任意选项卡标签,会在其下方显示该选项卡中所包含的选项组,用户在选项组中选择所需执行的命令即可。

图4-10

绘图区

绘图区是用户绘图的主要工作区域，它占据了屏幕的大部分空间，所有图形的绘制都是在该区域完成的。该区域位于功能区的下方、命令行的上方。绘图区的左下方为用户坐标系（UCS），左上方则显示了当前视图的名称及显示模式，而在右上方则显示了ViewCube导航工具，如图4-11所示。

名称及显示模式

ViewCube导航工具

用户坐标系

图4-11

提示

在AutoCAD 2018中，用户可使用以下方法关闭文件。

第1种方法，单击绘图区域右上角的"关闭"按钮。

第2种方法，使用"应用程序"菜单中的命令关闭。执行"应用程序"菜单中的"关闭>当前图形"命令，即可关闭当前图形文件。

关闭文件时，如果当前图形文件编辑过后没有进行保存操作，那么系统将自动打开提示对话框，单击"是"按钮，即可保存当前文件；若单击"否"按钮，则取消保存，并关闭当前文件。

命令行

命令行在默认情况下位于绘图区的下方，当然也可以根据需要将其移至其他合适的位置。它用于输入系统命令或显示命令提示的信息，并可根据提示在绘图区域中进行图形的绘制，如图4-12所示。

图4-12

提示

命令行只能识别英文命令，中文无法激活命令行。

状态栏

状态栏位于命令行的下方，位于操作界面的底端，它用于显示当前用户的工作状态，如图4-13所示。

坐标

绘图辅助工具栏

视图显示控制

图4-13

◆ 重要参数介绍 ◆

坐标： 显示当前鼠标指针所在位置的坐标。

捕捉模式 ：自动捕捉拾取交点、中点和栅格点等特殊部位。

正交模式 ：约束图形绘制过程中的角度，使其仅能沿水平或竖直方向移动。

显示/隐藏线宽 ：控制图纸中线条宽度的显示方式。

全屏显示 ：激活该按钮后，绘图区域将全屏显示。

右键快捷菜单

右键快捷菜单中会根据不同的操作状态显示对应的工具内容，帮助用户提高工作效率。用户在绘图区的空白处单击鼠标右键，即可打开快捷菜单。无操作状态下的右键快捷菜单和操作状态下的右键快捷菜单是不相同的，分别如图4-14和图4-15所示。

图4-14　　　　　　　　　　　　　　　图4-15

4.1.2　绘图环境的设置

在默认情况下，绘图环境无须进行设置，用户可以直接在绘图区进行绘图。但是由于每位用户的绘图习惯有所不同，因此可在绘图前按照自己的操作习惯进行设置，以此提高绘图效率。下面介绍一些常用的绘图环境的设置。

切换工作空间

工作空间是用户在绘制图形时使用的各种工具和功能面板的集合。AutoCAD 2018提供了3种工作空间，分别为"草图与注释""三维基础""三维建模"，其中"草图与注释"为默认工作空间。下面分别对这3种工作空间进行介绍。

❖ 草图与注释

"草图与注释"工作空间主要用于绘制二维草图，是最常用的工作空间。在该工作空间中，系统提供了常用的绘图工具、图层和图形修改等各种功能面板，如图4-16所示。

图4-16

❖ 三维基础

"三维基础"工作空间只限绘制三维模型。用户可使用系统所提供的建模、编辑和渲染等命令创建出三维模型，如图4-17所示。

图4-17

❖ 三维建模

"三维建模"工作空间与"三维基础"工作空间相似，但在其功能的基础上增添了"网格"和"曲面"建模。在该工作空间中，也可使用二维工具来创建三维模型，如图4-18所示。

图4-18

设置绘图单位

在绘图之前，进行绘图单位的设置是很有必要的。任何图形都有其大小、精度及所采用的单位。下面介绍如何设置绘图单位。

执行"格式>单位"菜单命令（或在命令行中输入Units），即可打开"图形单位"对话框，如图4-19所示。根据需要设置参数"长度""角度""插入时的缩放单位"。

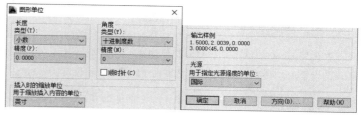

图4-19

设置绘图比例

绘图比例的设置与所绘制的图形的精确度有较大的关系。比例设置得越大，绘图的精度就越高。在制图前，需要调整好绘图比例值。下面介绍如何设置绘图比例。

执行"格式>比例缩放列表"菜单命令，即可打开"编辑图形比例"对话框，如图4-20所示。在该对话框中选择所需的比例值即可，也可以单击"添加"按钮，在"添加比例"对话框中新增比例，如图4-21所示。

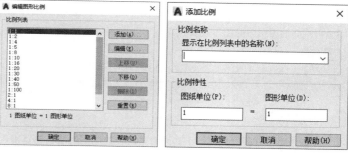

图4-20

图4-21

设置基本参数

不同的用户有不同的绘图习惯。在绘图之前，对一些基本参数进行正确的设置，才能够提高制图效率。

打开"应用程序"菜单，单击"选项"按钮，在打开的"选项"对话框中，用户可对所需参数进行设置，如图4-22所示。

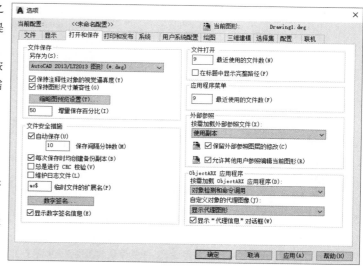

图4-22

◆ 重要参数介绍 ◆

文件：用于确定系统搜索支持文件、驱动程序文件、菜单文件和其他文件。

显示：用于设置窗口元素、显示精度、显示性能、十字光标大小和参照编辑等参数。

打开和保存：用于设置系统保存文件的类型、自动保存文件的时间和维护日志等参数。

打印和发布：用于设置打印输出设备。

系统：用于设置三维图形的显示特性、定点设备和常规等参数。

用户系统配置：用于设置系统的相关选项，其中包括Windows标准操作、插入比例、坐标数据输入的优先级、关联标注和超链接等参数。

绘图：用于设置绘图对象的相关操作。

三维建模：用于创建三维图形的参数设置。

选择集：用于设置与对象选项相关的特性。

配置：用于设置系统配置文件的创建、重命名、删除、输入、输出和配置等参数。

联机：在该选项卡中选择登录后，可进行联机方面的设置。用户可将与CAD有关的设置保存到云端，这样无论是在家里还是在办公室，都可保证CAD的设置总是一致的，其中包括了模板文件、界面和自定义选项等内容。

4.1.3 图层的设置

在使用AutoCAD制图时，通常需要创建不同类型的图层。用户可通过图层编辑和调整图形对象。本小节将详细介绍图层的设置和管理操作。使用图层功能来绘制图形，不仅可以提高绘图效率，还可以更好地保证图形的质量。

📖 认识图层

用户在绘制复杂图形时，若只在一个图层上进行绘制，那么很容易出现错误并难以改正，这时就需要使用图层功能。该功能通过在不同图层上绘制图形的不同部分，经过相互叠加来显示图形的整体效果。

如果用户需要对图形的某一部分进行编辑，那么选择相应的图层即可。在单独对某一图层中的图形进行修改时，是不会影响其他图层中的图形效果的。

> **提示**
> 在默认情况下系统只有一个0层，在0层上是不可以绘制任何图形的，它主要用于定义图块。定义图块时，先将所有图层均设置为0层，再定义块，这样在插入图块时，当前图层是哪个层，图块就属于哪个层。

📖 图层特性

每个图层都有各自的特性，其通常是由当前图层的默认设置决定的。执行"格式>图层"菜单命令即可打开"图层特性管理器"面板。在操作时，用户可对各图层的特性进行单独设置，包括"名称""打开/关闭""锁定/解锁""颜色""线型""线宽"等，如图4-23所示。

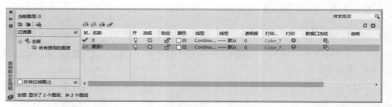

图4-23

◆ **重要参数介绍** ◆

颜色：为了区别于其他图层，通常需要为不同的图层设置不同的颜色。在默认情况下，AutoCAD为用户提供了7种标准颜色，用户可根据绘图习惯进行设置。

线型：设置每个图层的线型样式。不同的线型表示的含义大不相同，系统的默认线型为Continuous线型。

> **提示**
> 若设置好线型后，显示的线型还是默认线型，可能是因为线型比例未进行调整，此时只需选中所需设置的线型并在命令行中输入CH，然后按回车键确认，接着在打开的"特性"面板中选择"线型比例"选项，输入比例值即可。

置为当前层 ✍：将选定的图层设置为当前图层，并在当前图层上创建对象。

打开/关闭图层 💡：控制图层是否显示。系统默认的图层都是处于打开状态的，若关闭某图层，则该图层中所有的图形都不可见，且不能被编辑和打印。

冻结/解冻图层 ☀：控制图层是否冻结。冻结图层有利于减少系统重新生成图形的时间，在冻结图层中的图形对象不显示于绘图区中。

锁定/解锁图层 🔒：控制图层是否锁定。当某图层被锁定后，则该图层上所有的图形将无法进行编辑，可降低意外修改对象的可能性。

> **提示**
> 若想对调入的图层进行修改，可打开"图层状态管理器"对话框，选中调入的图层选项，然后单击"编辑"按钮，在"编辑图层状态"对话框中，即可对相关图层信息进行修改操作。

4.1.4 基本图形的编辑

二维图形绘制完成后，还需要对所绘制的图形进行编辑和修改。AutoCAD提供了多种编辑功能，其中包括图形的选择、复制、分解、偏移、镜像、移动、旋转、阵列和修剪等，本小节将介绍常用的几种功能的使用方法及应用技巧。

选择

用户在编辑图形之前，需要对图形进行选择，正确选择图形对象可以提高绘图效率。下面介绍常用的两种选择方式。

❖ 点选

点选的方法较为简单，用户只需直接选取图形对象即可。当用户要选择某图形时，将鼠标指针放置在该图形上，然后进行单击。当图形被选中后，将会显示该图形的夹点；若要选择多个图形，则需再单击其他图形，如图4-24所示。

❖ 框选

在选择大量的图形时，使用框选的方式较为合适。当用户在选择一些图形时，只需在绘图区中指定框选的起点，按住鼠标左键并拖动至合适位置，这时在绘图区中会显示一个矩形区域，在该区域内的图形将被选中，再次单击即可完成图形的选择，如图4-25所示。

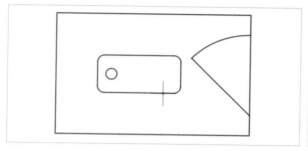

图4-24

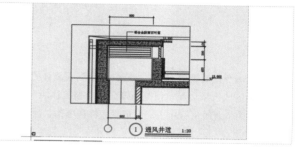

图4-25

> **提示**
> 从左至右框选称为窗口选择，位于矩形区域内的图形将被选中，与矩形区域相交的图形则不能被选中。从右至左框选称为窗交选择，其操作方法与窗口选择相似，它同样也可创建矩形区域，并且能够选中区域内的所有图形。与窗口选择方式不同的是，在进行框选时，与矩形区域相交的图形也可被选中。

复制

"复制"命令是制图过程中常常会用到的命令。复制对象是将原对象保留，移动原对象的副本图形，复制后的对象将继承原对象的属性。在AutoCAD中可进行单个复制的操作，当然也可根据需要进行连续复制。下面通过一个简单的示例说明如何应用复制工具。

在绘图区中选择需要复制的内容，然后在"默认"选项卡中单击"复制"按钮，如图4-26所示。

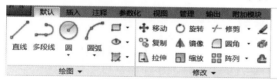

图4-26

根据命令行的提示在绘图区域内单击任意一点作为参照基点，待移动鼠标指针到合适的位置后，再次单击完成图形的复制，如图4-27所示。

图4-27

偏移

"偏移"命令会根据指定的距离或指定的某个特殊点来创建一个与选定对象类似的新对象，并将偏移的对象放置在离原对象一定距离的位置上，同时保留原对象。偏移的对象可以为直线、圆弧、圆、椭圆、椭圆弧、二维多段线、构造线、射线或由样条曲线组成的对象。下面通过一个简单的示例说明如何应用偏移工具。

在"默认"选项卡中单击"偏移"按钮，然后根据命令行的提示输入偏移距离为2000，并按回车键完成输入，如图4-28所示。

图4-28

根据命令行的提示，将鼠标指针移动到要偏移的对象上，并选中该对象，如图4-29所示。

绘图区域内将会显示预览的画面，在被偏移的对象两侧移动鼠标指针，预览的线段也会出现变化，当预览的线段出现在对应的位置时进行单击，即可完成偏移操作，如图4-30所示。完成后的效果如图4-31所示。

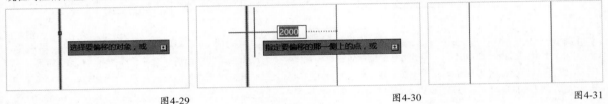

图4-29　　　　　　　　　　　　　　　　　　图4-30　　　　　　　　　　　　　　　图4-31

镜像

"镜像"命令是将选择的图形以两个点为镜像中心进行对称复制。在进行镜像操作时，用户需指定好镜像轴线，并根据需要选择删除或保留原对象。灵活运用镜像命令，可以在很大程度上避免重复操作的麻烦。下面通过一个简单的示例说明如何应用镜像工具。

在"默认"选项卡中单击"镜像"按钮，然后根据命令行的提示选择需要镜像的对象，并按回车键完成镜像的对象选择，如图4-32所示。

图4-32

根据命令行的提示输入镜像轴线的第1点，并按回车键完成输入，如图4-33所示。

图4-33

移动鼠标指针，绘图区域会显示镜像预览，待镜像预览后的位置符合要求后，单击第2点完成镜像操作，如图4-34所示。

完成上述操作后，命令行会出现是否删除源对象的提示，输入N保留源图像完成操作，如图4-35所示，完成后的效果如图4-36所示。

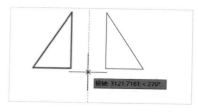

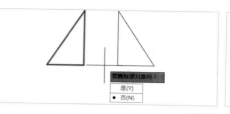

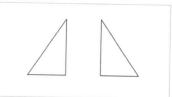

图4-34　　　　　　　　　　　　　　　　　　　图4-35　　　　　　　　　　　　　　　　　　图4-36

移动

　　"移动"命令指在不改变对象的形状、朝向和大小的情况下，按照指定的角度和方向对对象进行移动。在进行移动操作时，根据命令行的提示，选中所需移动的图形并指定移动基点，即可将其移动至新位置。下面通过一个简单的示例说明如何应用移动工具。

　　选中需要移动的对象，在"默认"选项卡中单击"移动"按钮✛，如图4-37所示。

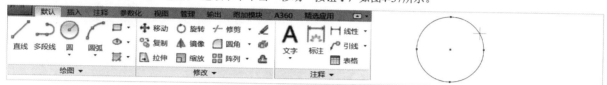

图4-37

　　根据命令行的提示在绘图区域内单击任意一点，完成移动基点的设置，将鼠标指针移动到合适的位置后再次单击，完成图形的移动操作，如图4-38所示。

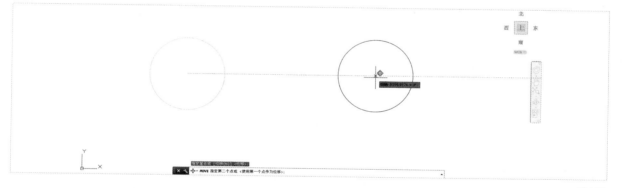

图4-38

　　完成后原图形被移动到对应的位置，效果如图4-39所示。

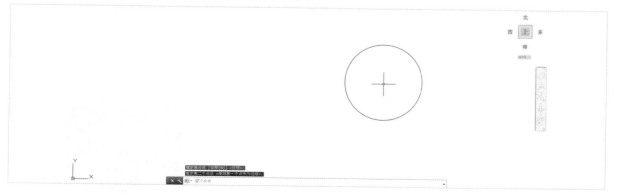

图4-39

旋转

　　"旋转"命令是将图形对象按照指定的旋转基点进行旋转。执行"默认>修改>旋转"命令，选择所需旋转的对象，然后指定旋转基点并输入旋转角度即可。下面通过一个简单的示例讲解如何使用旋转命令。

　　选中需要旋转的图形对象。在"默认"选项卡中单击"旋转"按钮○，如图4-40所示。

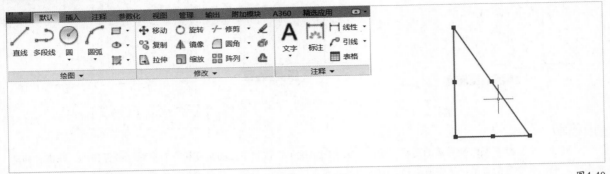

图4-40

根据命令行的提示选择旋转的基点，这里以三角形左下角的角作为基点，在对应的位置单击，即可完成基点的选择，如图4-41所示。

移动鼠标指针可显示预览旋转效果，根据命令行提示输入30，如图4-42所示，完成后按回车键结束，效果如图4-43所示。

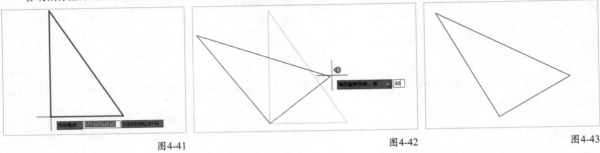

图4-41   图4-42   图4-43

4.1.5 标注尺寸的应用

尺寸标注是向图中添加的测量注释，它是一张设计图纸中不可缺少的组成部分。尺寸标注可精确地反映图形对象各部分的大小及其相互关系，是指导施工的重要依据。本小节将介绍尺寸标注样式的设置、各种尺寸标注命令的使用和操作的方法。

📑 尺寸标注的组成

一个完整的尺寸标注由尺寸界线、尺寸线、尺寸数字、尺寸起止符等部分组成，如图4-44所示。

📑 新建尺寸样式

AutoCAD系统默认的尺寸样式为Standard，若对该样式不满意，用户可通过执行"格式>标注样式"菜单命令，在打开的"标注样式管理器"对话框中创建新的尺寸样式，如图4-45所示。

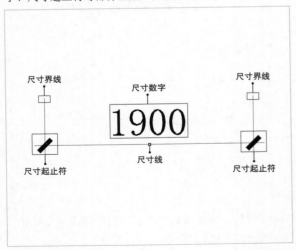

图4-44

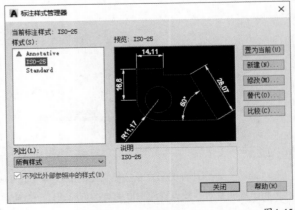

图4-45

修改尺寸样式

尺寸样式设置完成后，若对现有的样式不满意，用户也可对其进行修改。在"标注样式管理器"对话框中，选中所需修改的样式，单击"修改"按钮，在打开的"修改标注样式"对话框中进行设置。下面以建筑图中常见的建筑尺寸标注为例进行设置。

在"线"选项卡中，设置"颜色"为ByBlock、"线型"为ByBlock、"线宽"为ByBlock，如图4-46所示。

切换到"符号和箭头"选项卡，设置"箭头"为"建筑标记"，如图4-47所示。

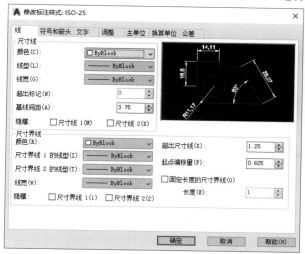

图4-46

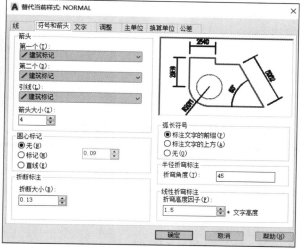

图4-47

切换到"文字"选项卡，设置"垂直"为"上"，如图4-48所示，设置完成后的标注样式如图4-49所示。

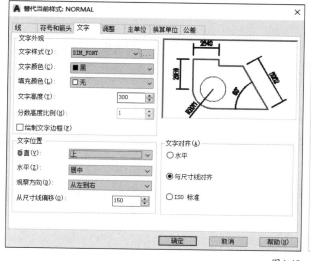

图4-48

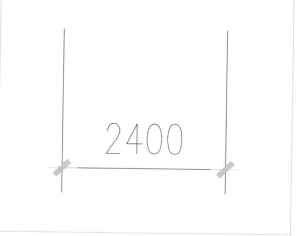

图4-49

基本尺寸标注的应用

AutoCAD提供了多种尺寸标注类型，其中包括标注任意两点间的距离、圆或圆弧的半径（直径）、圆心位置、圆弧和相交直线的角度等。针对这些情况，用户可以在"注释"选项卡中根据实际情况选择合适的工具对尺寸进行标注，如图4-50所示。

图4-50

◆ 重要参数介绍 ◆

线性标注┠┤：线性标注用于标注图形的线性距离或长度。它是最基本的标注类型，可以在图形中创建水平、垂直或倾斜的尺寸标注。执行"注释>标注>线性"命令，根据命令行中的提示，指定图形的两个测量点，并指定尺寸线位置。

对齐线性标注┖：对齐标注用于创建倾斜向上的直线或两点间的距离。

角度标注△：准确测量出两条线段之间的夹角。角度标注默认的方式是选择一个对象，有"圆弧""圆""直线""点"4种对象。

半径标注✓：主要用于标注圆或圆弧的半径尺寸。

直径标注◯：主要用于标注圆或圆弧的直径尺寸。

连续标注┠┤┤：连续标注可以用于标注同一方向上连续的线性标注或角度标注，它是以上一个标注的第2条尺寸界线为基准连续创建的。

调整标注间距工：用于调整平行尺寸线之间的距离，使其间距相等或在尺寸线处相互对齐。

4.2 Revit施工应用基础

Revit由Autodesk公司开发，是现阶段大部分项目的BIM应用中不可或缺的一款软件。要想掌握BIM应用的技术，就必须先了解对应的工具，作为BIM工作较受推崇的软件之一，Revit有其无可替代的优点。本节将介绍Revit的基础操作。

4.2.1 Revit的应用特点

了解Revit的应用特点，才能更好地结合项目需求做好项目应用的整体规划，避免事后返工等问题的出现。

建筑模型的信息化

关于建筑模型的信息化，以创建的楼板模型为例，它不仅是单纯的三维模型，还具有材料的信息，如不同材料的厚度、颜色和定位信息等。因此，在创建模型时，这些信息都需要根据项目应用加以考虑。

模型一体化

平面图纸、立面图纸和剖面图纸与模型、明细表实时关联，即具有"一处修改，处处修改"的特性，如墙和门窗的依附关系，墙能附着于屋顶楼板等主体；栏杆能指定坡道楼梯为主体；尺寸、注释和对象的关联关系等。

参数化

类型属性、实例属性和共享参数等对构件的尺寸、材质、可见性和项目信息等属性的控制，不仅是建筑构件的参数化，还是通过设定约束条件实现的标准化设计，如整栋建筑单体的参数化、工艺流程的参数化和标准厂房的参数化设计。

设置限制性条件

设置构件与构件、构件与轴线的位置关系，设定调整变化时相对位置的变化规律。

协同设计的工作模式

工作集（在同一个文件模型上协同）和链接文件管理（在不同文件模型上协同）。

阶段的应用引入了时间的概念

实现四维的设计施工建造管理的相关应用，阶段设置可以与项目工程进度相关联。

实时统计工程量的特性

根据阶段的不同，按照工程进度的不同阶段分期统计工程量。

4.2.2 族的概念

族是一个包含通用属性（称作参数）集和相关图形表示的图元组，所有添加到Revit项目中的图元（从用于构成建筑模型的结构构件、墙、屋顶、窗和门到用于记录该模型的详图索引、装置、标记和详图构件）都是使用族来创建的。通过族的创建和定制，Revit具备了参数化设计的特点及实现本地化项目定制的可能性。在Revit中，族有内建族、系统族和标准构件族3种类型。

内建族

在当前项目为专有的特殊构件所创建的族，不需要重复利用。

系统族

系统族包含基本建筑图元，如墙、屋顶、天花板、楼板及其他需要在施工场地使用的图元。标高、轴网、图纸与视口类型的项目和系统设置等也都属于系统族。

标准构件族

标准构件族指用于创建建筑构件和一些注释图元的族，如窗、门、橱柜、装置、家具、植物和一些常规自定义的注释图元（如符号和标题栏等），它们具有可自定义高度的特征，并且可重复使用。

4.2.3 用户界面

Revit的用户界面主要由"文件"菜单、快速访问工具栏、信息中心、功能区、选项栏、项目浏览器、属性栏和视图控制栏组成。

"文件"菜单

"文件"菜单提供对常用文件操作命令的访问，如"新建""打开""保存"命令，还允许使用更高级的工具（如"导出"和"发布"）来管理文件。打开"文件"菜单，单击"选项"按钮可对界面样式、保存时间、模板等进行设置，如图4-51所示。

图4-51

提示

Revit与AutoCAD类似，文件管理的基本操作包括新建模型文件、打开模型文件和保存模型文件，这些操作都是基于已经打开的软件界面进行的。

在通常情况下，双击桌面上的Revit快捷方式图标即可打开Revit，并可根据需要来执行相关的文件操作，打开后的初始界面如图4-52所示。

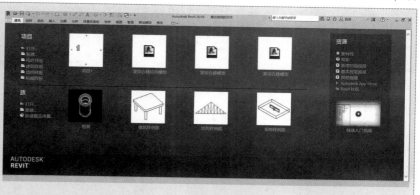

图4-52

新建文件的常用方法是在初始界面的"项目"选项组中单击"新建"选项，在弹出的"新建项目"对话框中选择对应的样板文件，然后设置"新建"为"项目"，单击"确定"按钮，如图4-53所示。

打开文件和保存文件的方式与AutoCAD的操作方式类似，在此不再赘述。

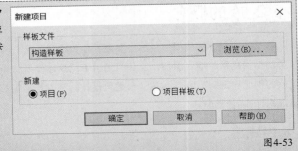

图4-53

快速访问工具栏

快速访问工具栏默认位于软件界面的左上方，其主要工具如图4-54所示。

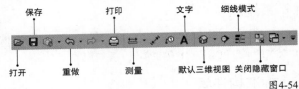

图4-54

信息中心

信息中心位于软件操作界面的顶部，具有信息查询、用户登录等功能，单击"帮助"按钮⑦可直接打开Revit的帮助文档，如图4-55所示。

图4-55

功能区

功能区位于软件界面的上部。默认的功能区包含了"建筑""结构""系统""插入""注释""分析""体量和场地""协作""视图""管理""附加模块""修改"12个选项卡，如图4-56所示。

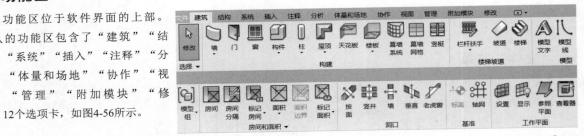

图4-56

> **提示**
> Revit的功能区包含了常规按钮、下拉按钮和分割按钮3种类型的按钮。常规按钮用于调用工具；下拉按钮用于显示附加的相关工具；分割按钮用于调用常用的工具或显示包含附加相关工具的菜单。

当激活某些工具或者选择图元时，会自动增加并切换到上下文选项卡，其中包含一组只与该工具或图元相关的工具。例如，单击"结构"选项卡中的"梁"按钮⊘，将显示"修改|放置 梁"上下文选项卡，其中会显示与结构梁相关的工具，如图4-57所示。

图4-57

选项栏

选项栏又叫工具条，位于功能区的下方。当激活不同的工具或命令时，选项栏将会显示相应的参数设置，如选择"梁"工具时，将自动激活"修改|放置 梁"选项栏，如图4-58所示。

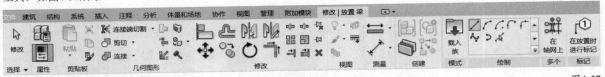

图4-58

项目浏览器

"项目浏览器"包括了项目的视图、图纸、明细表和图例等内容，常用于视图的切换与查看、族的编辑等，如图4-59所示。

图4-59

提示

新建项目后如果找不到"项目浏览器"，只需在"视图"选项卡中单击"用户界面"按钮并在弹出的列表中勾选"项目浏览器"选项，即可在工作界面显示相应的面板，如图4-60所示。其他面板也可通过此方法打开或隐藏。

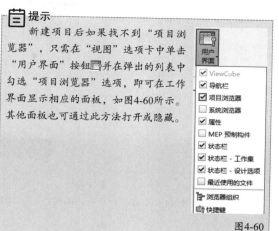

图4-60

属性栏

属性栏是显示构件属性的面板，主要包括上方的类型选择器和下方的属性信息。在类型选择器中可以修改创建图元的类型名称，属性信息可用于修改图元的实例属性。当不选择任何构件时，属性栏会显示为当前视图的属性，如图4-61所示。

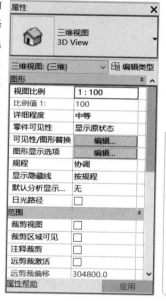

图4-61

技术专题 实例属性与类型属性

实例属性又叫图元属性，实例属性只控制某一个构件的属性。构件的实例属性一般在"属性"面板内修改。另外，修改某一构件的实例属性，其他构件的属性不会发生改变。

类型属性是在同一个族文件下，同类型名称的构件均具有的属性。类型属性需要单击"属性"面板内的"编辑类型"按钮，在弹出的"类型属性"对话框中进行修改。此外修改某一构件的类型属性，项目中同名称的构件的属性均会被修改。

视图控制栏

视图控制栏位于Revit软件界面底部的状态栏上方，可快速访问绘图区域的功能，如图4-62所示。

详细程度

1：100

比例　视觉样式　临时隐藏/隔离

图4-62

◆ 重要参数介绍 ◆

比例：控制视图的比例，既可以选择不同的尺寸比例，又可以自定义需要的视图比例。

详细程度：控制视图中构件的详细程度，有"粗略""中等""精细"3个选项。

粗略：构件的细节部分不予显示，如图4-63所示。

中等：构件的细节部分略加显示，如图4-64所示。

精细：精细地显示细节部分，如图4-65所示。

| 图4-63 | 图4-64 | 图4-65 |

视觉样式 🗇:控制模型的视觉样式,有"线框""隐藏线""着色""一致的颜色""真实"5种模式。

线框:构件显示为线框,如图4-66所示。

着色:显示构件的颜色,如图4-67所示。

真实:显示构件的材质,如图4-68所示。

| 图4-66 | 图4-67 | 图4-68 |

临时隐藏/隔离 👓:隐藏和显示不同的构件,有利于提高工作效率,有"隔离类别""隐藏类别""隔离图元""隐藏图元"4个选项。

4.2.4 可见性/图形替换

在建筑设计的图纸表达中,常常要控制不同对象的视图显示和可见性,可通过"可见性/图形替换"的设置来实现上述要求。在"视图"选项卡中单击"过滤器"按钮 🗃(快捷键为V+V),在打开的"视图属性"对话框中单击"可见性/图形替换"右侧的"编辑"按钮,即可打开"三维视图:{三维}的可见性/图形替换"对话框,如图4-69所示。

◆ **重要参数介绍** ◆

注释类别:控制注释构件的可见性,可以调整"投影/表面"的"线""填充样式""半色调"显示构件。

导入的类别:控制导入对象的"可见性"和"投影/截面"的"线""填充样式""半色调"显示构件。

从"三维视图:{三维}的可见性/图形替换"对话框中可以查看已应用于某个类别的替换。如果已经替换了某个类别的图形,那么单元格会显示预览图形;如果没有对任何类别进行替换,那么单元格会显示为空白,图元则按照"对象样式"对话框中的设置显示。

图4-69

图4-69中"投影/表面"和"截面"列的"线""填充图案"已被部分替换,并调整了其是否半色调显示构件、是否透明显示构件、是否详细体现内容。勾选"可见性"列下方对应内容前面的复选框使构件变为可见状态,取消勾选对应内容前面的复选框使构件变为隐藏状态。

提示

4.2.5 过滤器的创建

控制显示构件的参数的种类比较灵活,构件具有的大部分参数均可以作为过滤器的筛选条件。如果需要同时控制多个类别的构件的可见性，则选择这些构件的共有属性作为筛选的条件。在"视图"选项卡中单击"过滤器"按钮，打开"过滤器"对话框，如图4-70所示。

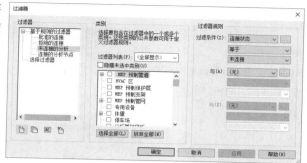

图4-70

◆ **重要参数介绍** ◆

新建：新建一个过滤器。

类别：选择要包含在过滤器中的一个或多个类别。

过滤器规则：设置过滤构件的规则。设置的步骤为先设置过滤条件，然后设置过滤运算符，接着输入具体的过滤值。

例如要设置一个过滤器，实现过滤出名称包含NQ的墙体，可以按如下方法操作：（1）新建一个过滤器，并命名为"内墙"；（2）在"类别"一栏的列表框中勾选"墙"选项；（3）在"过滤器规则"一栏中设置"过滤条件"为"类型名称大于或等于NQ"；（4）单击"确定"按钮保存对应的过滤器；（5）在可见性/图形替换对话框中的"过滤器"选项卡中单击"添加"按钮将设置好的过滤器载入到相应的视图中，此时通过调整相应过滤器后方的"可见性""投影/表面""截面""半色调"等参数可以修改过滤器内容的显示方式，如图4-71所示。

图4-71

4.2.6 视图范围的设置

在楼层平面的"属性"面板中，单击"视图范围"后的"编辑"按钮，可打开"视图范围"对话框对视图的范围进行设置，如图4-72所示。视图范围是可以控制视图中对象的可见性和外观的一组水平平面，水平平面有"顶部""剖切面""底部"3个设置选项。其中，"顶部"和"底部"表示视图所能反映的最高处和最低处，"剖切面"用于确定视图中图元可视剖切高度，这3个选项可以定义视图的主要范围。"视图深度"中的"标高"则是指"底部"以下的范围，在"底部"和"标高"范围内的图元显示为灰色，作为参照图元。

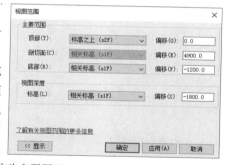

图4-72

4.2.7 图形的应用

视图的应用是制图的基本要求，视图的应用主要包含视图的切换、缩放、移动和旋转。

视图的切换

不同视图的切换一般在"项目浏览器"中进行，它主要用于显示视图，其中包含平面视图、三维视图和立面视图，如图4-73所示。

图4-73

❖ 打开三维视图

在"项目浏览器"中展开"三维视图"，找到"{三维}"选项，双击该选项即可切换到对应的三维视图，效果如图4-74所示。

提示

除此之外，在快速访问工具栏中单击"三维"按钮 ，可直接将二维图形转换为三维模型，如图4-75所示。

图4-75

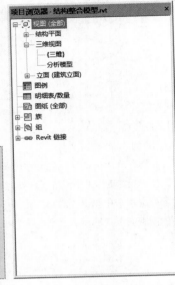

图4-74

❖ 打开平面视图

在"项目浏览器"中展开"结构平面"，在列表中选择对应的平面，双击即可进入对应的平面视图。例如双击"三层标高"视图，效果如图4-76所示。

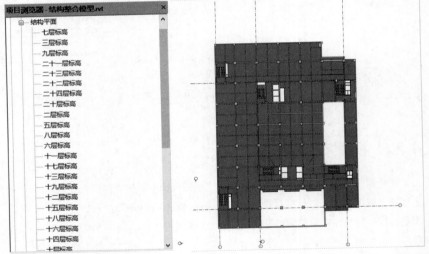

图4-76

❖ 打开立面视图

在"项目浏览器"中展开"立面（建筑立面）"，在列表中选择对应的立面，双击即可进入对应的立面视图。例如双击"南"立面，效果如图4-77所示。

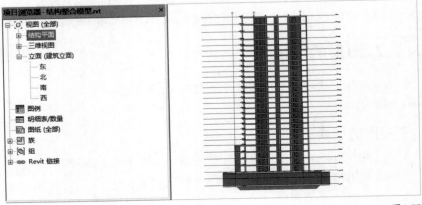

图4-77

视图的缩放

在绘图区域滚动鼠标滚轮可以对视图进行缩放设置。

视图的移动

按住鼠标中键拖动即可对视图进行移动操作。

视图的旋转

同时按住Shift键和鼠标中键进行拖动即可对视图进行旋转操作。

⚒ 技术专题 浏览模型

打开任意样例项目，切换至三维视图，在绘图区的右上角有ViewCube（只在三维视图中显示）和SteeringWheels（在平面视图和三维视图中均可使用）两个工具，如图4-78所示。通过单击ViewCube上的8个顶点、6个面和12条边均可切换至对应角度的视图；在ViewCube上按住鼠标左键拖动可以调整观察角度；按住鼠标左键拖动的同时按住Shift键，视图将发生旋转。

单击SteeringWheels上的"二维控制盘"按钮⊙，弹出图4-79所示的随鼠标指针移动的导航盘，将鼠标指针移动至导航盘相应的命令上并按住鼠标左键可进行动态观察、缩放、回放和平移等操作。另外，单击"区域放大"按钮下的三角形按钮，会弹出图4-80所示的缩放选项，选择所需的选项后在视图中框选需要查看的区域，即可执行对应的缩放操作。

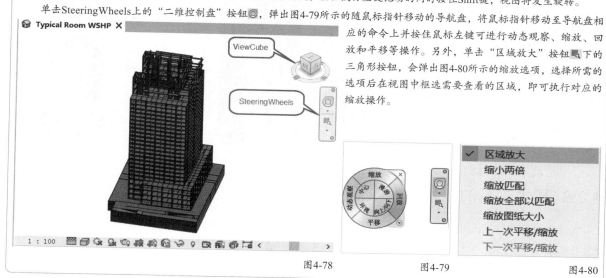

图4-78　　　　图4-79　　　　图4-80

构件的选择

与AutoCAD选择图形的方式相同，在Revit中也可通过框选、点选两种方式进行构件的选择。

❖ 框选

框选适用于多个不同类型的构件的选择，也可以结合过滤器功能实现同类型构件的选择。按住鼠标左键从左向右拖动出一个矩形框，可选择完全位于框内的全部图元，如图4-81所示；按住鼠标左键从右向左拖动出一个矩形框，则框内及与框边界相交的图元都会被选中。

完成构件的框选后，如果选择了一些不需要的类别，那么可以在激活的功能区中单击"过滤器"按钮，在弹出的"过滤器"对话框中通过勾选选项来限制选择特定类别的构件。例如，勾选"门""窗"选项后单击"确定"按钮，如图4-82所示，即可只选择模型中的所有门窗构件，其他构件不会被选择，效果如图4-83所示。

图4-81　　　　图4-82　　　　图4-83

❖ 点选

点选适用于选择单个构件，也可以通过右键菜单中的"选择全部实例"命令实现同类型构件的选择。另外，选中图元，按住Ctrl键并单击其他任意图元可加选图元，如图4-84所示；按住Shift键并单击已选图元，可取消所选的图元。

选中图元并单击鼠标右键，选择"选择全部实例"命令，在其子菜单中有"在视图中可见"和"在整个项目中"两个命令，可通过选择不同的命令选择同类型的构件，如图4-85所示。

图4-84

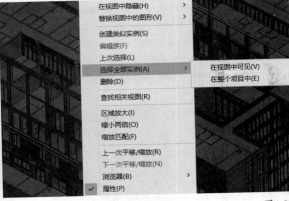

图4-85

4.2.8 基本工具的应用

Revit的功能是进行项目建筑、结构、给排水、电气和暖通等各个专业的模型搭建工作。本小节将针对土建施工的基本工具进行讲解。下面以结构柱、结构梁、结构楼板和结构墙4个工具为例，说明如何进行构件的绘制。

结构柱

下面以600mm×600mm的结构柱为例，讲解如何绘制结构柱模型。结构柱的创建命令在"结构"选项卡中，单击"柱"按钮，如图4-86所示。

图4-86

在激活的"属性"面板中选择合适的墙类型，然后单击"编辑类型"按钮，在弹出的"类型属性"对话框中单击"复制"按钮新建一个结构柱，并在弹出的对话框中输入新柱的名称，即600*600，表示新建了一个名称为600*600的新柱，然后设置b为600、h为600，最后单击"确定"按钮，如图4-87所示。

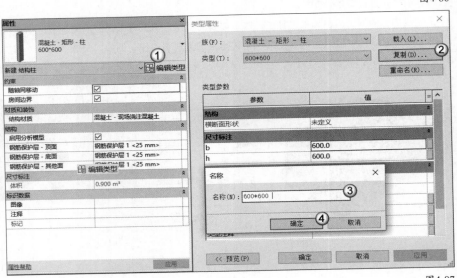

图4-87

◆ 重要参数介绍 ◆

b：表示柱子的截面高度。

h：表示柱子的截面宽度。

⚒ 技术专题 新建构件类型

结构中的大部分内容都在图纸中有相应的名称，构件的名称按照图纸中的名称进行命名即可。使用类似的方法依次新建各种构件类型。新建完成后，在"属性"面板中的"类型选择器"中或在"类型属性"对话框中的"类型"下拉列表中，都能对新建完成的构件进行预览，这里以柱为例，如图4-88所示。后期若要绘制不同类型的构件，那么在已经新建完成的构件中选择不同类型的构件进行绘制即可。

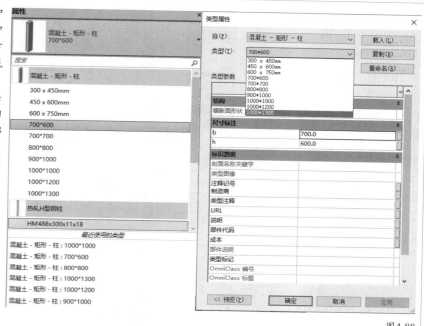

图4-88

在绘图区域内的对应位置单击，即可完成构件的放置，放置的结构柱如图4-89所示。

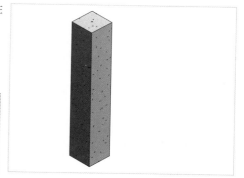

📋 提示

在Revit中，某一个单独构件可被称为图元，图元的属性分为实例属性和类型属性两种。实例属性指单个图元的属性，通过构件的"属性"面板中的参数进行控制；类型属性指某一类图元的属性，通过构件的"类型属性"对话框中的参数进行控制。

图4-89

🏢 结构梁

下面以400mm×600mm的结构梁为例，讲解如何绘制结构梁模型。结构梁的创建命令在"结构"选项卡中，单击"梁"按钮，如图4-90所示。

图4-90

在激活的"属性"面板中选择合适的梁类型，然后单击"编辑类型"按钮，在弹出的"类型属性"对话框中单击"复制"按钮新建一个结构梁，并在弹出的对话框中输入新梁的名称，即400*600，然后设置b为400、h为600，最后单击"确定"按钮，如图4-91所示。

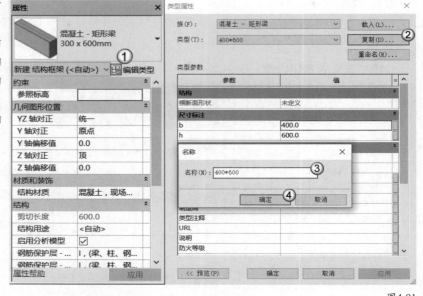

◆ 重要参数介绍 ◆

b：梁的截面宽度。

h：梁的截面高度。

图4-91

在绘图区域内的对应位置单击，即可完成构件的放置，放置的结构梁如图4-92所示。

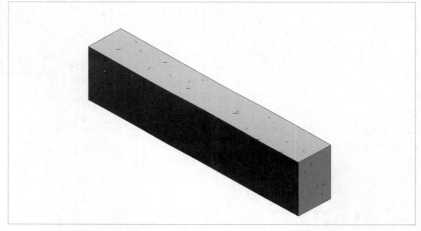

图4-92

结构楼板

下面以一个400mm厚的结构楼板为例，讲解如何绘制结构楼板模型。结构楼板的创建命令在"结构"选项卡中，执行"楼板>楼板：结构"命令，如图4-93所示，即可进入楼板的编辑模式。

图4-93

在激活的"属性"面板中选择合适的楼板类型，然后单击"编辑类型"按钮，在弹出的"类型属性"对话框中单击"复制"按钮新建一个结构梁，并在弹出的对话框中输入新梁的名称，即400mm，然后单击"结构"参数后面的"编辑"按钮，在弹出的"编辑部件"对话框中修改"结构"参数的"厚度"为400，最后依次单击"确定"按钮退出设置，如图4-94所示。

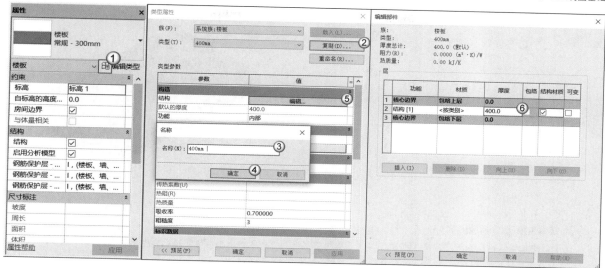

图4-94

在激活的"修改|创建楼层边界"上下文选项卡中,可通过"绘制"选项组内的绘制工具绘制楼板的形状,如图4-95所示。下面介绍绘制楼板常用的两种方式。

图4-95

①选择"线"工具 ，根据参照图纸依次单击楼板的每个角点绘制一个闭合轮廓，如图4-96所示。

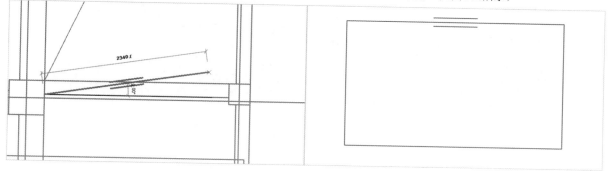

图4-96

②选择"拾取线"工具 ，根据参照图纸依次拾取参照图纸中楼板的轮廓边线，如图4-97所示。

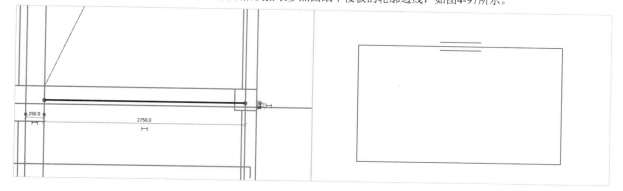

图4-97

绘制完成后，结构楼板的效果如图4-98所示。

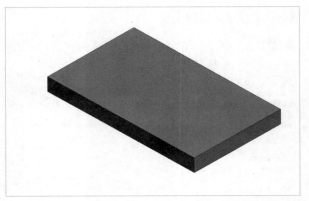

图4-98

✕ 技术专题 改变楼板形状 ·

选中创建的楼板，在激活的"修改|楼板"上下文选项卡中单击"修改子图元"按钮，这时楼板进入点编辑状态，楼板的4个角会出现待编辑的"点"，如图4-99所示。

单击"添加点"按钮，然后在楼板的任意位置单击即可增加一个控制点，如图4-100所示。

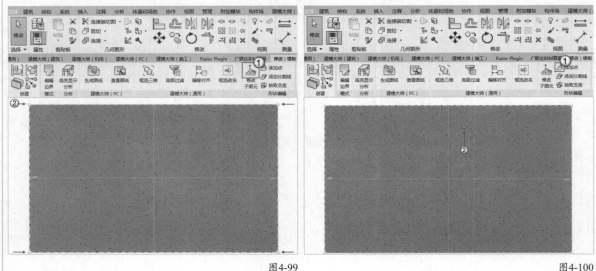

图4-99   图4-100

选择需要修改的点，在点的左上方会出现一个输入框，如图4-101所示。该框中的数值表示偏离楼板的相对标高的距离，可以通过修改其数值使该点高出或低于楼板的相对标高。

当修改楼板左侧两个点的高度为−500时，修改前后的对比如图4-102所示，可见使用该命令可绘制有坡度的楼板。

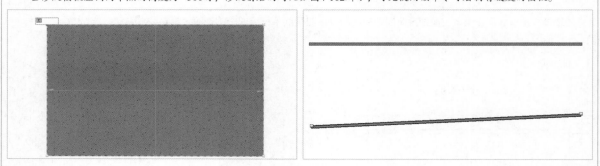

图4-101   图4-102

选中修改后的楼板，在该楼板的"编辑部件"对话框中勾选"结构"一栏中"可变"选项中的复选框，依次单击"确定"按钮退出设置，如图4-103所示，此时效果如图4-104所示。对比之前绘制的倾斜楼板，图中的楼板可以作为坡道等类型的倾斜构件使用。

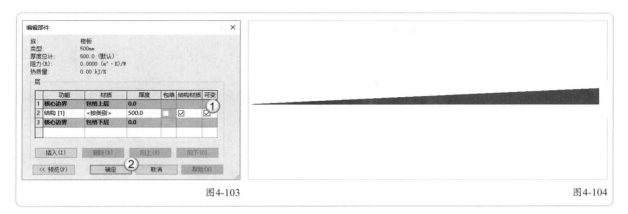

图4-103

图4-104

结构墙

下面以一个240mm厚的结构墙为例，讲解如何绘制结构墙模型。结构墙的命令在"结构"选项卡中，执行"墙>墙：结构"命令即可，如图4-105所示。

图4-105

在激活的"属性"面板中选择合适的墙类型，然后单击"编辑类型"按钮，在弹出的"类型属性"对话框中单击"复制"按钮新建一个结构墙，并在弹出的对话框中输入新墙的名称，即240mm。然后单击"结构"参数后面的"编辑"按钮，在弹出的"编辑部件"对话框中修改"结构"参数的"厚度"为240，最后依次单击"确定"按钮退出设置，如图4-106所示。

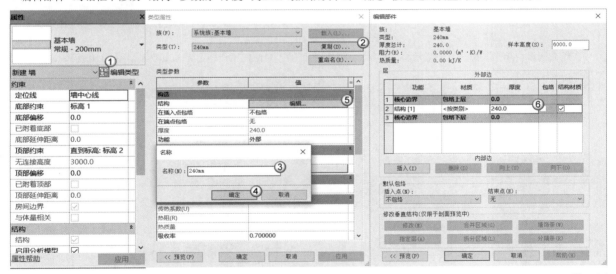

图4-106

在绘图区域内依次选择墙体的起点和终点完成墙体的绘制，效果如图4-107所示。

图4-107

4.2.9 编辑工具的应用

常规的编辑工具适用于整个绘图过程，有移动、复制、旋转、阵列、镜像、对齐、拆分、修剪和偏移等，如图4-108所示。下面针对常用的5种编辑工具进行讲解。

图4-108

复制

"复制"工具适用于有多个相同构件的前提下，通过一个构件生成其他相同构件。下面就使用"复制"工具在结构框架梁的右侧5000mm处复制一个新的梁。

选中需要复制的结构框架梁，在"修改"选项卡中单击"复制"按钮，如图4-109所示。

图4-109

在绘图区域内单击任意一点，然后将鼠标指针向右移动，输入对应的距离即可完成复制，如图4-110所示。完成后的效果如图4-111所示。

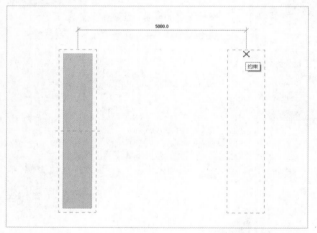

图4-110

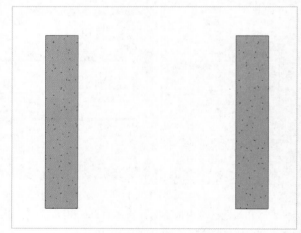

图4-111

> **提示**
> 激活"复制"工具后，在选项栏中勾选"多个"选项可复制多个构件到新的位置。勾选"约束"选项，可复制垂直方向或水平方向的墙体，如图4-112所示。

修改 | 轴网　□约束　□分开　□多个

图4-112

旋转

"旋转"工具用于将构件进行转动。下面以一个简单的示例展示如何对结构框架梁进行90°的旋转。

选中需要旋转的结构框架梁,在"修改"选项卡中单击"旋转"按钮↻,如图4-113所示。

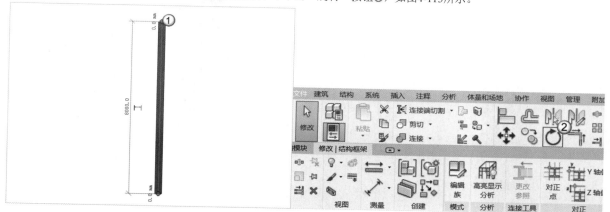

图4-113

在绘图区域内单击任意一点确定旋转的起始点,然后沿顺时针方向移动鼠标指针到任意位置,输入90即可完成结构框架梁的旋转,如图4-114所示。完成后的效果如图4-115所示。

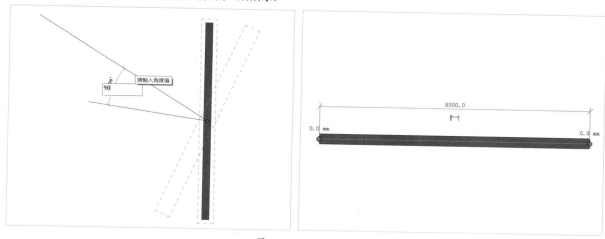

图4-114

图4-115

提示

激活"旋转"工具后,在选项栏中单击"地点"按钮可改变旋转的中心位置,然后即可通过拾取旋转的参照位置和目标位置旋转墙体,也可以在选项栏中设置旋转角度值后按回车键旋转墙体,如图4-116所示。注意勾选"复制"选项后,系统将在旋转的同时复制一个墙体的副本。

图4-116

镜像

"镜像"工具用于将构件进行对称复制。下面以一个简单的示例说明如何对一块不规则的楼板进行镜像。

选择需要进行镜像的楼板,在"修改"选项卡中单击"镜像-绘制轴"按钮,如图4-117所示。

图4-117

在楼板右侧适当位置绘制一条竖直线段,即可完成镜像轴的绘制,如图4-118所示。完成后的效果如图4-119所示。

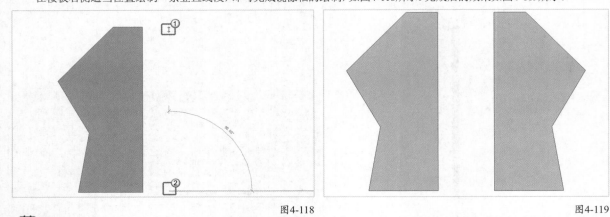

图4-118　　　　　　　　　　　　　　　　　　　　　　图4-119

> **提示**
>
> "修改"选项卡中有"镜像-拾取轴"和"镜像-绘制轴"两种方式来镜像构件,二者的区别在于镜像时的镜像轴是拾取现有线条还是绘制新的线条。

对齐

"对齐"工具可在各视图中对构件进行对齐处理。先选择目标构件确定对齐位置,再选择需要对齐的构件即可完成构件的对齐。在图4-120中,视图中放置了一个梁和一个柱,下面通过"对齐"工具使梁向上移动,将两者的上边对齐。

在"修改"选项卡中单击"对齐"按钮,然后单击结构柱的上部边缘作为对齐的参照位置,再单击结构梁的上部边缘完成对齐,如图4-121所示。完成后的效果如图4-122所示。

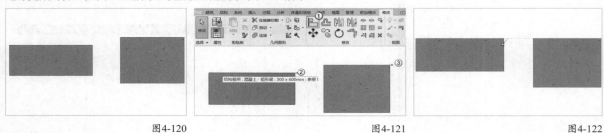

图4-120　　　　　　　　　　图4-121　　　　　　　　　　图4-122

偏移

在构件的选项栏中设置"偏移"参数,可以将所选图元偏移一定距离。下面以将一根梁向右偏移复制1000mm为例说明如何对构件进行偏移。

在"修改"选项卡中单击"偏移"按钮,待激活梁的选项栏后,设置"偏移"为1000,并勾选"复制"选项,如图4-123所示。

将鼠标指针移动到构件附近,当右侧出现偏移定位的虚线时单击,即可完成偏移复制,如图4-124所示。完成后的效果如图4-125所示。

图4-123　　　　　　　　　　图4-124　　　　　　　　　　图4-125

第 5 章 综合楼结构施工模型搭建

在实际的项目工作中，建立结构施工模型是进行 BIM 模型工作的第 1 部分内容，建筑施工模型和机电安装模型一般都是在结构模型的基础上进行的。BIM 施工模型是 BIM 施工工作开展的基础内容，也是整个 BIM 工作的重中之重，BIM 后期的大部分工作都需要建立在符合要求的模型基础上。对于不同的项目，其模型的详细程度和建模的方式方法必然存在着一定的区别。本章将以一栋综合楼为例（共 3 层），通过具体的操作步骤，详细讲解如何进行结构施工模型的搭建。

↪ 框架结构施工图的特点与识读技巧
↪ 结构构件的命名方法
↪ 柱的分层与对齐
↪ 梁的原位标注
↪ 板洞的留设
↪ 通过族的方式创建结构楼梯
↪ 通过内建模型方式创建详图构件

技 术 专 题

提 示

实 训 案 例

练 习 案 例

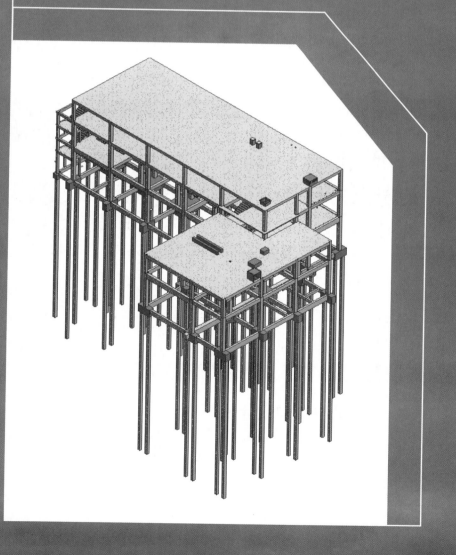

项目实践篇 ⟫

5.1 综合楼结构施工图识读

进行模型搭建的第一步就是识读图纸，只有正确地理解图纸的含义，才能够建立符合项目实际的模型。本节将以本书配套的综合楼结构施工图为例，详细地讲解如何识读结构施工图纸。打开本书资源中的"综合楼结构施工图.dwg"项目文件，如图5-1所示，可以看到结构施工图包含以下几个部分。

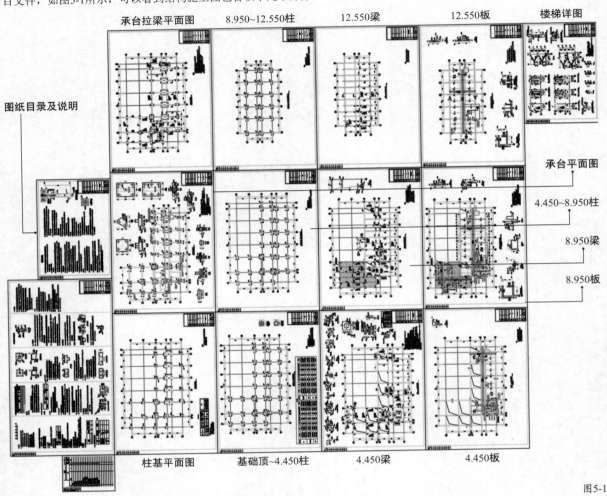

图5-1

> **提示**
> 由于Revit在进行钢筋处理的过程中存在一定的问题，因此现阶段的BIM土建模型一般不涉及整体钢筋的模型搭建。本节识图部分以模型的整体搭建为目的，将针对性地讲解图纸中的相关内容，因此本节的实例识图讲解中不会对钢筋部分进行详细的介绍，读者可以参照第2章中有关结构图的内容查看本项目的钢筋配置。

5.1.1 目录与结构设计说明

在一个项目中，图纸目录和结构设计说明是整套图纸的基础部分，通过它们可以了解图纸的基本信息。只有熟悉目录和结构设计说明，才能够得心应手地处理后续的相关图纸。本章项目模型的目录和结构设计说明图纸如图5-2所示。

> **提示**
> 本节识图部分展现的套图内容主要表现图纸的大致布局，读者可打开本书提供的示例文件详细查看相应内容。

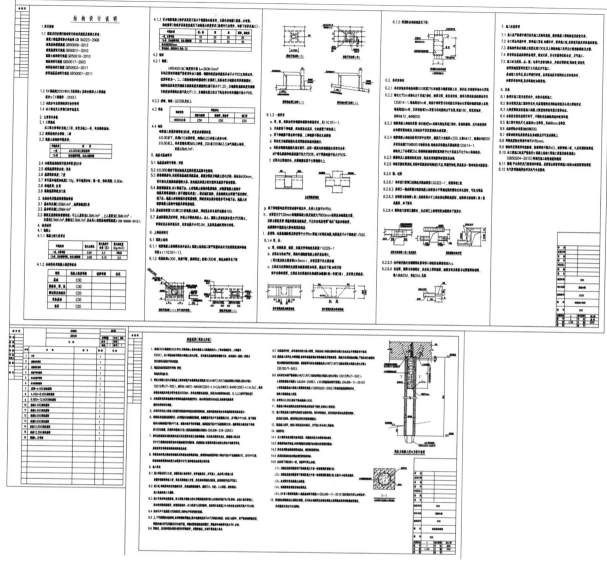

图5-2

目录

"综合楼结构施工图.dwg"的图纸目录包含本套图纸对应的签字栏、图纸名称、图纸类别、出图状态、专业分类、图纸版号、日期、张数、张号、本套图纸的数量、不同图纸的名称、不同图纸对应的张数和序号等内容。以本章的项目模型为例,从BIM工作人员的角度查看图纸目录,需要重点注意本套图纸的数量、名称及张数,如表5-1所示。

表5-1 图纸目录

名称	张数
目录	1
结构设计说明	1
桩基设计说明	1
桩基平面布置图	1
承台结构平面图	1
承台拉梁配筋图	1
基础顶~4.450柱配筋图	1
4.450~8.950柱配筋图	1

名称	张数
8.950~12.550柱配筋图	1
标高4.450梁配筋图	1
标高4.450板配筋图	1
标高8.950梁配筋图	1
标高8.950板配筋图	1
标高12.550梁配筋图	1
标高12.550板配筋图	1
楼梯A、B详图	1

通过该综合楼的结构图纸目录，可知本项目的结构施工图包括16张图纸，每张图纸对应的张数都是1。在开始进行图纸识读时，先对比图纸目录中图纸的名称和结构施工图的图纸，检查手中的图纸是否存在缺失，如果图纸存在缺失，那么一定要及时和设计单位进行沟通。

结构设计说明

结构设计说明是结构设计的依据，只有深入地理解了结构设计说明，才能够更好地查看结构施工图图纸。"综合楼结构施工图.dwg"的结构设计说明包含设计依据、主要设计参数、自然条件、楼屋面荷载标准值、采用材料、地基与基础设计、上部结构设计、施工注意事项和其他共9个部分。为了避免忽略重要的结构设计信息，结构设计说明有必要通读一遍，以便了解其中的信息，并对重要信息进行提取和标记。从BIM工作的角度考虑，该综合楼结构的设计说明中需要重点掌握的信息如下。

❖ 工程概况

工程概况说明如图5-3所示。

本工程的主体部分为地上三层，食堂为地上一层，均为框架结构。

图5-3

信息提取

①主体部分为地上三层。

②食堂部分为地上一层。

③本项目为框架结构。

提示

通过工程概况的叙述，可对该项目有一个初步的了解。在本例项目中，总共有两个部分，一个部分是食堂，只有一层，另一个部分为所谓的主体结构，总共包含三层，读者在进行模型搭建的时候要有一定的概念。由于是框架结构，因此结构中肯定会有结构框架梁、框架柱和板，不存在剪力墙等内容，这也是读者应当知道的常识性概念。

❖ 混凝土各构件采用混凝土强度等级表

混凝土强度等级说明遵循表5-2所示的规则。

表5-2 混凝土强度等级说明

部位	混凝土强度等级	抗渗等级	备注
基础	C30	—	—
框架柱、梁和板	C30	—	—
圈过梁及构造柱	C20	—	—
设备基础	C30	—	—
垫层	C20	—	—

信息提取

①基础、框架柱、梁、板和设备基础的混凝土等级为C30。

②圈梁、过梁、构造柱和垫层的混凝土等级为C20。

📋 提示

　　表中叙述了不同类型构件的混凝土强度等级，混凝土强度等级不同是后期提取混凝土工程量的前提。当然，在本案例中相同构件类型的混凝土强度等级是一样的，可以不在软件中进行设置。

　　抗渗等级和备注无特殊情况，所以包含的内容为无。

❖ 砌体

使用的砌体材质说明如图5-4所示。

砌体施工质量的控制等级为B级，砂浆采用预拌砂浆。

±0.00以下采用M10水泥砂浆，砌筑MU20非黏土类实心砖。

±0.00以上非承重墙采用DM5.0砂浆，200或100厚A3.5加气混凝土砌块，重度≤8kN/m³。

信息提取

图5-4

①±0.00以下砌体为非黏土实心砖。

②±0.00以上砌体为加气混凝土砌块。

📋 提示

　　当±0.00上下的砌体材质不一致时，搭建模型时要注意区分不同材质的设定。不同砌体的实物和图纸可以通过网络进行了解。对于不太了解施工的读者，需要了解一些常用的施工材料。

❖ 地基与基础设计

地基与基础设计如图5-5所示。

基础底均设置100mm厚C20素混凝土垫层，周边宽出承台底外边缘各100mm。

信息提取

图5-5

①垫层的厚度为100mm。

②基础垫层的水平位置按照基础形状向外伸出100mm。

📋 提示

　　垫层在图纸汇总中不会明确地标注，垫层的厚度和平面定位根据图5-5所示的内容来确定。

❖ 上部结构设计

上部结构设计说明如图5-6所示。

墙长大于5m或墙长大于层高2倍时，墙顶与梁、板应有拉结，墙顶与梁或板底的联结详见12G615-1。墙高超过4m时，墙高的中部设置与柱连接且沿墙全长贯通的钢筋混凝土系梁。

墙高超过6m时，宜沿墙高每2m设置与柱连接的水平系梁。梁高为180mm，梁宽同墙厚，内配4C12、C8@200。

信息提取

图5-6

①墙高超过4m时，墙高的中部设置与柱连接且沿墙全长贯通的钢筋混凝土系梁。

②墙高超过6m时，宜沿墙高每2m设置与柱连接的水平系梁。

③梁高为180mm。

④梁宽同墙厚。

📋 提示

　　系梁在平面图纸中没有任何表示，只在设计说明中有相关信息，绘制系梁时可根据图5-6所示的内容来确定。在实际施工的时候，系梁的位置还需要现场确定。

❖ 构造柱

构造柱说明如图5-7所示。

钢筋混凝土构造柱设置：墙长超过5m或墙长超过层高的2倍时，悬墙的端部及窗洞两边均需设置构造柱，且构造柱平面位置须配合建筑图。

钢筋混凝土构造柱除项目图中注明外，截面尺寸为"墙厚×250"。主筋为4C12，箍筋为C8@200，并设拉结筋2A6@500与墙体拉结。构造柱具体做法见国标图集12G615-1。

构造柱上下各锚固35d。楼梯间的墙尚需设置间距不大于层高且不大于4m的构造柱。

图5-7

信息提取

①墙长超过5m或墙长超过层高的2倍，悬墙的端部及外墙窗洞的两边均需设置构造柱，且构造柱的平面位置须配合建筑图。

②除项目图中注明外，钢筋混凝土构造柱的截面尺寸为"墙厚×250mm"。

③楼梯间的墙尚需设置间距不大于层高且不大于4m的构造柱。

> **提示**
> 构造柱在平面图纸中仅包含一部分，根据设计说明中的信息还需要设置额外的构造柱。在实际施工的时候，构造柱的位置和数量还需要现场确定。

以上信息是模型搭建的重要内容，由于大多数内容没有在平面图纸中表示出来，因此只能通过设计说明来获得这些信息。学会阅读设计说明是进行后续工作的基础，除了掌握以上重要信息，还需要对整个结构的说明有一定的了解，平面图纸中没有表示或表述不清的信息都可以在设计说明中找到。

5.1.2 桩基平面布置图

桩基平面布置图是桩基施工的依据。桩基平面布置图的内容相对而言比较简单，如果不是专业桩基施工单位的话，对于桩基的要求并不高。桩基平面布置图表达了桩基的几何尺寸、结构材质及空间定位等信息，需要注意桩基顶部的高程，因为这是桩基与上部结构连接的依据。本章项目模型的桩基平面布置图图纸如图5-8所示。

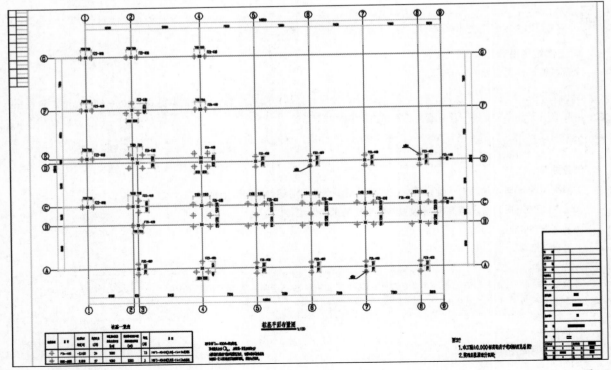

图5-8

桩基一览表

桩基施工平面图中一般都会有相应的桩基一览表。桩基一览表中的内容除了没有桩基的水平定位以外，几乎包括了所需的所有桩基信息。桩基平面布置图中的信息如表5-3所示。

表5-3 桩基一览表

桩型图例	编号	桩顶相对标高（m）	预估桩长L（m）	单桩竖向抗压承载力设计值（kN）	桩基验收检测单桩静载试验加载量（kN）	桩数（根）	备注
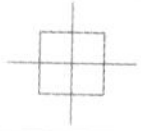	FZx-400	−2.450	24	1000	—	73	HKFZ-AB400（220）-12+12a抗压桩
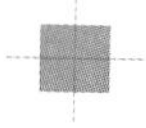	试桩1~试桩3	0.500	27	1000	2000	3	HKFZ-AB400（220）-14+13a抗压桩

信息提取

编号为FZx-400的桩基的桩顶相对标高为−2.450m，桩长暂定为24m，共73根，桩基类型为"HKFZ-AB400（220）-12+12a抗压桩"。

编号为"试桩1~试桩3"的桩基的桩顶相对标高为0.5m，桩长暂定为27m，共3根，桩基类型为"HKFZ-AB400（220）-14+13a抗压桩"。

桩基平面布置图

桩基平面布置图的主要内容为桩基的水平定位（以8轴交A轴处的FZ2-400为例），如图5-9所示。

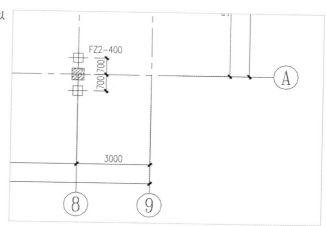

图5-9

信息提取

桩基平面布置图的A轴与8轴的相交处有两根FZx-400桩，两根桩的中心点分别在交点处往上700mm和往下700mm处，桩基型号为FZ2-400，对应的桩基类型为"桩基一览表"中的FZx-400。

提示

平面图中包含所有桩基，根据平面布置图可以确定全部桩基的位置。读者可以根据上述内容确定全部桩基的位置。

附注

附注内容一般不涉及具体参数，读者在实际项目中需要根据具体情况进行判断。桩基平面布置图中的附注内容如图5-10所示。

1.本工程±0.000标高相当于绝对标高，见总图。

2.其他见桩基设计说明。

图5-10

信息提取

①项目的桩基为相对标高，绝对标高的转换参照总平面图。

②项目的桩基的详细内容参照桩基设计说明内容。

提示

读者要清楚项目单体对应的标高与整个场地对应的标高体系一般不一致，如一个小区项目中有十栋楼，每一栋楼的标高一般为相对标高，而整个小区总平面图对应的是国家规定的绝对标高。因此当单体模型被整合完成时要注意单体模型与整体的场地模型的标高是否经过换算，以便确认高度是否对应。

5.1.3 承台结构平面图

承台结构平面图是承台基础施工的依据。承台上部承受来自结构柱的竖向荷载并向下传递给桩基，因此承台必然与两者存在一定的位置关系。在承台图纸的识读过程中，要时刻注意承台与桩基和结构柱的位置关系。项目中的承台相对而言比较简单，所有的承台都是棱柱体，在识读过程中要学会掌握承台的几何尺寸及空间位置。本章项目模型的承台结构平面图图纸如图5-11所示。

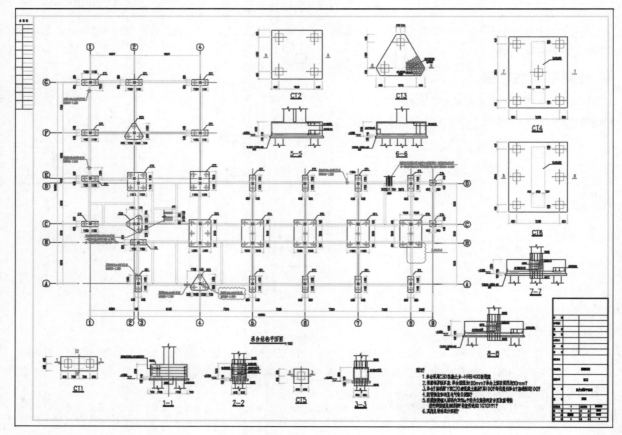

图5-11

提示

在承台结构平面图中存在承台的详图和承台平面图，当图纸中详图表达的尺寸与平面图中的内容发生矛盾时，一般几何尺寸的确定以承台详图中的标注为准。

桩基平面布置图

承台详图的内容主要涉及承台的几何尺寸及相应的标高定位，本项目承台结构平面图中的信息如图5-12所示（以CT5为例）。

信息提取

①CT5的尺寸为800mm×800mm，厚度为800mm。

②CT5的承台底部标高为－2.55m（相对标高）。

③CT5钢筋配置。

④CT5底层有100mm厚的混凝土垫层。

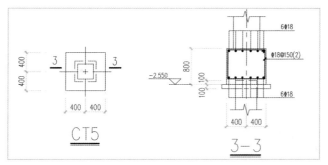

图5-12

> **提示**
>
> 图纸中有CT1、CT2、CT3、CT4、CT5和CT6共6种承台形式的详图，其他几种所包含的内容与CT5一致，只不过对应的数据发生了一定的变化。读者可以参照CT5提取其他类型承台详图的信息。

承台平面图

承台平面图中标注了承台的定位信息、预留洞口的尺寸和定位信息及预埋管线的尺寸和定位信息。以承台平面图中1轴交G轴和9轴交D轴处的承台为例，读懂图5-13（1轴交G轴处CT1及预留洞口）和图5-14（9轴交D轴处承台及预埋管线）所示的内容，就是通过承台平面图确定整个承台基础部分的基础定位、预埋管线和预留洞口。

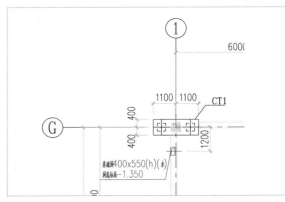

图5-13

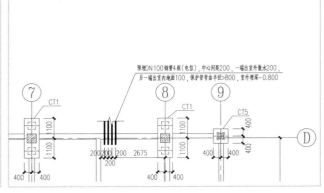

图5-14

信息提取

①图5-13表示在1轴和G轴的相交处有一个CT1，左右各边距离1轴为1100mm、上下各边距离G轴为400mm。

②图5-13表示在距离G轴往下1200mm与1轴的相交处有一个宽为400mm、高为550mm的矩形洞口，洞口底部的相对标高为－1.350m。

③图5-14表示在7轴、8轴与D轴的相交处存在4根DN100的电信预埋钢管。管道的中心间距为200mm；管道出室外的长度为散水以外200mm处；管道室内长度为室内地面边界往内100mm；保护管的弯曲半径大于800mm，室外的埋设深度为－0.8mm。

> **提示**
>
> 根据本张承台平面图，读者可以对照整张平面图提取所有承台基础部分的基础定位、预埋管线和预留洞口。
>
> 基础定位就是承台与轴线间的关系，管线的预埋盒洞口的预留并不属于承台部分的内容，只不过在绘制图纸时将其放了承台结构平面图中，在后期进行管道和洞口的绘制时读者应知道从这里找寻相应的信息。

附注

附注的内容是对平面图进行补充和说明，其内容是对承台材质、垫层等内容进行说明，相对而言比较重要，读者在进行识读时需要重点注意。承台平面图纸中的附注如图5-15所示。

附注

1.承台采用C30混凝土，HRB400级钢筋。

2.钢筋保护层厚度：承台底部为100mm，承台上部及侧部为30mm。

3.承台、基础梁下设C20素混凝土垫层，且厚度为100mm；每边宽出承台、基础梁边为100mm。

4.防雷接地做法见电气专业图纸。

5.柱墙插筋锚入基础内均为laE，柱内主筋按相应分区抗震等级进行焊接或机械连接，构造做法见11G101-1图集。

6.其他见结构设计说明。

图5-15

信息提取

①承台混凝土等级为C30，钢筋等级为HRB400。

②承台保护层的厚度底部是100mm，上部和侧部均为30mm。

③承台和基础梁的下部有100mm厚的C20混凝土垫层，垫层水平方向外放100mm。

提示

1.第4、5、6条内容表示可以查阅电气专业图纸、11G101-1图集和结构设计说明来了解相应内容，这些内容对BIM工作意义不大。

2.垫层的内容在结构平面图中一般不会有平面的表达，大部分都是在附注及相应说明中体现，这一点读者要知悉。

5.1.4 承台拉梁平面图

承台拉梁的内容与结构梁在表达上并没有区别，读者可以将本小节与结构梁平面图内容一起学习。承台拉梁的作用是将基础承台在结构上连接成一个整体，读者在搭建承台拉梁的过程中要考虑承台与承台拉梁的平面位置和标高是否存在不一致的地方。识读承台拉梁平面图需结合承台图纸来检查其内容的合理性。本章项目模型的承台拉梁平面图图纸如图5-16所示。

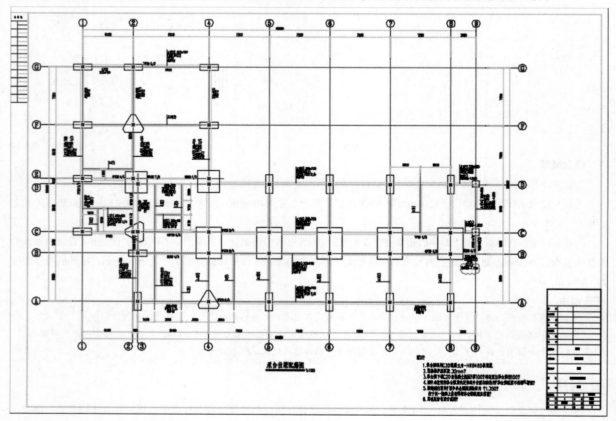

图5-16

承台拉梁配筋图

承台拉梁配筋图在内容上表达了基础拉梁的标高、尺寸和配筋，在形式上又分为原位标注和集中标注。本项目承台拉梁配筋图中的信息（以1轴交G轴到4轴交G轴的梁为例）如图5-17所示。

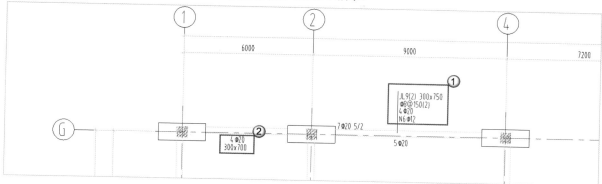

图5-17

信息提取

①集中标注：梁的名称为JL9，一共有两跨，梁的尺寸为300mm×750mm，其余内容为钢筋信息。梁的高度未做说明。

②原位标注：尺寸为300mm×700mm，其余内容为钢筋信息。

提示

通过上述示例，读者可以知道，承台拉梁中的内容主要为尺寸、起始点和水平定位。尺寸大小一般在标注中都会有说明，而起始点就要根据跨数按照图纸的表达来进行查看，确定起始点需要对平法图集有一定的了解。

其余承台拉梁的内容类似于上述示例，读者可以对照整张平面图提取所有承台拉梁的尺寸和定位。

附注

承台拉梁的附注内容与承台附注内容类似，在结构建模的过程中，读者需要注意承台拉梁垫层与承台垫层的关联性。承台拉梁配筋图中的附注内容如图5-18所示。

附注

1.承台梁采用C30混凝土，HRB400级钢筋。

2.钢筋保护层厚度：30mm。

3.承台梁下设C20素混凝土垫层，厚为100mm；每边宽出承台梁边为100mm。

4.图中未注明的承台梁均为定位线中分或与柱边齐，承台梁纵筋不得绑扎搭接。

5.除特殊注明外，图中承台梁的梁顶标高为−1.350m。位于同一轴线上的相邻跨承台梁纵筋应连通。

6.其他见结构设计说明。

信息提取

图5-18

①承台梁的混凝土等级为C30。

②钢筋保护层厚度为30mm。

③混凝土垫层厚度为100mm，强度等级为C20，每边宽出承台梁100mm。

④未注明的承台梁按照定位线进行中分或平齐于柱边。

⑤没有标注的承台梁标高统一为−1.350m，有标注的则以标注为准。

⑥其他内容为钢筋信息。

提示

在实际的施工过程中，承台结构和承台拉梁的垫层一般是一起施工的，如果进行垫层内容模型搭建的话，读者可以考虑按照一个整体同时进行两者的垫层模型搭建。而由于承台和梁在Revit中有相应的族，因此可以将承台结构和拉梁结构部分分开进行处理，其他内容见结构设计说明。

5.1.5 柱平面图

本项目为框架结构，竖向构件为结构柱，结构柱的平面图表达了结构柱的尺寸、定位和钢筋信息。项目模型的柱平面图图纸如图5-19所示。

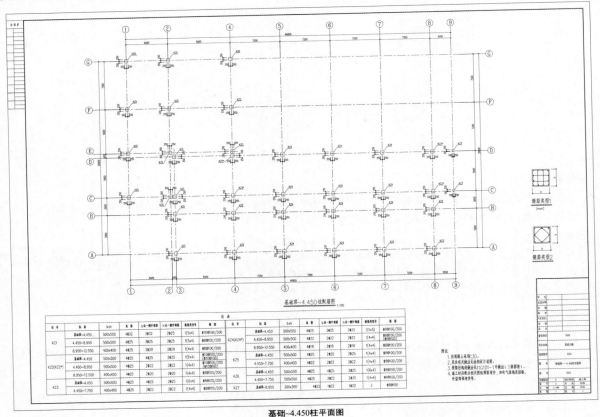

基础~4.450柱平面图

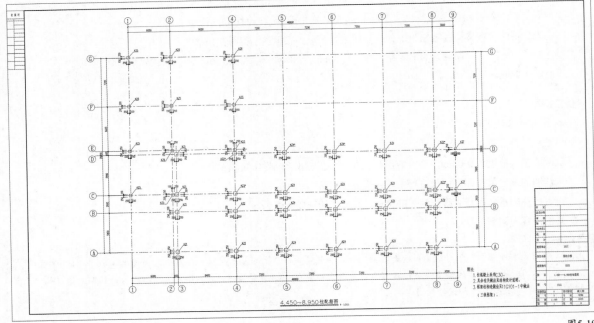

图5-19

116

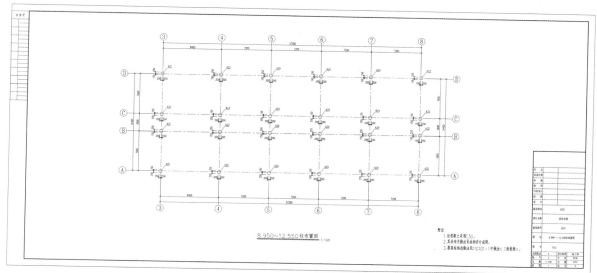

8.950~12.550柱平面图

图5-19（续）

柱表

柱表中对结构柱的尺寸、标高定位和配筋进行了详细的描述。本项目柱表中的信息如表5-4所示（以KZ1为例）。

表5-4 柱表

柱号	标高（m）	$b×h$（mm×mm）	角筋	b边一侧中部筋	h边一侧中部筋	箍筋类型号	箍筋
KZ1	基础顶~4.450	500×500	4C32	3C32	2C25	1（5×4）	C10@100/200
	4.450~8.950	500×500	4C25	3C25	2C25	1（5×4）	C8@100/200
	8.950~12.550	400×400	4C25	2C20	2C20	1（4×4）	C8@100/200

信息提取

①柱名称为KZ1。

②柱在竖向高度上分为3段，分别是"基础顶~4.450m""4.450m~8.950m""8.950m~12.550m"。

③柱子在竖向高度上的尺寸按照标高分段依次为500mm×500mm、500mm×500mm和400mm×400mm。

④其他内容为柱子的钢筋配置。

其他结构柱的内容与KZ1一致，通过识读KZ1，读者可以按照相同的方法完成所有类型柱子的信息提取。

 提示

结构柱的信息内容主要为名称、分层位置、尺寸和配筋。在不进行钢筋建模的情况下，主要的内容就包含这3种。

平面图

柱平面图分为"基础顶~4.450柱配筋图""4.450~8.950柱配筋图""8.950~12.550柱布置图"，这3张平面图在内容和形式上都是一致的。本项目柱平面图中的信息（以"基础顶~4.450柱配筋图"中1轴交G轴处的结构柱为例）如图5-20所示。

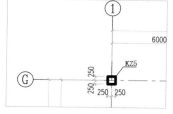

信息提取

①结构柱的名称为KZ5，其详细信息见柱表。

②结构柱位于1轴和G轴相交处，以交点为中心进行对称布置，结构柱的4条边的边界位于轴线250mm处。

图5-20

 提示

柱平面图主要标示了结构柱的平面定位，我们只需要在平面图中知道柱子的平面位置，而平面位置的表达即为轴线间的位置关系。读者可以根据示例完成所有类型柱子的平面布置的信息提取。

附注

结构柱的附注内容主要为结构的混凝土等级和预留预埋内容的处理。在本项目中，柱平面图中的附注内容对于BIM结构模型搭建的意义不大，读者了解即可，具体内容如图5-21所示。

> 附注
>
> 1.柱混凝土采用C30。
>
> 2.其余有关做法见结构设计说明。
>
> 3.框架柱构造做法见11G101-1中做法（三级框架）。
>
> 4.施工时应配合相关图纸预留埋件，如电气接地连接板、外装饰预埋件等。

图5-21

信息提取

①结构柱的混凝土等级为C30。

②结构柱的其他内容参见设计说明和11G101-1图集。

③预留预埋参照其他图纸。

5.1.6 梁布置图

梁的布置图和承台连梁的布置图在表达方式上一致，但是一般框架架构的梁选型和布置比承台拉梁的布置更加复杂。下面针对"标高4.450梁配筋图""标高8.950梁配筋图""标高12.550梁配筋图"中需要特别注意的地方进行讲解。在识读梁布置图的过程中，各层的梁内容除其对应的标高不同外，其余内容和承台结构拉梁平面图中的内容一致，参见承台拉梁布置图内容。项目模型的柱平面图图纸如图5-22所示。

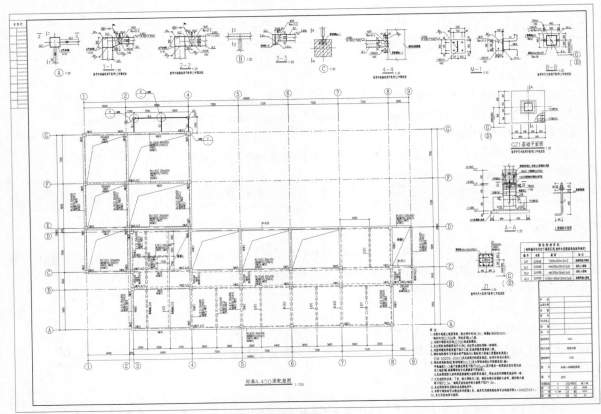

标高4.450梁配筋图

图5-22

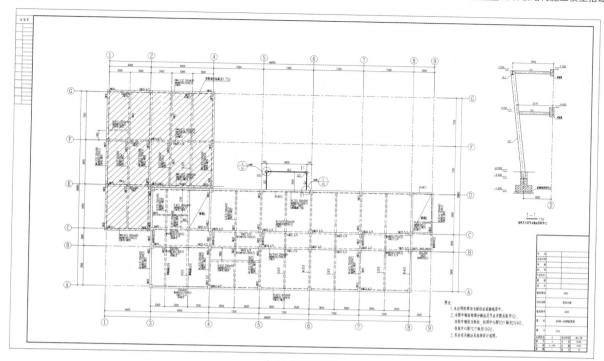

标高8.950梁配筋图

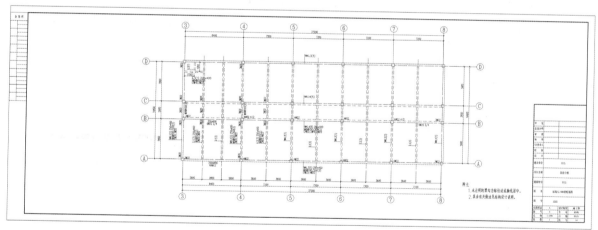

标高12.550梁配筋图

图5-22（续）

标高4.450梁配筋图

"标高4.450梁配筋图"中结构梁的标注形式为集中标注和原位标注（以图纸中的F轴交1轴和4轴的结构框架梁KL14为例），如图5-23所示。集中标注的具体内容如图5-24所示。

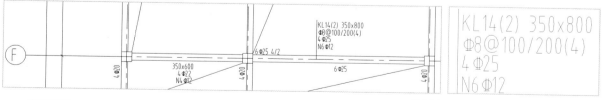

信息提取

图5-23

图5-24

①本结构梁为框架结构梁，名称为KL14。

②未发现梁在高度上的变化（未经特殊说明），因此本框架梁的高度为4.450m。

③本框架梁的跨数为2跨，结合平面图的表达，也就是说本框架梁的空间位置为F轴交1轴4轴的范围内。

④本框架梁的尺寸为350mm×800mm。

⑤其余内容为钢筋信息的表达。

> **提示**
> KL代表本梁为结构框架梁，要从名称中读懂这根梁在结构中的含义。

原位标注的内容如图5-25所示。当原位标注与集中标注发生冲突的时候，以原位标注为准。

按照上述信息的提取方式，KL14的尺寸为350mm×800mm，但是在F轴交1轴和2轴的范围内有原位标注提示这一跨的尺寸为350mm×600mm，那么在进行模型搭建的时候，这个地方的尺寸就应该是350mm×600mm，而不是集中标注中所表示的350mm×800mm。

图5-25

> **提示**
> 本张图纸中的结构梁的内容只要按照集中标注和原位标注进行识读即可，集中标注和原位标注的表达方式在第2章中有详细的介绍。
> 其他结构梁按照上述方式进行识读即可。

标高8.950梁配筋图

"标高8.950梁配筋图"中的结构梁与"标高4.450梁配筋图"的表达方式一致，只不过在无特殊说明的情况下，本张图纸中的结构梁所对应的顶部高度为8.950m。

与"标高4.450梁配筋图"不同的是，本张图纸中存在阴影区，阴影部分的标高统一为7.750mm，但是在实际建模的过程中，也有可能将标高为7.750mm处的阴影部分单独作为一张图纸。由于本项目的内容较少，因此将两个高度的内容整合到了一张图纸中，如图5-26所示。

"标高8.950梁配筋图"中5轴、6轴交E轴处有两根梁，这两根梁在水平位置重叠，一根是KL6，另一根是KL7，两根梁的标高不同（详见标注），如图5-27所示涂黑的地方。

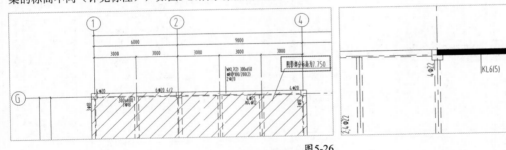

图5-26 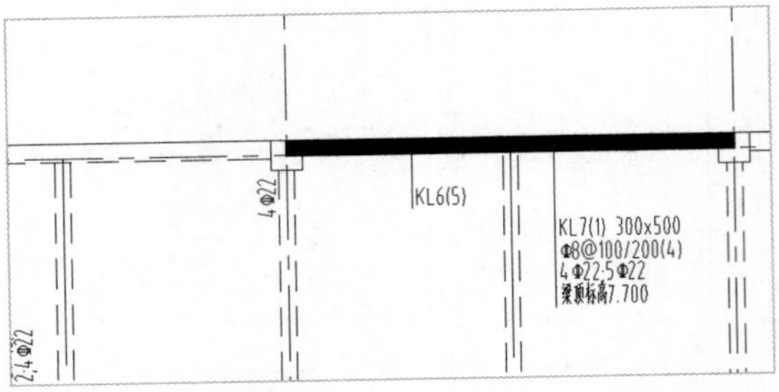   图5-27

"标高8.950梁配筋图"中的其他内容依然按照集中标注和原位标注进行识读。

标高12.550梁配筋图

"标高12.550梁配筋图"中的结构梁在命名上与其他几处存在一定区别（以A轴交3轴到8轴之间的WKL3为例），如图5-28所示。

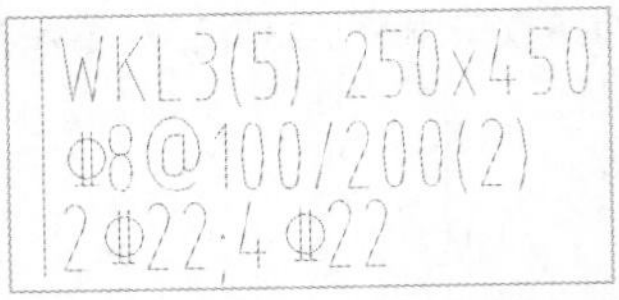

信息提取

①本结构梁为屋面框架结构梁，名称为WKL3。

②本框架梁的跨数为5跨。

③本框架梁的尺寸为250mm×450mm。

④其余内容为钢筋信息。

图5-28

> **提示**
> WKL为屋面框架梁，在图纸"标高8.950梁配筋图"中阴影区域部分的梁也为屋面框架梁，说明其属于屋顶的结构框架梁。

5.1.7 板布置图

　　板布置图是图纸中比较麻烦的部分，其中的板边构造和洞口布设等细节问题需要读者准确识读。本项目包含"标高4.450板配筋图""标高8.950板配筋图""标高12.550板配筋图"3张楼板图纸。

　　与结构梁的图纸内容类似，各层板的图纸内容在表达方式上也是大致相似的，只不过其中包含的细部结构多少有一定差异，而细部构造相应的内容会在结构详图中进行讲解。本章项目模型的板布置图图纸如图5-29所示。

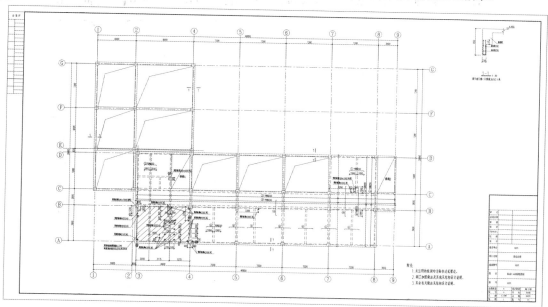

标高4.450板配筋图

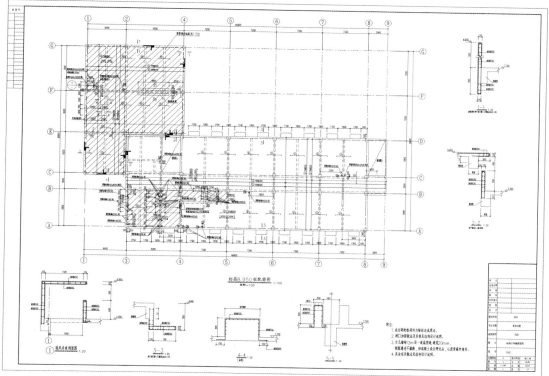

标高8.950板配筋图

图5-29

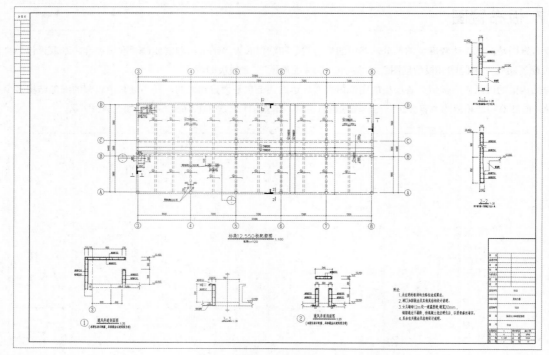

标高12.550板配筋图

图5-29（续）

平面图

结构平面图中的信息是结构楼板中最主要的信息，附注等内容只是对楼板进行详细说明而已。下面将一一讲解结构楼板平面图中所包含的信息类型及其表达方式。

❖ 板厚度

板厚度标注在图名处，未注明板厚的楼板厚度为120mm，图名注写如图5-30~图5-32所示。

标高4.450板配筋图　1:100
板厚h=120

标高8.950板配筋图　1:100
板厚h=120

标高12.550板配筋图　1:100
板厚h=120

图5-30　　　　　　　图5-31　　　　　　图5-32

❖ 洞口

板带中标示的折线部分表示楼板洞口（以"标高4.450板配筋图"中1轴、2轴交F轴、G轴处的楼板洞口为例），如图5-33所示。

> **提示**
> 在其他楼层的图纸中，洞口的表达方式是相同的，读者可根据是否有折线来判断是否存在洞口。

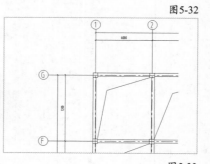

图5-33

❖ 楼梯

楼梯的开口一般按照洞口的处理方式处理，具体构造详见"楼梯详图"。楼梯洞口一般在不同楼层处的相对平面位置一致（以"标高4.450板配筋图"与"标高8.950板配筋图"中8轴、9轴交D轴、C轴处的楼梯洞口为例），如图5-34所示。

> **提示**
> 楼梯A与楼梯B的表达方式类似，在"标高4.450板配筋图"和"标高8.950板配筋图"这两张平面图纸中都存在楼梯符号，读者可根据上述示例查看整个项目的楼梯洞口定位。但是"标高12.550板配筋图"作为屋顶的楼板位置，其楼梯部位就不存在洞口。

图5-34

❖ **阴影部分标高变化**

"标高4.450板配筋图"中的3轴、4轴交A轴、B轴处的阴影部分的标高为4.370m，如图5-35所示。

"标高8.950板配筋图"中的3轴、4轴交A轴、B轴处的阴影部分的标高为8.870m，如图5-36所示。

"标高8.950板配筋图"中的1轴、4轴交C轴、G轴处的阴影部分的标高为7.750m，如图5-37所示。

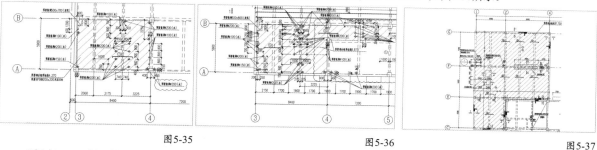

图5-35　　　　　　　　　　　　　　　图5-36　　　　　　　　　　　　　　　图5-37

"标高12.550板配筋图"中不存在阴影区域，也就是说该处的楼板标高并没有发生变化。

❖ **预留洞口位置的布置**

"标高4.450板配筋图"中的3轴、4轴交A轴、B轴处有建筑洞口和给排水专业预留洞口共27个，如图5-38所示。

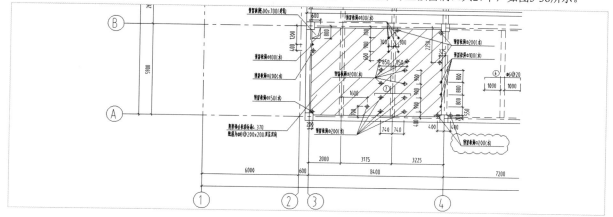

图5-38

3轴、4轴交A轴、B轴处为卫生间位置，所以这个区域的管线较多，洞口预留较为密集。在"标高8.950板配筋图"中的相应位置依然存在洞口，而"标高12.550板配筋图"作为屋顶板，相应的位置就没有洞口预留。

预留洞口的定位和尺寸以图纸文字说明为准，如图5-39所示，为上图洞口定位和尺寸的描述。

> 附注
>
> 1.未注明的板洞均为贴柱边或梁边。
>
> 2.洞口加固做法及其他见结构设计说明。
>
> 3.女儿墙每12m设一道温度缝，缝宽20mm，钢筋通过不截断，待混凝土浇注硬化后，以沥青麻丝堵实。
>
> 4.其余有关做法见结构设计说明。

图5-39

附注中说明没有特殊注明的板洞位置为贴柱边或梁边。因为图5-40所示的洞口描述并没有特别注明其水平位置，所以根据上述附注中的内容，在平面图中按照其靠近的柱边或梁边为洞口的定位依据。另外，洞口的直径为100mm，为给排水专业的预留洞口，洞口位置按照附注要求贴近柱边或梁边。

预留板洞Φ100(水)

图5-40

📑 **提示**

其余洞口的标注类似上述示例，读者可根据相应的规则依次确定项目中所有预留洞口的尺寸和位置。良好的图纸平面表达应该与文字说明一致，这对于模型的工作非常有利，不过在遇到两者存在一定矛盾的情况下，必须以文字说明的内容为准。

📖 索引详图和剖面图

由于楼板中较为复杂的地方，如不规则部分或位置比较特殊的部分，这些内容无法在平面图中进行详细且清晰的表达，因此读者需要根据索引详图或剖面图中的内容，结合自身的专业知识判断其中的构造。

❖ 标高4.450板配筋图

剖面1-1为梁下挂的剖面图，如图5-41所示；剖面位置在平面图中的标示为1-1，如图5-42所示。这个剖面中的梁的下部存在高度为3600mm的门窗框架梁，需在梁下部的板边缘位置布置宽度为150mm、下部距离板顶850mm的下挂。

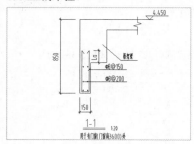

图5-41

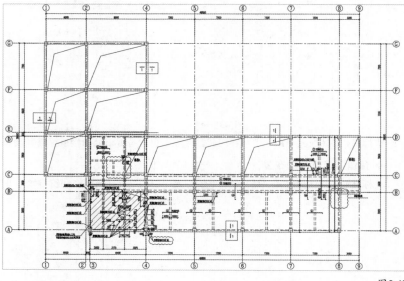

图5-42

在剖面符号范围内且存在高度为3600mm的门窗处有相应的下挂内容，那么门窗的尺寸和位置就需要参考建筑图纸。

❖ 标高8.950板配筋图

在本层中存在的详图内容包含1个详图索引和5个剖面图。下面一一讲解相应内容。

通风井道

通风井道的具体定位需结合建筑图纸进行识读，在此不进行详解，相关内容将在详图构件部分的模型工作中进行详细说明。

剖面1-1、2-2和3-3

剖面1-1、2-2和3-3均为板边梁下挂和女儿墙等边缘细部构造图，它们的具体尺寸和定位如下。

①剖面1-1是上部女儿墙在平面图中存在剖面符号的位置，如图5-43所示。上部尺寸的宽度为120mm，高度为1200mm；下部下挂在平面图中有剖面符号且高度为3600mm的门窗处，下部下挂的尺寸宽度为150mm，高度为距离板顶850mm处，如图5-44所示。

②剖面2-2是2轴和4轴之间存在的剖面符号的位置，如图5-45所示。该构件的形状为上部8.950m处的板向外延伸360mm，下部7.750m处的板边上翻650mm，上翻和外伸的厚度均为120mm，如图5-46所示。

③剖面3-3是主楼外围存在剖面符号的位置，如图5-47所示。下挂距离板顶850mm，下挂的厚度为150mm，并向外延伸700mm，外伸的厚度为120mm，如图5-48所示。

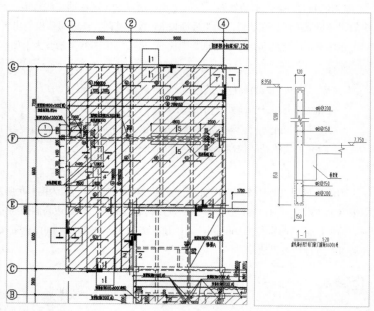

图5-43

图5-44

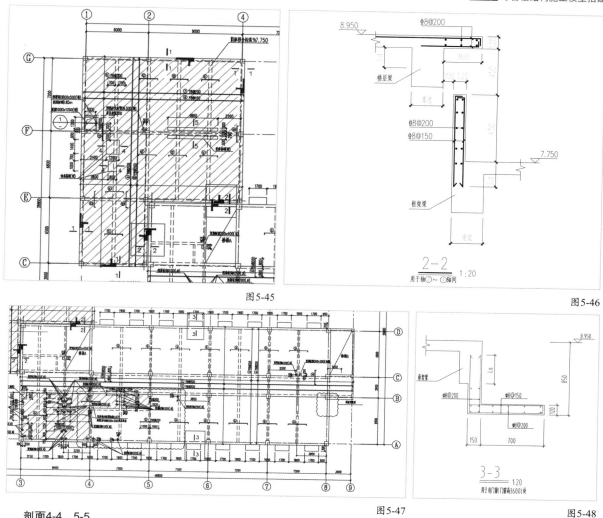

图5-45

图5-46

图5-47

图5-48

剖面4-4、5-5

剖面4-4、5-5为楼板顶部加厚的设备基础，平面形状详见平面布置图，竖向高度详见剖面图。

①剖面4-4为突出屋面600mm，平面尺寸为800mm×1000mm和1200mm×1400mm两种形状的设备基础，如图5-49所示。

②剖面5-5为突出屋面600mm，平面尺寸均为4800mm×300mm的设备基础，如图5-50所示。

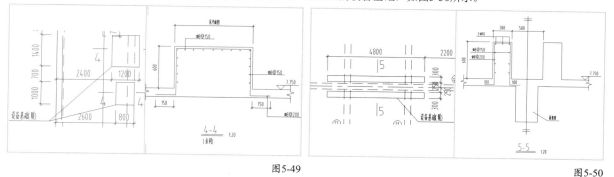

图5-49

图5-50

❖ **标高12.550板配筋图**

本层中存在两个详图索引内容和三个剖面图，下面对其进行讲解。

索引详图

1号索引详图和2号索引详图中说明的具体做法以建筑图为准，如图5-51和图5-52所示，在此不做强调。

图5-51　　　　　　　　　　　　　　　　　　　　　　　图5-52

剖面1-1、2-2

剖面1-1、2-2为女儿墙的剖面图，其平面位置和详细构造如图5-53和图5-54所示。由图可知，剖面符号范围内无门窗或门窗高度小于2700mm，高度均为900mm，宽度均为120mm。

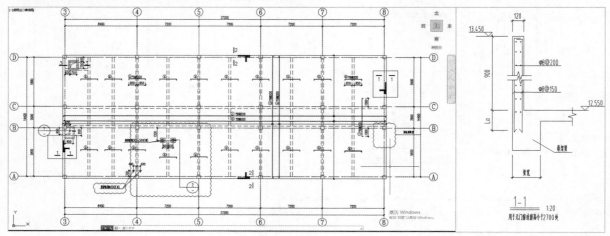

图5-53

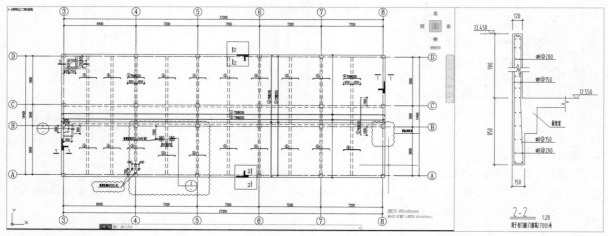

图5-54

剖面3-3

剖面3-3为板洞的剖面图，如图5-55所示，平面位置详见平面布置图，如图5-56所示。由图可知，板洞的四周上翻600mm，厚度为120mm，上翻后向外延伸100mm，外伸的厚度为60mm，并且板洞位于3轴右侧600mm与D轴下侧600mm处。

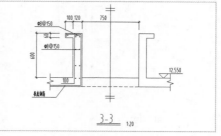

图5-55　　　　　　　　　　　　　　　　　图5-56

提示

平面图中的详图部分一般都是将细部结构等比例放大，大多数时候需要结合建筑图纸来进行平面详图的识读，所以在建模时需要对各个专业的图纸有一定的了解。

5.1.8 楼梯详图

楼梯详图由楼梯平面图、楼梯剖面图和相关详图组成。项目综合楼的楼梯详图包含A、B两个楼梯的详图，这两个楼梯的表达方式比较相似，因此本小节以楼梯A详图为例讲解楼梯详图的相关内容。楼梯A平面图包含"－0.050层平面图""4.450层平面图""8.950层平面图"。项目模型的楼梯详图图纸如图5-57所示。

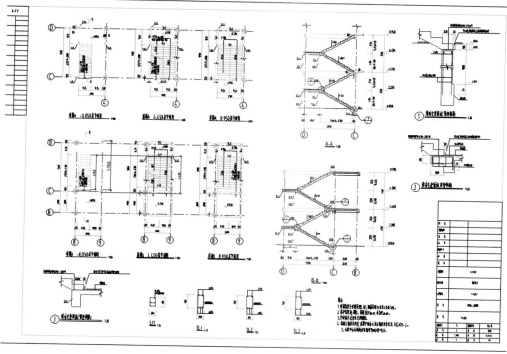

图5-57

🏢 －0.050层平面图

"－0.050层平面图"如图5-58所示。楼梯的起始高度为－0.050m，第1跑梯段为ATa1，踏步的深度为270mm，一共有14个踢面，梯段的宽度为1425mm。起始位置在距C轴往上250mm处，结束位置为距C轴（5900mm－1870mm）处，宽度为距离4轴（250mm+1425mm）到距离4轴（250mm+1425mm+1425mm）处。

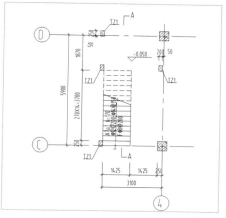

图5-58

🏢 4.450层平面图

"4.450层平面图"如图5-59所示。梯段的起始高度为4.450m，第2跑和第3跑梯段为ATb1，踏步的深度为270mm，一共有14个踢面，梯段的宽度为1425mm。两端为距C轴往上250mm到距C轴（5900mm－1870mm）处，宽度为距离4轴（250mm+1425mm）到距离4轴（250mm+1425mm+1425mm）处和宽度为距离4轴250mm到距离4轴（250mm+1425mm）处。

楼梯在两跑交接处存在平台板PTB1，厚度为100mm，高度为2.220m，宽度为1870mm，长度为"1425mm+1425mm"。

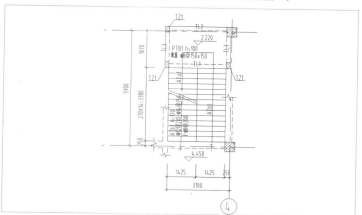

图5-59

8.950层平面图

"8.950层平面图"如图5-60所示。"8.950层平面图"的楼梯梯段为ATb1，其尺寸和定位同"4.450层平面图"中的ATb1，但"4.450层平面图"和"8.950层平面图"的交界处都绘制了同一跑，也就是说两张平面图中的内容有部分重复，所以按照"8.950层平面图"，只需要绘制一跑楼梯即可。

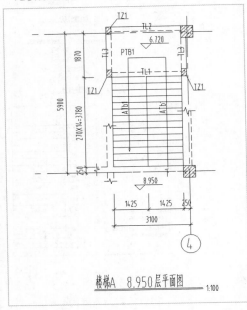

图5-60

踢面高度

由图5-61所示内容（A-A剖面）可知，一层第1跑楼梯梯段的踢面高度为"170mm＋14×150mm"，第1步为170mm，第2步到第15步为150mm；一层第2跑楼梯梯段的踢面高度为"130mm＋14×150mm"，第1步为130mm，第2步到第15步为150mm；二层第1跑楼梯梯段的踢面高度为"170mm＋14×150mm"，第1步为170mm，第2步到第15步为150mm；二层第2跑楼梯梯段的踢面高度为"130mm＋14×150mm"，第1步为130mm，第2步到第15步为150mm。

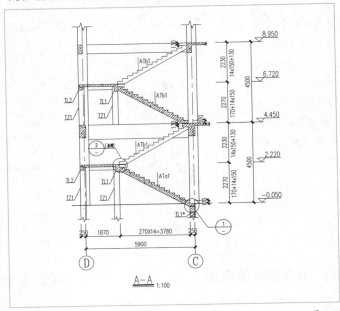

图5-61

梯梁和梯柱

梯梁和梯柱的定位需要结合平面图和剖面图。由平面图确定平面位置，由剖面图确定其高度范围。

由"楼梯A－0.050层平面图"可知，在基础顶部到-0.05m处有一个TZ1。

由"楼梯A4.450层平面图"可知，在标高4.450m处有1个TL、1个TL2和两个TL3，基础顶部到2.220m的范围内有3个TZ1。

由"楼梯A8.950层平面图"可知，在标高8.950m处有1个TL、1个TL2和两个TL3，4.450m到6.720m范围内有3个TZ1。

> **提示**
> 相应信息可以在剖面图中进行验证。

梯梁和梯柱的具体尺寸详见本张图纸内的详图部分，如图5-62所示。

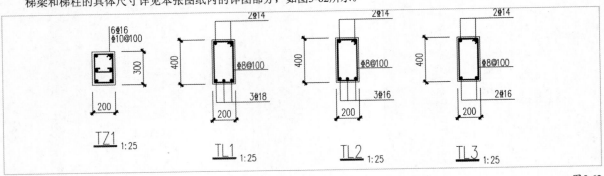

图5-62

楼梯详图中的编号为滑动支座的做法详图,一般在整体模型中不做表达,在此不进行详解。

附注

楼梯部分的附注主要为钢筋内容的讲解,如图5-63所示。本书并不涉及钢筋部分内容的模型搭建,读者了解即可。

> 附注
> 1.楼梯混凝土强度等级为C30,钢筋等级为HRB400(C)。
> 2.保护层厚度:梯柱、梯梁为20mm,板为15mm。
> 3.栏杆扶手及埋件见建筑图。
> 4.梯板上筋通长配置,楼梯平面表示方法构造要求详见图集11G101-2。
> 5.本图中未标明的分布筋均为C8@150。

提取信息   图5-63

①楼梯混凝土等级为C30。

②保护层厚度按照不同的板厚有所不同,梯梁、梯柱处的厚度为20mm,楼梯板处的厚度为15mm。

③栏杆扶手和预埋件详见建筑图,这部分内容可以在建筑部分进行识读。

④楼梯构造做法详见图集11G101-2。

⑤其余内容为钢筋信息。

5.1.9 详图构件

详图构件所包含的内容并不多,但是比较复杂,而且由于图纸绘制的比例与平面图不一致,因此一般不会导入相应的图纸,而是按照图纸内容在Revit中单独进行操作。在操作前需要识读详图及其对应的平面位置(以详图一为例),如图5-64和图5-65所示。

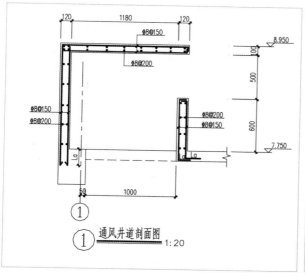

图5-64

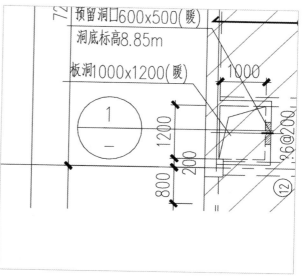

图5-65

提取信息

①在1轴的位置有女儿墙,详图中1轴的左侧部分的墙体就是女儿墙,这里就不重复进行模型的搭建了。

②女儿墙的顶部位置有一块盖板,盖板的尺寸为950mm×950mm,盖板的高度为详图中女儿墙的顶部,其大小就是平面图中的孔洞大小。

③盖板的左侧为女儿墙的墙体,盖板的四周都是墙体,墙体高度同女儿墙的高度,墙体的厚度同女儿墙的厚度。

④在右侧的墙体中还存在一个尺寸为600mm×500mm的洞口,洞口的顶部高度为8.850m。

5.2 综合楼结构施工模型

完成项目综合楼中结构施工图纸内容的识读后，就可以进行结构施工模型的建立了。结构施工模型需要参照结构施工图，但并不表示图纸中的所有内容都需要在模型中体现，这是因为有些内容的确没有必要体现出来，有些内容则必须结合建筑施工图中的内容在建筑模型中体现。本节以项目综合楼为例，结合结构部分的图纸内容详细地讲解结构施工模型的搭建过程。

5.2.1 标高

Revit中没有楼层的概念，因此标高的定位可以根据个人的工作习惯和项目的实际情况来确定。标高的设置尤为重要，合理的标高设置可以使模型的搭建更加方便和精准。

📖 确定标高的原则

根据"综合楼结构施工图.dwg"查找需要设置的标高，设置的标高应当保证所有构件都有对应的参照高度。对于有楼层划分的图纸，所需标高必须包含楼层高度，但不仅限于楼层高度。由于本项目比较特殊，没有楼层的划分，因此所有的标高均以图纸中提供的标高为准。

> **提示**
> 设置标高的目的是限定各部分模型在搭建时的高度范围，满足主要构件的搭建。除主要构件外，在实际的需求上也会相应地增设其他标高，但不应少于以上平面图中所对应的标高。

很多项目结构图纸中设有结构层标高，在设置标高的时候可以参考结构层标高。但是本项目图纸不存在层的概念，所以标高的建立会更加困难。由于结构图纸无立面图，因此标高需以各平面图为准，综合考虑标高的定位。本项目配套图纸为综合楼，一共12张平面图，如图5-66所示。

桩基平面布置图
承台结构平面图
承台拉梁配筋图
基础顶~4.450柱配筋图
4.450~8.950柱配筋图
8.950~12.550柱布置图
标高4.450梁配筋图
标高8.950梁配筋图
标高12.550梁配筋图
标高4.450板配筋图
标高8.950板配筋图
标高12.550板配筋图

图5-66

> **提示**
> 虽然标高的设置没有一定的标准，但是设置得好坏会对模型的搭建造成很大的影响，读者应重视标高的设立。

📖 确定标高的方式

确定标高是搭建模型的第一步。模型与实际的建筑一样，都是三维物体，三维物体比二维图纸多的一个维度就是竖向的高度，所以确定不同构件在高度上的定位尤为重要。接下来将从桩基、承台结构、承台拉梁、结构柱、结构梁和结构楼板这6个部分确定标高的位置。

❖ 桩基标高

从桩基平面布置图中的"桩基一览表"（如表5-3所示）可知，由于桩基顶部标高为关键控制点，并且绝大部分的桩基族包含顶部高层参数，因此桩基标高取桩顶标高为宜。试桩的顶部高程一般不作为设定的标高，而且从数量的角度来讲，试桩的个数明显偏少，所以本项目以FZx-400桩型为依据，桩基顶部高程为−2.450m。

❖ **承台结构标高**

承台结构平面图中"剖面1-1"和"剖面6-6"分别如图5-67和图5-68所示。在图中所有承台的底标高都是−2.55m，承台高度大部分为1200mm。承台标高可以根据顶部标高设置，也可以根据底部标高设置。考虑到大部分族包含顶部高程和厚度，再加上实际作业的习惯，项目综合楼以基础顶部为控制标高为宜，承台顶部标高为−1.350m。

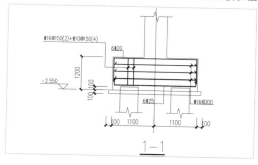

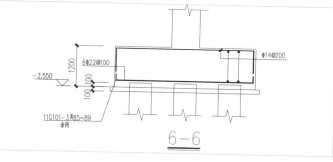

图5-67

图5-68

❖ **承台拉梁标高**

根据承台拉梁中附注第5条的描述，拉梁顶部标高设置为−1.350m。

> 📋 **提示**
>
> 承台顶部高程为−1.350m，底部高程为−2.550m。如果将承台标高设置为底部高程，那么承台和拉梁就需要建立两个标高；如果将承台标高设置为顶部高程，那么两者就可以合并为一个标高。这也印证了承台标高设置为顶部高程的优势。

❖ **结构柱标高**

结构柱以"基础顶~4.450柱配筋图"中的KZ1为例（具体信息如表5-4所示）。根据表中内容，结构柱的底部最低为基础顶，最高为12.550m，整个高度上又在4.450m、7.750m和8.950m处被分割并发生变化，所以结构柱的标高为基础顶、4.450m、7.750m、8.950m和12.550m。由于基础顶为承台顶部标高，并且在上文中已经确定，因此不必重复设置，需要设置的标高为4.450m、7.750m、8.950m和12.550m。

> 📋 **提示**
>
> 结构柱的底部高度为基础顶，再次印证了设置承台顶部高程为基础标高的正确性。读者需要注意标高并不是仅凭一张图纸就可以直接确定的，是需要结合不同图纸的要求来综合考虑的。

❖ **结构梁标高**

结构梁的图纸由"标高4.450梁配筋图""标高8.950梁配筋图""标高12.550梁配筋图"组成。从图名可知，梁的标高为4.450m、8.950m和12.550m。由于在柱的标高中已经确定了对应的标高，因此无须再进行重复工作。

❖ **结构楼板标高**

结构楼板的图纸由"标高4.450板配筋图""标高8.950板配筋图""标高12.550板配筋图"组成。同梁标高一样，从图名中可知板的标高为4.450m、8.950m和12.550m。由于在柱的标高中已经确定了对应的标高，因此同样无须进行重复工作。至此，标高已经全部确定好，需要设置的标高如表5-5所示。

表5-5 需要设置的标高

名称	标高（m）
−2.450（桩基顶部标高结构）	−2.450
−1.350（基础顶部标高结构）	−1.350
4.450（结构）	4.450
7.750（结构）	7.750
8.950（结构）	8.950
12.550（结构）	12.550

> 📋 **提示**
>
> 标高的确定方法并不是唯一的，读者可以根据实际需求进行一定的增设，但不应少于上述设置内容。

🏛 工具分析

根据结构图纸确定了标高后，下一步工作就是在Revit中对标高进行设置。

❖ 视图的调整

在设置标高之前，还需要调整视图。由于新建项目后会默认进入平面视图，而平面视图为某一特定标高的平面布置图，标高则是为了显示竖向信息，因此标高的创建必然不可能在平面视图中进行，必须要通过"项目浏览器"切换到立面视图进行标高的创建，如图5-69所示。

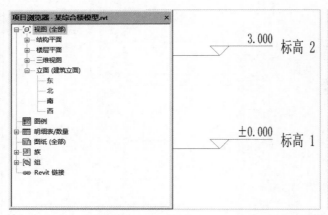

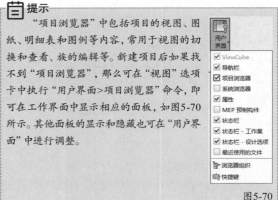

📋 提示

"项目浏览器"中包括项目的视图、图纸、明细表和图例等内容，常用于视图的切换和查看、族的编辑等。新建项目后如果找不到"项目浏览器"，那么可在"视图"选项卡中执行"用户界面>项目浏览器"命令，即可在工作界面中显示相应的面板，如图5-70所示。其他面板的显示和隐藏也可在"用户界面"中进行调整。

图5-70

图5-69

❖ 标高的创建

标高的创建命令在"建筑"选项卡中，单击"标高"按钮，如图5-71所示，即可进入标高的编辑模式。

图5-71

在激活的"修改|放置 标高"上下文选项卡中，可通过"绘制"选项组内的绘制工具绘制标高，如图5-72所示。下面介绍绘制标高的两种方式。

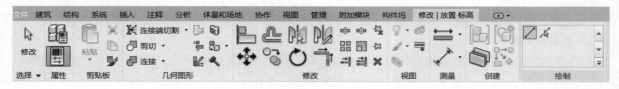

图5-72

①使用"线"工具。在立面视图中的任意位置绘制一条水平的标高线，当鼠标指针放置在绘制区域时，会激活尺寸标注，这时可通过输入数字更改临时尺寸来进行定位，如图5-73所示。

图5-73

②使用"拾取线"工具，在绘制区域内选中一条同标高线一样平行于地面的线，例如通过单击拾取梁的顶部线，即可基于梁顶部绘制一条标高，如图5-74所示。

这时通过工具绘制的标高将会在"项目浏览器"中生成相应的视图，即为新建的"标高7"，如图5-75所示。

图5-74

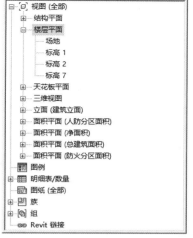

图5-75

技术专题 生成平面视图的条件

标高的创建有两种方式，一种是通过"标高"命令创建一个新的标高，还有一种是通过已有的标高复制一个标高。两种方式对应的平面视图的生成方式不一样。

通过已有的标高进行复制或阵列得到的标高不能在"项目浏览器"中生成相应的视图，因此读者需要在"视图"选项卡中执行"平面视图>结构平面"命令生成相应的平面视图，如图5-76所示。

图5-76

通过"标高"命令创建标高，在选项栏中勾选"创建平面视图"选项，并根据需要修改"平面视图类型"中的类型来选择生成的视图类型，如图5-77所示。

图5-77

❖ **标高的编辑**

在绘图区域单击选择任意一根标高线，在与标高相对应的位置会显示临时尺寸、控制符号等内容，如图5-78所示。

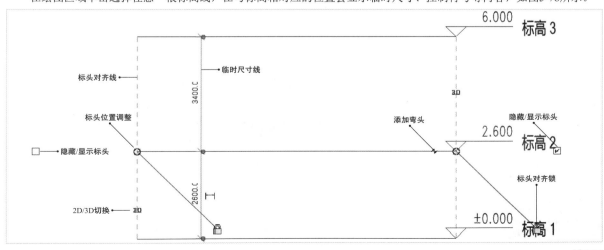

图5-78

◆ **重要参数介绍** ◆

标头对齐线：保证不同标高的两端对齐。当两个标高对齐时，会自动出现标头对齐线；当选中一条标高时，会在对齐的标高线之间出现标头对齐线。

标头位置调整：选中标高的端头，通过移动改变标头位置。

隐藏/显示标头：在图中隐藏/显示的两个标头符号中，左侧符号为未勾选，右侧符号为勾选。当未勾选时，不显示标头标注内容；当勾选时，会显示相应的名称和高度数值。

临时尺寸线：当选中一个标高时，会出现一条临时尺寸线及相应的尺寸数值，可修改选中的标高和邻近标高的距离。

添加弯头：当两个标高靠得太近而导致内容重合时，可以通过单击此符号修改标头的位置，如图5-79所示。

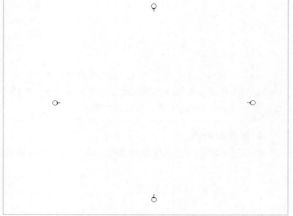

图5-79

标头对齐锁：处于锁定状态时改变标高的长短，所有的标高将会一起进行调整；处于解锁状态时改变标高的长短，仅对选中的标高进行调整。

3D/2D切换：在3D状态时，如果标高内容被修改，那么在所有立面中都会进行调整；在2D状态时，如果标高内容被修改，那么仅在当前视图中有所变化。

实训:建立结构标高

素材位置	素材文件>CH05>实训：建立结构标高
实例位置	实例文件>CH05>实训：建立结构标高
视频名称	实训：建立结构标高.mp4
学习目标	掌握在项目中建立结构标高的方法

本项目建立的标高如图5-80所示。

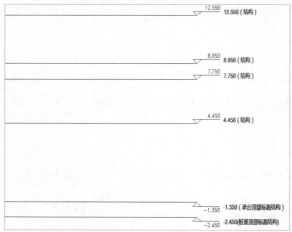

图5-80

新建项目

01 打开Revit，执行"项目>新建"命令，在弹出的"新建项目"对话框中设置"样板文件"为"结构样板"，然后选择"项目"选项，单击"确定"按钮，如图5-81所示。

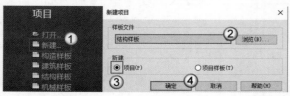

图5-81

02 新建项目后，默认进入平面视图，绘图区域包含立面符号，但是没有标高内容，如图5-82所示。

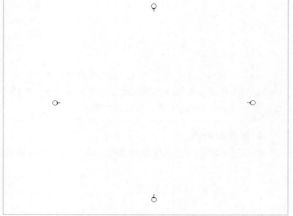

图5-82

03 在"项目浏览器"中，切换到"南"立面视图，该视图默认存在"标高1"和"标高2"，如图5-83所示。

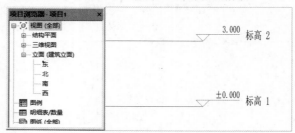

图5-83

绘制标高

01 将"标高1"重命名为"−2.450（桩基顶部标高结构）"，并修改高度为−2.450。选中"标高1"，然后单击0.000字样，输入−2.450，单击空白区域完成编辑。单击"标高1"字样，修改文字为"−2.450（桩基顶部标高结构）"，单击空白区域完成编辑，如图5-84所示，修改完成后如图5-85所示。

图5-84　　　　　　　　　　　　　图5-85

02 按照相同的方式，将名称"标高2"修改为"−1.350（承台顶部标高结构）"，并将高度修改为−1.350，如图5-86所示，修改完成后如图5-87所示。

图5-86　　　　　　　　　　　　　图5-87

03 选中"−1.350（承台顶部标高结构）"，待激活"修改|标高"上下文选项卡后，单击"复制"按钮，然后在选项栏中勾选"约束"和"多个"选项，接着随意单击绘图区域中的任意一点，并向上移动鼠标指针一定距离（距离无具体要求）后进行单击，即可生成新的标高，如图5-88所示，生成的"标高3"如图5-89所示。

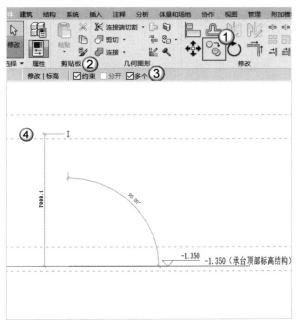

图5-88

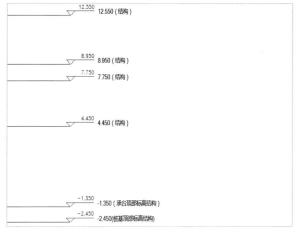

图5-89

提示

在实际工作中，使用"复制"和"阵列"工具创建标高，既方便，又能保证所有的标高是整齐的，读者也可以尝试通过新建标高命令来建立标高，比较哪种方式更好。

04 按照同样的方式生成其他标高，并按照标高1和标高2的方式为其重命名，设置完成后如图5-90所示。

图5-90

05 "桩基顶部标高结构"和"承台顶部标高结构"这两个标高的数值为负数，在建筑习惯中，一般将结构标高中±0.00以下部分的标高标头设置为下标头。选中"桩基顶部标高结构"和"承台顶部标高结构"这两个标高，然后在"属性"面板中选择标高的类型为"下标头"，如图5-91所示。

图5-91

06 下标头设置完成后，本项目的标高如图5-92所示。

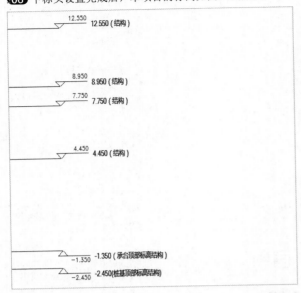

图5-92

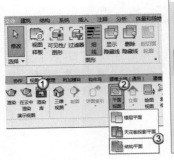

图5-93

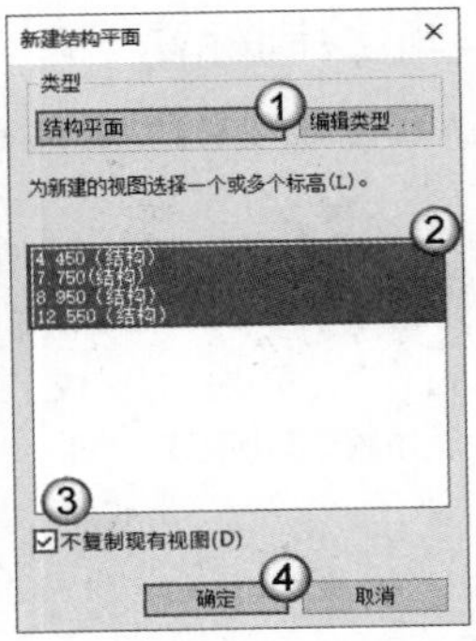

图5-94

02 设置完成后，即完成所有标高的建立，这时的每一个标高都对应了一个结构平面。在"项目浏览器"中，"结构平面"视图中已经生成了所有标高的结构平面，如图5-95所示。

图5-95

🏛 生成视图平面

01 在"视图"选项卡中，执行"平面视图>结构平面"命令，如图5-93所示。在弹出的"新建结构平面"对话框中，设置"类型"为"结构平面"，然后确保在"为新建的视图选择一个或多个标高"中选中创建的所有标高，接着勾选"不复制现有视图"选项，单击"确定"按钮，如图5-94所示。

5.2.2 轴网

轴网的建立一般在标高之后，这是因为完成标高的建立再进行轴网的建立，可以实现轴网在所有标高的平面视图中显示。

🏛 确立轴网的原则

与标高的设置要求相同，轴网的确立应结合项目的实际需求，并根据后期工作的需要进行轴网的绘制。在Revit中建立的轴网不一定和图纸中建立的轴网一致，可以在图纸的基础上根据实际需求增加相应的辅助轴网，但一般不会减少图纸中的轴网。

根据"综合楼结构施工图.dwg"查找需要设置的轴网，本项目共12张平面图。在CAD中，一般同一建筑，标高越往上，其轴网的内容会越少。为了将轴网绘制得尽可能详细，一般参照底层的平面轴网更合理。

> 📋 **提示**
> 有的平面图纸的轴号并不完整，如在本套图纸中的"标高12.550梁配筋图"和"标高12.550板配筋图"中的轴网为3~8轴和A~D轴，没有1、2轴。在大多数项目的开展过程中，为了尽可能地符合实际需求，会根据平面轴网的不同在对应标高处设置不同的轴网。笔者认为完全没有必要使用这种方式来操作，因为上部轴网只是相对于下部轴网少了一些没有必要的表达，其对应的位置不会发生变化，所以就施工效率来说，能够以一层轴线绘制整栋楼的轴网是一个既能满足要求，又能降低工作量的选择。

🏛 建立轴网的方式

在实际的操作过程中，由于轴网的复杂性，直接在Revit中绘制比较麻烦，一般将图纸文件导入或链接到模型中进行参照，并以拾取的方式进行创建。本项目配套图纸为"综合楼结构施工图.dwg"，轴网的建立需要参照其中的"桩基平面布置图"。

工具分析

根据结构图纸确定了标高后，下一步工作就是在Revit中对轴网进行设置。

❖ 轴网的创建

轴网的设置必须在相应的平面视图中，如果绘图区域并没有在平面视图下，那么可以通过"项目浏览器"切换到相应的平面轴网进行创建，如图5-96所示。

在"建筑"选项卡中单击"轴网"按钮，如图5-97所示，即可进入轴网的编辑模式。

图5-96

图5-97

在激活的"修改|放置 轴网"上下文选项卡中，可通过"绘制"选项组内的绘制工具绘制轴网，如图5-98所示。下面介绍绘制轴网常用的两种方式。

图5-98

①使用"直线"工具。绘图区域中，在同一水平线的两个位置分别进行单击可创建一条直线轴网。单击第1点确定轴网的起点，移动鼠标指针到合适的位置再次进行单击即可完成轴网的绘制，如图5-99所示。

②使用"拾取线"工具。在绘图区域内拾取参照图纸创建轴网的线段并以此来绘制轴网，如图5-100所示。

图5-99

图5-100

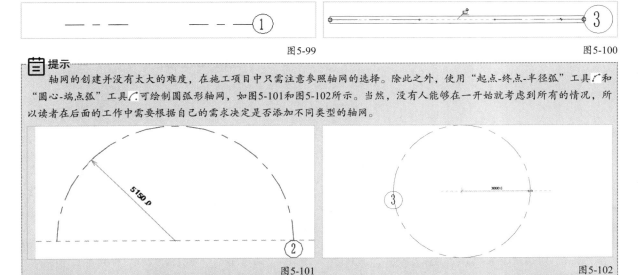

图5-101

图5-102

❖ **轴网的编辑**

轴网设置完成以后，如果需要进行修改则需要对轴网进行编辑。在绘图界面单击选择任意一根标高线，在标高相应位置会显示临时尺寸、控制符号等内容，如图5-103所示。

◆ **重要参数介绍** ◆

标头对齐线：标头对齐线保证不同轴线的两端能够对齐、新建或修改轴线，当修改一条轴网的端部位置与其他轴线在同一水平位置时，Revit会自动出现标头对齐线。当选中一条轴线时，在水平位置一致的轴线之间会出现标头对齐线。

标头位置调整：单击相应位置可以选中轴网的端头，可以对其上下移动改变位置。

隐藏/显示标头：其内容与标高中的含义一致。

临时尺寸线：当选中一条轴线时，会出现一条临时尺寸线及相应尺寸的数值，其表达的内容为选中的直线与邻近轴线的距离，修改数值内容可以修改选中轴线的位置。

添加弯头：当两条轴线靠得太近而导致内容重合时，可以通过单击相应的符号修改轴线的位置。

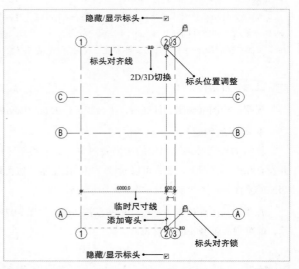

图5-103

标头对齐锁：通过单击相应按钮调整其处于锁定或解锁状态。处于锁定状态时，通过"标头位置调整"按钮改变轴线的长短，所有轴线都会进行调整；处于解锁状态时，通过"标头位置调整"按钮改变轴线的长短，仅对选中的轴线进行调整。

3D/2D切换：处于3D状态时，相应轴线内容的修改会在所有平面中进行调整；处于2D状态时，轴线内容的修改仅在当前视图中有所变化。

实训：建立轴网

素材位置	素材文件>CH05>实训：建立轴网
实例位置	实例文件>CH05>实训：建立轴网
视频名称	实训：建立轴网.mp4
学习目标	掌握在项目中建立轴网的方法

本项目建立的轴网如图5-104所示。

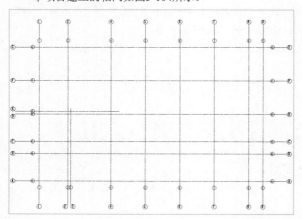

图5-104

确立轴网的原则

01 打开"素材文件>CH05>实训：建立轴网>综合楼结构施工图.dwg"，选中"桩基平面布置图"中包含轴网的平面部分，执行"带基点的复制"命令进行复制，然后按快捷键Ctrl+Shift+C并选择1轴和A轴的交点作为基点，完成轴网的复制，如图5-105所示。

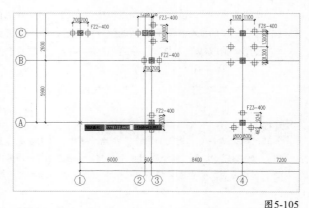

图5-105

> **提示**
> 使用"带基点的复制"命令是为了保证不同图纸能够保持在相对一致的位置。读者在进行复制的过程中可以选择其他基点，只要保证不同图纸的基点一致即可。

02 新建一个CAD文件，然后按快捷键Ctrl+V，再输入基点0，即可将相应的内容复制为以1轴和A轴的交点为基点的新图纸。清理图纸中不必要的内容，只保留轴网，清除内容后如图5-106所示。

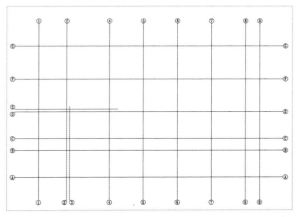

图5-106

03 完成以上操作后，图纸的截取就完成了。单击"保存"按钮📁选择合适的位置进行保存，并将文件命名为"综合楼结构轴网参照图"。

提示
导出CAD图纸时，一定要确保"文件类型"为"AutoCAD 2018图形（*.dwg）"，之后不再赘述。

导入图纸

01 打开"实例文件>CH05>实训：建立结构标高>综合楼结构标高.rvt"，切换到"−2.450（桩基顶部标高结构）"平面视图，如图5-107所示。

图5-107

02 在"插入"选项卡中单击"导入CAD"按钮🗔，选择"素材文件>CH05>实训：建立轴网>综合楼结构轴网参照图.dwg"，然后取消勾选"仅当前视图"选项，设置"导入单位"为"毫米"、"定位"为"自动-原点到原点"，单击"打开"按钮，如图5-108所示。

图5-108

提示
在实际工作中，导入图纸的过程中可能会出现很多问题，这些问题大多数都需要在AutoCAD中进行处理，如果出现导入的图纸看不见或缺失内容等情况，那么需要在AutoCAD中进行修改和调整。

03 图纸导入后，得到的效果如图5-109所示。

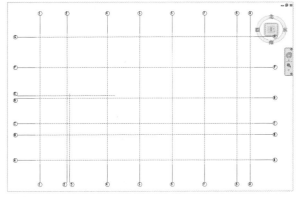

图5-109

绘制轴网

01 在"建筑"选项卡中单击"轴网"按钮，待激活"修改|放置 轴网"上下文选项卡后，选择"拾取线"工具，然后依次拾取参照图纸中的1～9轴，生成相应的轴网，如图5-110所示。

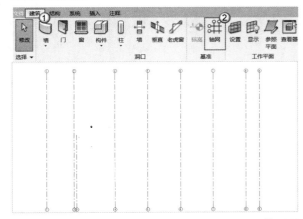

图5-110

139

02 当拾取A轴时，系统默认为10轴，如图5-111所示，因此修改轴线名称为A，如图5-112所示。

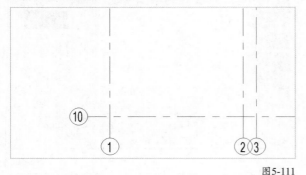

图5-111

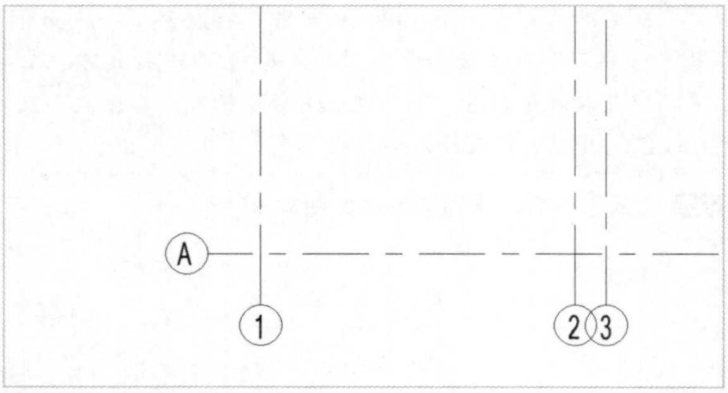

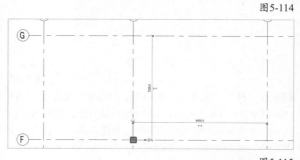

图5-112

03 拾取B~G轴，系统将默认生成相应的轴线，绘制完成的轴网如图5-113所示。

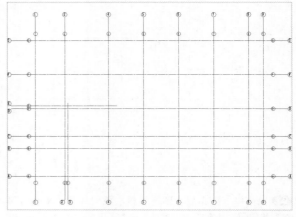

图5-113

> 📋 **提示**
>
> 绘制轴网的方式不止案例提到的这一种，鉴于实际项目的复杂性和不规则性，通过拾取的方式绘制轴网无疑是简单、快捷的方法，但是需要保证图纸所对应的轴网的准确性。读者可以尝试使用其他方法进行绘制，也可以在拾取完图纸后，根据自己的实际需求添加辅助性轴网。

5.2.3 桩基

在一般情况下，桩基一般都以相应的参数化族直接放置，一个好的参数化族能够减少工作量。本项目的桩基为系统内置的"预应力混凝土空心方桩"。

📖 参照图纸

本项目配套图纸为"综合楼结构施工图.dwg"，桩基构件需要参照其中的"桩基平面布置图"。

📖 工具分析

根据结构图纸确定了桩基的信息后，下一步工作就是在Revit中对桩基进行设置。桩基的创建命令在"结构"选项卡中，单击"独立"按钮即可，如图5-114所示。

图5-114

桩基的放置思路是"先选择，再编辑，后放置"，根据导入的图纸和轴网将参数族放置到相应的位置，族可以通过单击左键的方式放置，如图5-115所示。

图5-115

实训：搭建桩基模型

素材位置	素材文件>CH05>实训：搭建桩基模型
实例位置	实例文件>CH05>实训：搭建桩基模型
视频名称	实训：搭建桩基模型.mp4
学习目标	掌握在项目中建立桩基的方法及搭建思路

本项目建立的桩基如图5-116所示。

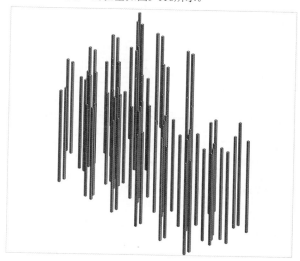

图5-116

分割图纸

01 打开"素材文件>CH05>实训：搭建桩基模型>综合楼结构施工图.dwg"，选择"桩基平面布置图"中的平面部分，使用"带基点的复制"命令进行复制，然后按快捷键Ctrl+Shift+C并选择1轴和A轴的交点作为基点，完成桩基平面的复制，如图5-117所示。

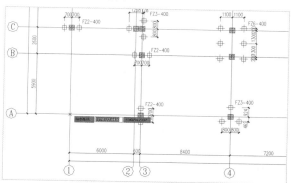

图5-117

提示

在复制"综合楼结构轴网参照图"和"综合楼桩基平面参照图"时都是以1轴和A轴的交点为基点的，若后续要复制图纸，也同样以这个位置作为基点。

02 新建一个CAD文件，然后按快捷键Ctrl+V，再输入基点0，将相应内容以1轴和A轴的交点为基点进行粘贴。清理图纸中不必要的内容，如图5-118所示。

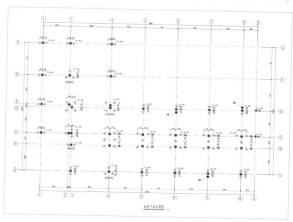

图5-118

03 完成以上操作后，图纸截取就完成了。单击"保存"按钮📄选择合适的位置进行保存，并将文件命名为"综合楼桩基平面参照图"。

导入图纸

01 打开"实例文件>CH05>实训：建立轴网>综合楼轴网.rvt"，然后切换到"−2.450（桩基顶部标高结构）"平面视图，如图5-119所示。

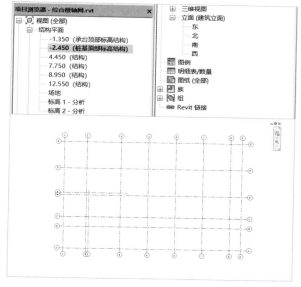

图5-119

02 在"插入"选项卡中单击"导入CAD"按钮🔗，选择"综合楼桩基平面参照图.dwg"，然后取消勾选"仅当前视图"选项，设置"导入单位"为"毫米"、"定位"为"自动-原点到原点"、"放置于"为"−2.450（桩基顶部标高结构）"，最后单击"打开"按钮，如图5-120所示。

图5-120

03 在"插入"选项卡中单击"载入族"按钮🔳，选择"素材文件>CH05>实训：搭建桩基模型>预应力混凝土方桩.rfa"，单击"打开"按钮，如图5-121所示。

图5-121

提示

族的选择决定了参数的设置规则，不同的族在参数设置的时候存在一定差异，如果读者选择其他族进行桩基的创建，那么就一定要准确了解所选择的族参数的意义，确保参数的设置符合项目的要求。

📊 绘制桩基

本项目的图纸中有"FZ1-400""FZ2-400""FZ3-400""FZ5-400""试桩1""试桩2""试桩3"7种桩基。这7种桩基分为两种类型，前面4种桩基在参数上并没有区别，后面3种试桩在参数上也是一致的。如果按照图纸中的说明细分成多种，那么无疑会加大建模的工作量，并且对现场的施工应用没有太大意义，所以这里将桩基分为"FZx-400""试桩"两种类型进行建模更符合实际需求。

❖ 绘制FZx-400

读者需要根据图纸要求搭建FZ1-400、FZ2-400、FZ3-400和FZ5-400，由于参数相同，这里只需设置一根桩基的参数。

01 先搭建1轴交G轴的FZx-400。在"结构"选项卡中单击"独立"按钮🔳，在激活的"属性"面板中选择载入的桩基类型为"预应力混凝土方桩"，桩型为FZx-400，然后设置"标高"为"−2.450（桩基顶部标高结构）"，"自标

高的高度偏移"为0，"桩长度"为24000mm，"最小预埋件"为0，如图5-122所示。

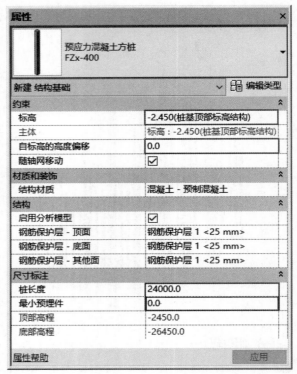

图5-122

提示

本项目的平面标高为桩的顶部标高，而桩基的族所对应的参照平面是基础的底部标高，参数"最小预埋件"对应的是构件伸入基础的高度，所以在此设置"最小预埋件"为0。

由于基础的族以顶部标高为参照，并且在4.2.1小节中决定使用基础的顶部标高作为参照标高，再加上图纸中关于桩基的标高描述直接以桩顶标高表示，因此在此设置桩基的顶部标高，而没有按照族参数的设置以基础底部标高作为参照。

02 在绘图区域中，将鼠标指针移到1轴交G轴处，即可发现鼠标指针在两根轴网之间出现临时尺寸标注，如图5-123所示。

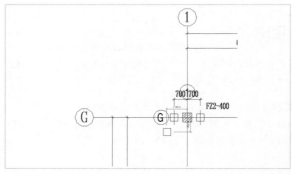

图5-123

03 相应桩基在G轴左侧，距离1轴700mm的位置。将鼠标指针移动到左侧桩基的中心位置并单击，即可完成此处桩基的放置，如图5-124所示。

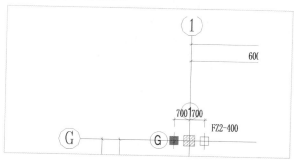

图5-124

04 按照同样的方式完成右侧桩基的放置，1轴交G轴的FZ2-400就放置完成了，如图5-125所示。

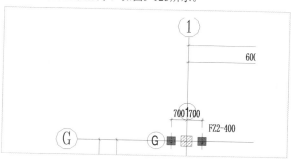

图5-125

⚒ 技术专题 桩基水平位置的调整 ·

由于操作失误，在完成了桩基的放置后，桩基的水平位置可能不在参照图纸对应的位置，如图5-126所示，因此右侧桩基所放置的位置存在问题。

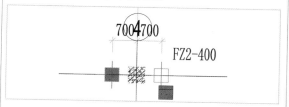

图5-126

由参照图纸可知，本桩基应该放置的位置为水平轴线中间，竖向轴线右侧700mm处。选中右侧桩基，如图5-127所示，待出现临时尺寸标注线后（桩基距离两侧轴线位的距离），修改竖向尺寸标注为0，完成后如图5-128所示。桩基在竖直方向上发生了移动，并放置在距离参照图纸的位置700mm的地方。

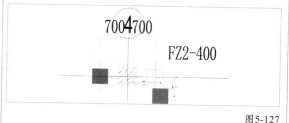

图5-127

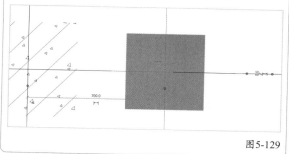

图5-128

修改水平尺寸标注为700，桩基移动到与参照图纸对应的位置，如图5-129所示。

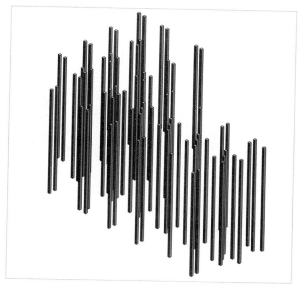

图5-129

05 按照相同的方法，在FZ1-400、FZ2-400、FZ3-400和FZ5-400处完成FZx-400桩基类型的放置，放置完成后的三维效果如图5-130所示。

图5-130

❖ 绘制试桩

读者需要根据图纸要求搭建"试桩1""试桩2""试桩3"，还需要复制一个新的族类型并修改参数。

01 单击"属性"面板中的"编辑类型"按钮，在弹出的"类型属性"对话框中单击"复制"按钮，然后将其命名为"试桩"，最后依次单击"确定"按钮。试桩的桩顶标高不同于FZx-400，因此还需要设置"最小预埋件长度"为2950，这样它的顶部高度就变为了0.500m，如图5-131所示。

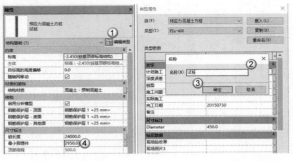

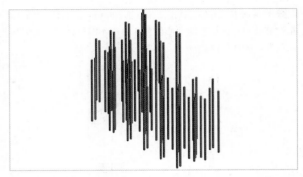

图5-131

图5-132

02 参数设置完成后，在"试桩1""试桩2""试桩3"处放置"预应力混凝土方桩 试桩"，放置完成后如图5-132所示。

> **提示**
> 不同的标高的设置和族的选择在参数的应用上存在一定的差别，如何把握标高的设置及选择合适的族参数来提高工作效率还需要读者细细体会。

5.2.4 承台

基础有多种绘制方式，对于规则的基础建议读者通过参数化族来绘制，类似上一小节中的桩基。当承台的平面形状不一致（竖直方向没有发生变化）时，为了便于后期处理，笔者建议尽量将同一类型的构件通过同一种类型的族来搭建。

📖 参照图纸

本项目配套图纸为"综合楼结构施工图.dwg"，承台构件需要参照其中的"承台结构平面布置图"。

📖 工具分析

根据结构图纸确定了承台的信息后，下一步工作就是在Revit中对承台进行设置。承台的创建命令在"结构"选项卡中，执行"结构基础：楼板"命令，如图5-133所示，即可进入承台的编辑模式。

图5-133

在激活的"修改|创建楼层边界"上下文选项卡中，可通过"绘制"选项组内的绘制工具绘制承台的形状，如图5-134所示。下面介绍绘制承台常用的两种方式。

图5-134

> **提示**
> 通过参数化族绘制承台的方式与桩基的绘制方式相同，因此此处介绍通过同一种类型的族来搭建同一类型的构件。

①选择"线"工具 ✏，根据参照图纸依次单击承台的角点绘制闭合轮廓，如图5-135所示。

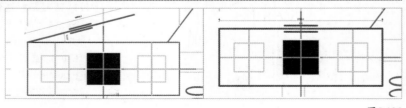

图5-135

②选择"拾取线"工具 ，根据参照图纸依次拾取参照图纸中承台的轮廓边线，如图5-136所示。

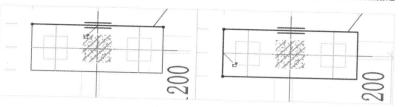

图5-136

📋 **提示**

除此之外，由于板和墙在不同结构和建筑层中所对应的厚度不同，因此板、墙都需要在"编辑部件"对话框中设置相应的厚度（更进一步可设置材质），在本书中懂得通过"编辑部件"修改对应的厚度值即可。

🖐 实训：搭建承台模型

素材位置	素材文件>CH05>实训：搭建承台模型
实例位置	实例文件>CH05>实训：搭建承台模型
视频名称	实训：搭建承台模型.mp4
学习目标	掌握在项目中搭建承台的方法及搭建思路

本项目搭建的承台模型如图5-137所示，已完成部分项目如图5-138所示。

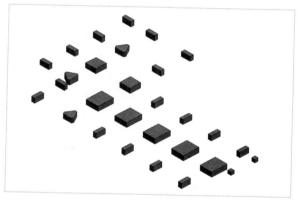

图5-137

图5-138

🏢 图纸的分割

01 打开"素材文件>CH05>实训：搭建承台模型>综合楼结构施工图.dwg"，选择"承台结构平面参照图"中的平面部分，如图5-139所示。执行"带基点的复制"命令，然后按快捷键Ctrl+Shift+C，并选择1轴和A轴的交点作为基点，完成复制操作。

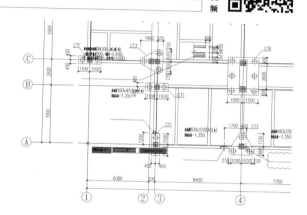

图5-139

02 新建一个CAD文件，然后按快捷键Ctrl+V，再输入基点0，将相应内容以1轴与A轴的交点为基点进行复制。清理图纸中不必要的内容，如图5-140所示。

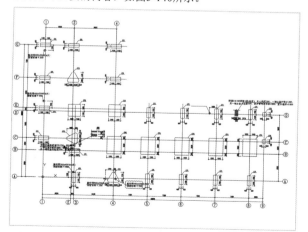

图5-140

📋 **提示**

在清理图纸部分时，能删除的部分尽量删除，因为图纸中的一些不相干的细节对Revit的运行会造成比较大的影响，所以需要读者在不影响构件模型搭建的基础上精简图纸。

03 完成以上操作后, 图纸截取就完成了。单击"保存"按钮 📳 选择合适的位置进行保存, 并将文件命名为"综合楼承台平面参照图"。

📖 导入图纸

01 打开"实例文件>CH05>实训: 搭建桩基模型>综合楼桩基.rvt", 切换到"−1.350(承台顶部标高结构)"平面视图, 如图5-141所示。

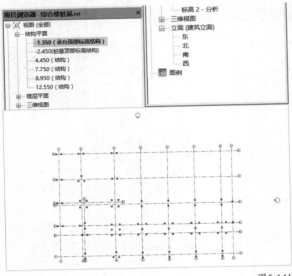

图5-141

02 在"插入"选项卡中单击"导入CAD"按钮 📳, 打开"导入CAD格式"对话框, 选择"综合楼承台结构平面参照图.dwg", 然后取消勾选"仅当前视图"选项, 设置"导入单位"为"毫米", "定位"为"自动-原点到原点", "放置于"为"−1.350(承台顶部标高结构)", 最后单击"打开"按钮, 如图5-142所示。

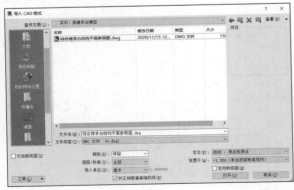

图5-142

📖 绘制承台

本项目的图纸中有CT1、CT2、CT3、CT4、CT5和CT6共6种类型的承台, 需要根据图纸要求分别对其进行设置。本项目的承台可通过编辑轮廓的方式绘制, 对于绘制不规则形状的承台来说, 使用这种方式更为方便。

❖ 绘制CT1

01 在"结构"选项卡中, 执行"结构基础: 楼板"命令, 在激活的"属性"面板中, 设置"标高"为"−1.350(承台顶部标高结构)", "自标高的高度偏移"为0, 单击"编辑类型"按钮 📳, 在弹出的"类型属性"对话框中单击"复制"按钮, 并将新类型命名为CT1, 最后单击"确定"按钮, 如图5-143所示。

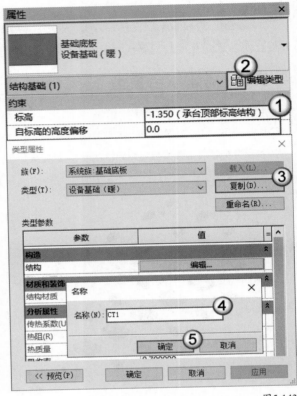

图5-143

02 在"类型属性"对话框中单击"结构"一栏的"编辑"按钮, 在弹出的"编辑部件"对话框中设置"结构"的"厚度"为1200, 依次单击"确定"按钮退出设置, 如图5-144所示。

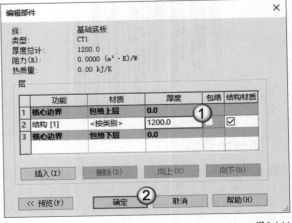

图5-144

03 在"修改|创建楼层边界"上下文选项卡中，单击"边界线"按钮，并使用"拾取线"工具绘制1轴交G轴处的CT1边线，完成CT1的轮廓绘制，最后单击"完成编辑模式"按钮，如图5-145所示，效果如图5-146所示。

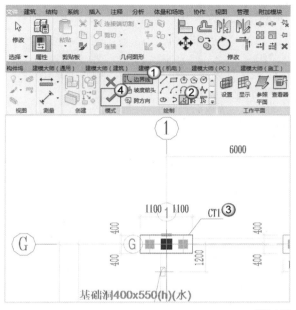

图5-145

图5-146

04 按照同样的方法完成所有CT1的绘制，三维效果如图5-147所示。

图5-147

提示
承台的绘制方法比较多，应该根据项目的实际情况选择适合的方法。

❖ **绘制CT2**

01 单击"编辑类型"按钮，在弹出的"类型属性"对话框中单击"复制"按钮，并将新类型命名为CT2，单击"确定"按钮，如图5-148所示。

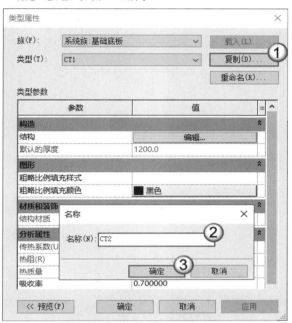

图5-148

02 在"类型属性"对话框中单击"结构"一栏的"编辑"按钮，在弹出的"编辑部件"对话框中确保"结构"的"厚度"为1200，依次单击"确定"按钮退出设置，如图5-149所示。

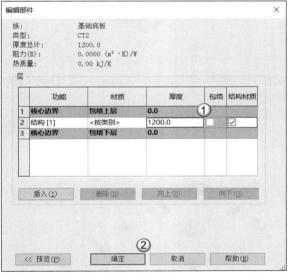

图5-149

03 在"修改|创建楼层边界"上下文选项卡中，单击"边界线"按钮，并使用"拾取线"工具绘制D轴交4轴处的CT2边线，完成CT2的轮廓绘制，最后单击"完成编辑模式"按钮，如图5-150所示，效果如图5-151所示。

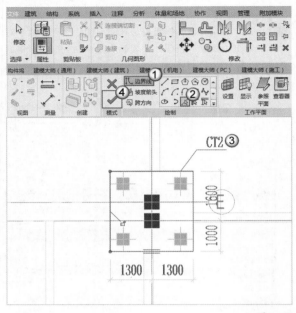

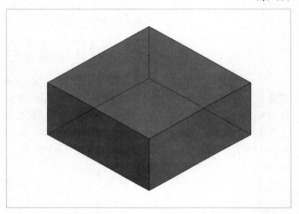

图5-151

04 按照同样的方法完成所有的CT2模型，完成后的三维效果如图5-152所示。

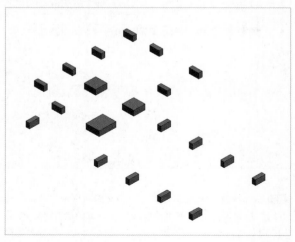

图5-152

❖ **绘制CT3**

01 单击"编辑类型"按钮，在弹出的"类型属性"对话框中单击"复制"按钮，并将新类型命名为CT3，单击"确定"按钮，如图5-153所示。

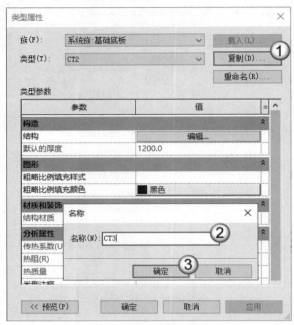

图5-153

02 在"类型属性"对话框中单击"结构"一栏的"编辑"按钮，在弹出的"编辑部件"对话框中确保"结构"的"厚度"为1200，依次单击"确定"按钮退出设置，如图5-154所示。

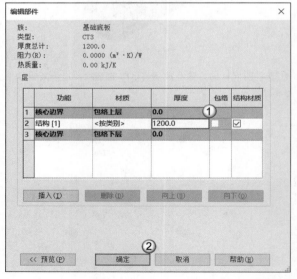

图5-154

03 在"修改|创建楼层边界"上下文选项卡中，单击"边界线"按钮，并使用"拾取线"工具绘制2轴交F轴处的CT3边线，完成CT3的轮廓绘制，最后单击"完成编辑模式"按钮，如图5-155所示，效果图如图5-156所示。

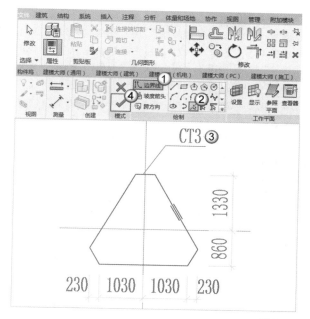

图5-155

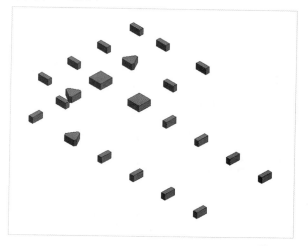

图5-156

04 按照同样的方法完成所有CT3的模型，完成后的三维效果如图5-157所示。

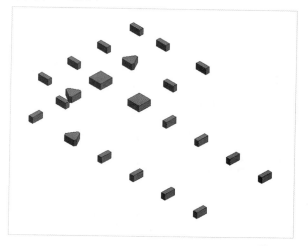

图5-157

❖ 绘制CT4

01 单击"编辑类型"按钮 ，在弹出的"类型属性"对话框中单击"复制"按钮，并将新类型命名为CT4，单击"确定"按钮，如图5-158所示。

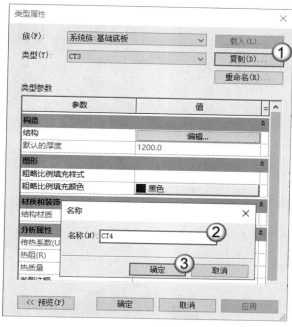

图5-158

02 在"类型属性"对话框中单击"结构"一栏的"编辑"按钮，在弹出的"编辑部件"对话框中确保"结构"的"厚度"为1200，依次单击"确定"按钮退出设置，如图5-159所示。

图5-159

03 在"修改|创建楼层边界"上下文选项卡中单击"边界线"按钮 ，并使用"拾取线"工具 绘制5轴交C轴处的CT4边线，完成CT4的轮廓绘制，最后单击"完成编辑模式"按钮 ，如图5-160所示，效果如图5-161所示。

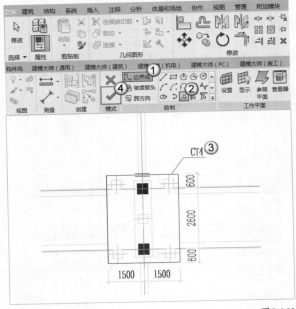

图5-160

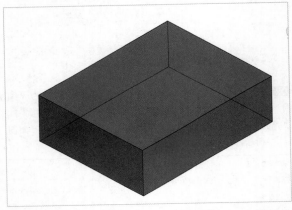

图5-161

04 按照同样的方法完成所有的CT4模型，完成后的三维效果如图5-162所示。

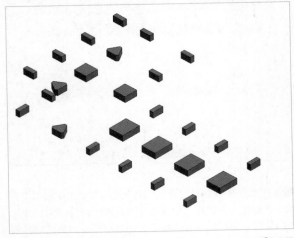

图5-162

❖ 绘制CT5

01 单击"编辑类型"按钮![按钮]，在弹出的"类型属性"对话框中单击"复制"按钮，并将新类型命名为CT5，单击"确定"按钮，然后在"属性"面板中设置"自标高的高度偏移"为-400，如图5-163所示。

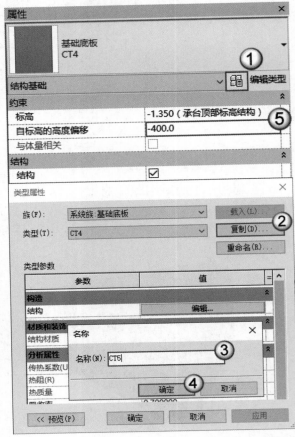

图5-163

02 在"类型属性"对话框中单击"结构"一栏的"编辑"按钮，然后在弹出的"编辑部件"对话框中设置"结构"的"厚度"为800，依次单击"确定"按钮退出设置，如图5-164所示。

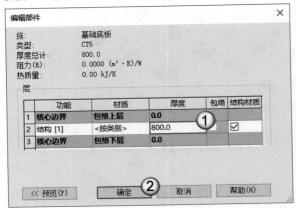

图5-164

03 在"修改|创建楼层边界"上下文选项卡中单击"边界线"按钮⼢，并使用"拾取线"工具⼁绘制9轴交D轴处的CT5边线，完成CT5的轮廓绘制，最后单击"完成编辑模式"按钮✔，如图5-165所示，效果如图5-166所示。

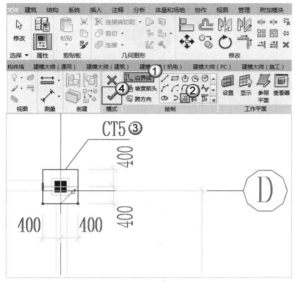

图5-165

图5-166

04 按照同样的方法完成所有CT5模型的绘制，完成后的三维效果如图5-167所示。

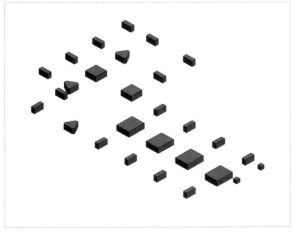

图5-167

❖ 绘制CT6

01 单击"编辑类型"按钮⾀，在弹出的"类型属性"对话框中单击"复制"按钮，并将新类型命名为CT6，单击"确定"按钮，然后在"属性"面板中设置"自标高的高度偏移"为0，如图5-168所示。

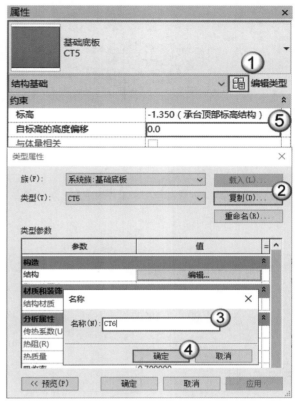

图5-168

02 单击"结构"一栏的"编辑"按钮，在弹出的"编辑部件"对话框中设置"结构"的"厚度"为1200，依次单击"确定"按钮退出设置，如图5-169所示。

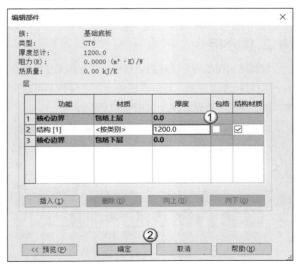

图5-169

151

03 在"修改|创建楼层边界"上下文选项卡中,单击"边界线"按钮,并使用"拾取线"工具绘制4轴交C轴处的CT6边线,完成CT6的轮廓绘制,最后单击"完成编辑模式"按钮,如图5-170所示,效果如图5-171所示。

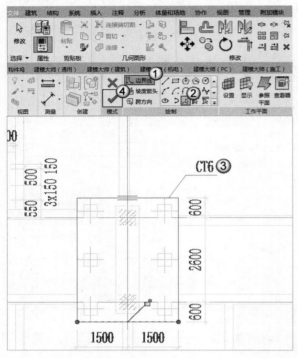

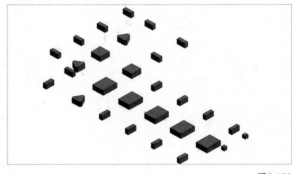

图5-171

04 按照同样的方法,完成所有CT6模型的绘制,完成后的三维效果如图5-172所示。

图5-170

图5-172

> 📋 **提示**
> 承台中需要预留给管道的洞口位置是在建筑部分进行绘制的,相应内容将在建筑模型中进行讲解。

5.2.5 柱

柱的绘制方式与桩基的绘制方式类似,一般都是通过参数化族直接放置的。本项目的柱为外部载入的"混凝土-矩形-柱"。

📖 参照图纸

本项目配套图纸为"综合楼结构施工图.dwg",柱构件需要参照其中的"基础顶~4.450柱配筋图""4.450~8.950柱配筋图""8.950~12.550柱布置图"。

📖 工具分析

根据结构图纸确定了柱的信息后,下一步工作就是在Revit中对柱进行设置。柱的创建命令在"结构"选项卡中,单击"柱"按钮即可,如图5-173所示。

柱的放置思路是"先选择,再编辑,后放置",根据导入的图纸和轴网将参数族放置到相应的位置,族可通过单击左键的方式进行放置,如图5-174所示。

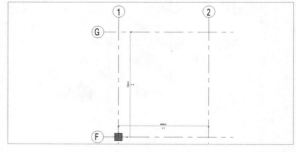

图5-173

图5-174

实训：搭建一层柱模型

素材位置	素材文件>CH05>实训：搭建一层柱模型
实例位置	实例文件>CH05>实训：搭建一层柱模型
视频名称	实训：搭建一层柱模型.mp4
学习目标	掌握在项目中搭建柱的方法及搭建思路

扫码观看视频

本项目搭建的结构柱模型如图5-175所示，已完成部分项目如图5-176所示。

图5-175

图5-176

分割图纸

01 打开"素材文件>CH05>实训：搭建一层柱模型>综合楼结构施工图.dwg，选择"基础顶~4.450柱配筋图"中的平面部分，如图5-177所示。执行"带基点的复制"命令，按快捷键Ctrl+Shift+C，并选择1轴和A轴的交点作为基点，完成复制操作。

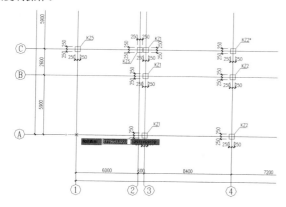

图5-177

02 新建一个CAD文件，然后按快捷键Ctrl+V，再输入基点0，将相应内容以1轴与A轴的交点为基点进行复制。清理图纸中不必要的内容，如图5-178所示。

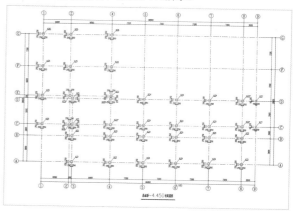

图5-178

03 完成以上操作后，图纸截取就完成了。单击"保存"按钮🖫选择合适的位置进行保存，并将文件命名为"基础顶~4.450柱配筋参照图"。

导入图纸

01 打开"实例文件>CH05>实训：搭建承台模型>综合楼承台.rvt"，切换到"4.450（结构）"平面视图或"−1.350（承台顶部标高结构）"平面视图，如图5-179所示。

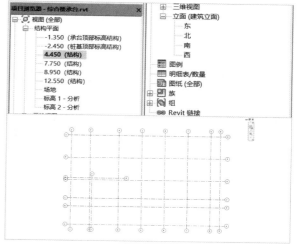

图5-179

提示

"−1.350（承台顶部标高结构）"视图和"4.450（结构）"视图都可以选择，但是由于是不同的平面，因此设置的参数会有所不同，主要看参照的是柱子的底部标高还是顶部标高。本项目以柱子的顶部标高作为参照。

02 在"插入"选项卡中单击"导入CAD"按钮 ，打开"导入CAD格式"对话框，选择"基础顶~4.450柱配筋参照图.dwg"，然后取消勾选"仅当前视图"选项，设置"导入单位"为"毫米"，"定位"为"自动-原点到原点"，"放置于"为"4.450（结构）"，单击"打开"按钮，如图5-180所示。

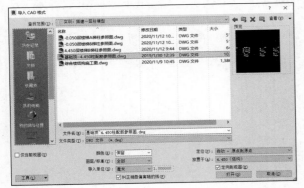

图5-180

03 在"插入"选项卡中单击"载入族"按钮 ，打开"载入族"对话框，选择"素材文件>CH05>混凝土-矩形-柱.rfa"，单击"打开"按钮，如图5-181所示。

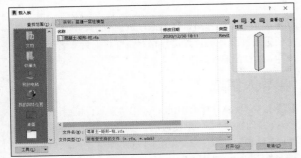

图5-181

绘制柱

读者需根据图纸要求绘制KZ1、KZ2、KZ3、KZ4、KZ5、KZ6、KZ7和TZ，柱的绘制方式与桩基的绘制方式类似。

❖ 绘制KZ1

01 在"结构"选项卡中单击"柱"按钮 ，然后在激活的"属性"面板中选择载入的"混凝土-矩形-柱"。单击"编辑类型"按钮 ，在弹出的"类型属性"对话框中单击"复制"按钮，并将复制的柱类型命名为KZ1，接着设置b为500，h为500，最后单击"确定"按钮，如图5-182所示。

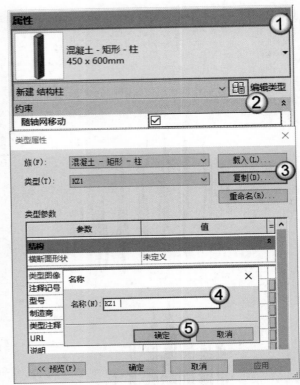

图5-182

02 找到平面图纸中KZ1对应的位置，先放置3轴交A轴处的KZ1。保持结构柱处于绘制状态，然后在选项栏中设置"深度"为"-1.35（承台顶部标高结构）"，将鼠标指针移动到图纸中对应的结构柱的中心位置，待捕捉到中心点后进行单击，如图5-183所示，放置完成后如图5-184所示。

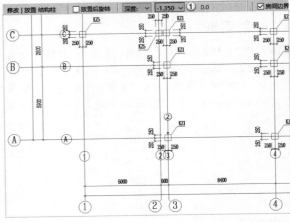

图5-183

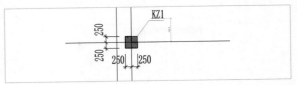

图5-184

03 按照相同的方法，依次完成本张图纸中所有的KZ1，效果如图5-185所示。

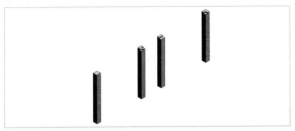

图5-185

✕ 技术专题 结构柱的位置调整 •

如果操作失误，完成了柱子的放置后，柱子的水平位置可能不在参照图纸所对应的位置，如图5-186所示，因此1轴交G轴的KZ5与图纸不符。

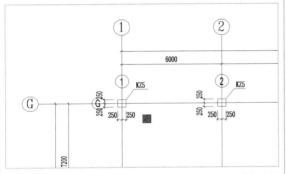

图5-186

放置完成后，可通过"修改|结构柱"上下文选项卡中的"移动"工具✛对结构柱的水平位置进行调整。单击"移动"按钮✛，捕捉结构柱的中心位置单击，然后将鼠标指针移动到图纸位置时再次单击即可完成水平位置的调整，如图5-187所示，调整后效果如图5-188所示。

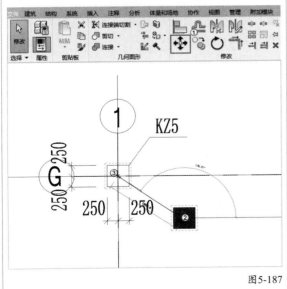

图5-187

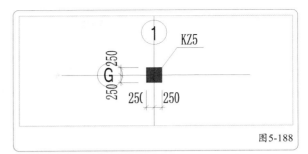

图5-188

04 在"属性"面板中，继续设置柱子的属性，建立KZ2~KZ7，并调整相关信息。

设置步骤

①复制一个新类型，并将其命名为KZ2，如图5-189所示。

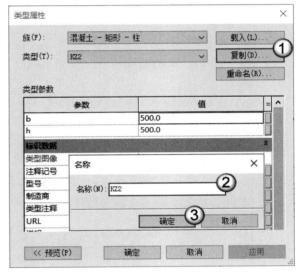

图5-189

②复制一个新类型，并将其命名为KZ3，如图5-190所示。

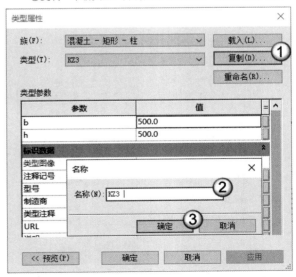

图5-190

③复制一个新类型，并将其命名为KZ4，如图5-191所示。

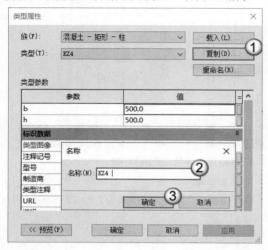

图5-191

④复制一个新类型，并将其命名为KZ5，如图5-192所示。

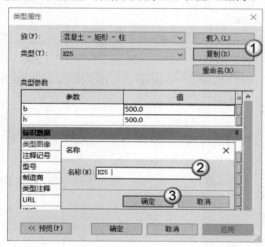

图5-192

⑤复制一个新类型，并将其命名为KZ6，如图5-193所示。

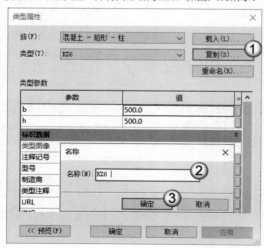

图5-193

⑥复制一个新类型，并将其命名为KZ7，然后设置b为300，h为300，如图5-194所示。

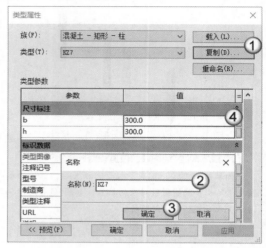

图5-194

{05} 其他结构柱的放置方式和KZ1一样，读者可参照KZ1的方法按照图纸位置依次放置所有框架柱，放置完成后的效果如图5-195所示。

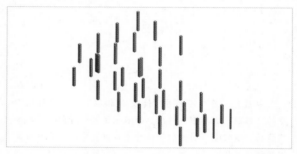

图5-195

❖ 绘制TZ

{01} 复制一个新类型，并将其命名为TZ1，然后设置b为200，h为300，如图5-196所示。

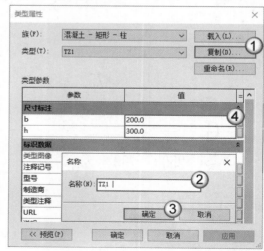

图5-196

02 按照结构楼梯详图中所标注的TZ的位置，将其放置到相应的地方，放置完成后的三维效果如图5-197所示。

图5-197

调整柱的标高

柱子的底部高程和顶部高程全部一致，高度均为−1.350m~4.450m，读者需要根据图纸要求修改柱子的标高，这里需要调整标高的结构柱为KZ7和TZ。

❖ 修改KZ7

由上一小节承台模型可知，CT5的顶部高程为−1.750m，而CT5共有两个，上部均有两根KZ7结构柱。同时选中项目模型中的两根KZ7（未选中的柱仅做修改前后的对比），然后在"属性"面板中设置"底部偏移"为−400，如图5-198所示，修改完KZ7结构柱的底部标高后，效果如图5-199所示。

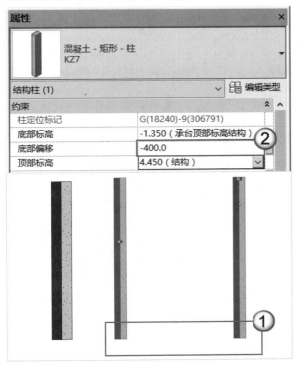

图5-198

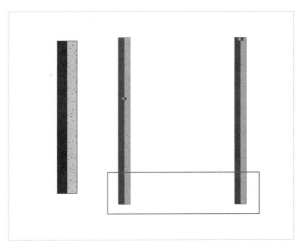

图5-199

提示

结构柱的底部标高一般为基础顶部，读者在进行实际项目时要注意基础顶部的实际标高，大多数项目中都存在基础标高的变化，如KZ7需要通过相应的偏移来调整结构柱底部标高与基础顶部标高的一致性。如有必要，基础底部标高可以设置多个参照。

❖ 修改TZ

在一层综合楼模型中，楼梯A和楼梯B共有6根梯柱，如图5-200和图5-201所示。底部高程不变，顶部高程由楼梯详图可知，除楼梯A中C轴上的TZ1顶部高程为−50mm，其他梯柱的顶部高程均为2220mm，按照KZ7的方法对标高进行修改即可。

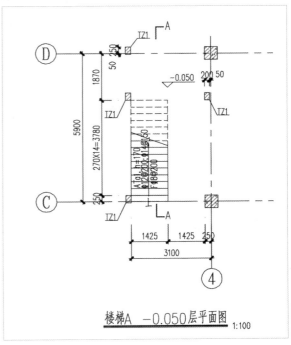

楼梯A −0.050层平面图 1:100

图5-200

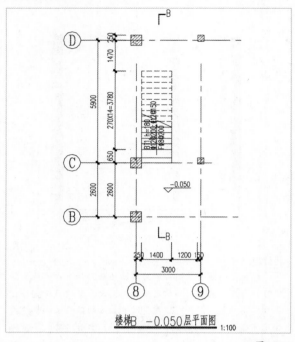

图5-201

01 同时选中项目模型中的梯柱（图中有部分柱重叠，且未选中的柱仅做修改前后的对比），然后在"属性"面板中设置"顶部标高"为"4.450（结构）"，"顶部偏移"为-2230，如图5-202所示。

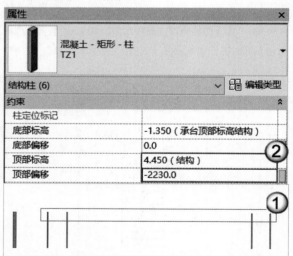

图5-202

02 结构柱KZ7的底部标高修改完成后，效果如图5-203所示。

图5-203

03 选中楼梯A中C轴上的TZ1，修改"顶部标高"为"-1.350（承台顶部标高结构）"，"顶部偏移"为1300，如图5-204所示。

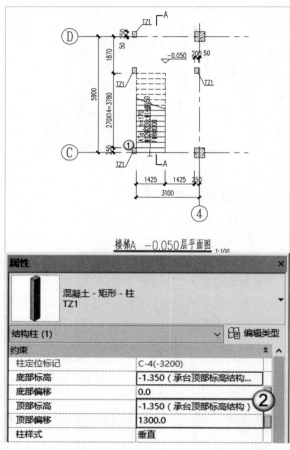

图5-204

04 本层的柱模型搭建完成，最终效果如图5-205所示。

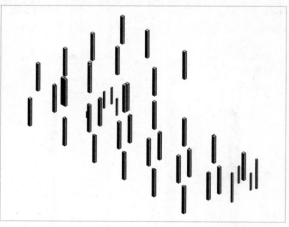

图5-205

提示

结合施工的实际情况，结构柱应该进行分层处理。本项目柱表中对结构柱进行了比较好的分层处理，读者在其他项目中要注意竖向构件的分层。

练习：搭建二、三层柱模型

素材位置	素材文件>CH05>练习：搭建二、三层柱模型
实例位置	实例文件>CH05>练习：搭建二、三层柱模型
视频名称	练习：搭建二、三层柱模型.mp4

效果展示

本项目练习的二、三层柱模型如图5-206和图5-207所示，已完成部分项目如图5-208所示。

图5-206

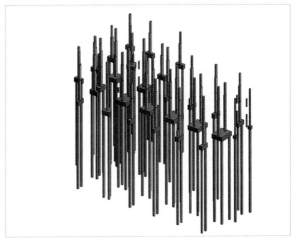
图5-208

任务说明

（1）在"7.750（结构）"平面视图中，完成图纸"标高8.950柱配筋图"中顶部高度为7.750的结构柱模型；在"8.950（结构）"平面视图中，完成图纸"标高8.950柱配筋图"中顶部高度为8.950的结构柱模型。

（2）在"12.550（结构）"平面视图中，完成图纸"标高12.550柱配筋图"中顶部高度为12.550的结构柱模型。

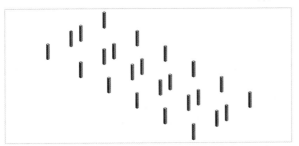
图5-207

5.2.6 梁

在实际工作中，完成承台模型的搭建之后应当进行承台拉梁的工作。由于承台拉梁和结构梁在操作上类似，为了统一进行介绍，本书将其一同进行绘制。本项目的梁为外部载入的"混凝土-矩形梁"。

参照图纸

本项目配套图纸为"综合楼结构施工图.dwg"，梁构件需要参照其中的"承台拉梁配筋图""标高4.450梁配筋图""标高8.950梁配筋图""标高12.550梁配筋图"。

工具分析

根据结构图纸确定了承台拉梁和结构梁的信息后，下一步工作就是在Revit中对梁进行设置。梁的创建命令在"结构"选项卡中，单击"梁"按钮即可，如图5-209所示。

图5-209

梁的放置思路依旧是"先选择，再编辑，后放置"，根据导入的图纸和轴网将参数族放置到相应的位置，族可通过依次单击梁的起点和终点进行放置，如图5-210所示。

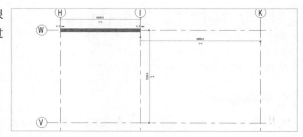

图5-210

实训：搭建承台拉梁与一层框架梁模型

素材位置	素材文件>CH05>实训：搭建承台拉梁与一层框架梁模型
实例位置	实例文件>CH05>实训：搭建承台拉梁与一层框架梁模型
视频名称	实训：搭建承台拉梁与一层框架梁模型.mp4
学习目标	掌握在项目中搭建梁的方法及搭建思路

本项目搭建的承台拉梁模型和一层框架梁模型分别如图5-211和图5-212所示，已完成项目部分如图5-213所示。

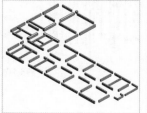

图5-211

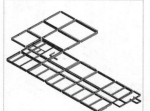

图5-212

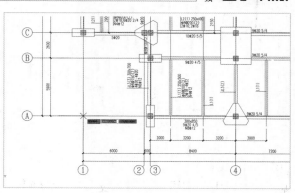

图5-214

02 新建一个CAD文件，然后按快捷键Ctrl+V，再输入基点(0,0)，将相应内容以1轴和A轴的交点为基点进行复制。清理图纸中不必要的内容，如图5-215所示。

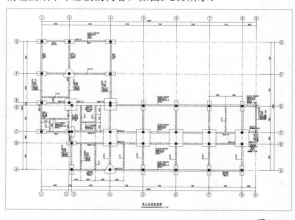

图5-215

提示

清除"承台拉梁配筋图"中的内容时，可以看到承台的内容并没有被清除。保留承台部分可作为梁端的参照，读者在操作过程中可以清除相应的内容。

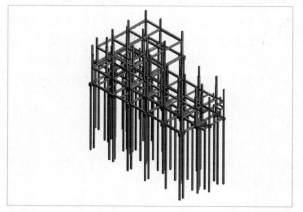

图5-213

工具分析

梁的图纸是所有结构图纸中文字描述最多的部分，而且大部分内容为梁的钢筋信息。分割截取图纸后在Revit中根据图纸进行绘制会大大加快梁的模型搭建速度。

❖ 承台拉梁

01 打开"素材文件>CH05>实训：搭建承台拉梁与一层框架梁模型>综合楼结构施工图.dwg"，选择"承台拉梁配筋图"中的平面部分，如图5-214所示。执行"带基点的复制"命令，按快捷键Ctrl+Shift+C，并选择1轴和A轴的交点作为基点，完成复制操作。

03 完成以上操作后，图纸截取就完成了。单击"保存"按钮 选择合适的位置进行保存，并将其命名为"承台拉梁配筋参照图"。

❖ 结构梁

01 打开"素材文件>CH05>实训：搭建承台拉梁与一层框架梁模型>综合楼结构施工图.dwg"，选择"标高4.450梁配筋图"中的平面部分，如图5-216所示。执行"带基点的复制"命令，按快捷键Ctrl+Shift+C，并选择1轴和A轴的交点作为基点，完成复制操作。

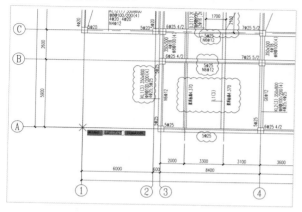

图5-216

02 新建一个CAD文件，然后按快捷键Ctrl+V，再输入基点(0,0)，将相应内容以1轴和A轴的交点为基点进行复制。清理图纸中不必要的内容，如图5-217所示。

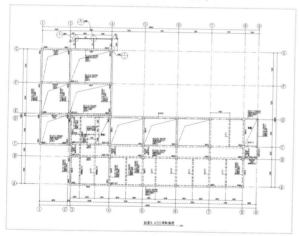

图5-217

03 完成以上操作后，图纸截取就完成了。单击"保存"按钮 选择合适的位置进行保存，并将文件命名为"标高4.450梁配筋参照图"。

> **提示**
>
> 虽然在现阶段一般不会对钢筋模型进行搭建，但是由于梁的集中标注中有尺寸和标高等相关内容，因此难以单独清除钢筋部分。如果想单独清除钢筋部分，那么会花费很大的精力。为了提高效率，这里选择保留钢筋部分。
>
> 钢筋部分和原位标注的尺寸在一个图层，如果在设计阶段能够区分图层，并删除相应的钢筋内容，将有利于工作的顺利开展。如果读者对CAD有更深入的了解，也可以尝试使用更好的方法来清理图纸中的钢筋部分。

📖 导入图纸

将分割的承台拉梁和底层梁图纸依次导入Revit中。

❖ 导入承台拉梁

01 打开"实例文件>CH05>练习：搭建二、三层柱模型>综合楼的柱.rvt"，切换到"-1.350（承台顶部标高结构）"平面视图，如图5-218所示。

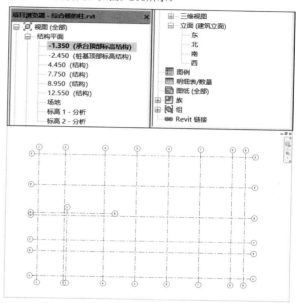

图5-218

02 在"插入"选项卡中单击"导入CAD"按钮 ，打开"导入CAD格式"对话框，选择"承台拉梁配筋参照图.dwg"，然后取消勾选"仅当前视图"选项，设置"导入单位"为"毫米"，"定位"为"自动-原点到原点"，"放置于"为"-1.350（承台顶部标高结构）"，单击"打开"按钮，如图5-219所示。

图5-219

> **提示**
>
> 在Revit中，梁的高度一般指梁的顶部标高，所以在导入图纸时可直接导入梁顶标高的高度。

❖ 导入底层结构梁

01 切换到"4.450（结构）"平面视图，如图5-220所示。

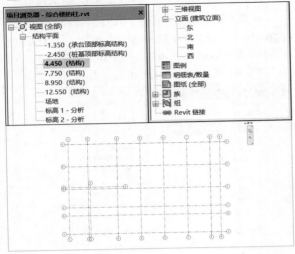

图5-220

02 在"插入"选项卡中单击"导入CAD"按钮🔜，在弹出的对话框中选择"标高4.450梁配筋参照图.dwg"，然后取消勾选"仅当前视图"选项，设置"导入单位"为"毫米"，"定位"为"自动-原点到原点"，"放置于"为"4.450（结构）"，单击"打开"按钮，如图5-221所示。

图5-221

03 在"插入"选项卡中单击"载入族"按钮🔜，在弹出的对话框中选择"素材文件>CH05>实训：搭建承台拉梁与一层框架梁模型>混凝土-矩形梁.rfa"，单击"打开"按钮，如图5-222所示。

图5-222

🏢 绘制梁

读者需要根据图纸要求搭建承台拉梁和结构梁，梁的绘制方式比较简单，但是需要绘制的数量较多，因此这里只需掌握方法，根据导入的图纸即可快速完成绘制。

❖ 承台拉梁

在项目中的承台拉梁是按照集中标注完成绘制的，在有尺寸变化的原位标注处直接复制新的类型进行替换，在有标高变化的地方则通过修改其高度偏移值进行调整。

01 先绘制1轴、4轴交G轴处的JL9。在"结构"选项卡中单击"梁"按钮🔜，待激活"属性"面板后选择载入的"混凝土-矩形梁"族，然后设置"参照标高"为"-1.350（承台顶部标高结构）"，"Z轴偏移值"为0。单击"编辑类型"按钮🔜，在弹出的"类型属性"对话框中单击"复制"按钮，并将其命名为JL9(2)300×750，接着设置b为300，h为750，如图5-223所示。

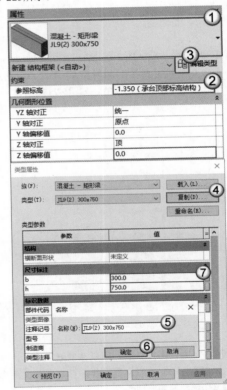

图5-223

📋 **提示**

结构梁的命名过于详细会大大拖延模型搭建的进度，但是如果模型的命名不严谨，也会对后期的应用产生一定影响。至于如何设置，读者应当就具体项目具体对待。在本项目中，为了更好地实施教学，因此选择了比较严谨的命名方式。

结构图纸中的名称有很大一部分是用于区别钢筋配置，在不绘制钢筋的情况下，完全可以通过尺寸来命名，这样相同尺寸的梁就可以为同一种类型。

02 参数定义完成后，依次单击2轴与G轴的交点和4轴与G轴的交点，完成跨梁的绘制，如图5-224所示。

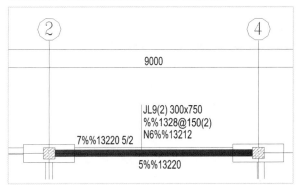

图5-224

03 这时发现绘制的梁的水平位置与图纸不一致，需要对梁的水平位置进行调整。保持梁处于选中状态，在"修改|结构框架"上下文选项卡中使用"对齐"工具，并依次单击图纸中的梁边线和绘制的结构梁边线，如图5-225所示，完成水平位置的调整后如图5-226所示。

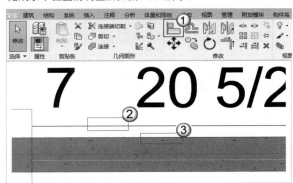

图5-225

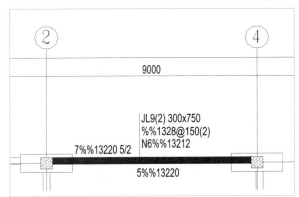

图5-226

> **提示**
> 将鼠标指针放置于边线附近，系统会自动捕捉线条，如果捕捉不到，那么可按Tab键来切换捕捉内容。

04 由于1轴、2轴交G轴之间的原位标注为300×700，因此还需要复制一个新类型，并将其命名为JL9(2)300×700，接着设置b为300，h为700，如图5-227所示。

图5-227

05 依次单击1轴与G轴的交点和2轴与G轴的交点完成本跨梁的绘制，如图5-228所示，这时JL9才算绘制完成。

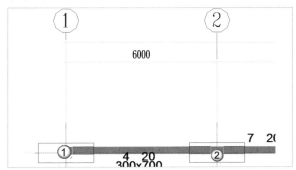

图5-228

06 JL9中出现了尺寸发生变化的原位标注。在绘制结构梁的过程中，还有一种情况是标高发生变化的原位标注，在C轴、D轴交9轴处的JL4就需要调整高度。由图纸可知JL4的顶标高为−1.600m，而此时的参照标高为"−1.350（承台顶部标高结构）"，所以此处的承台梁高度有所变化。按照JL9的绘制方法绘制JL4（未选中的柱仅做修改前后的对比），如图5-229所示。

图5-229

07 选中绘制完成的JL4（未选中的柱仅做修改前后的对比），在"属性"面板中修改"Z轴偏移值"为−250，如图5-230所示。

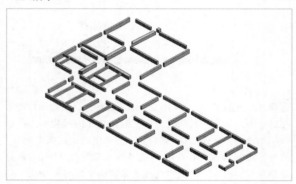

图5-230

08 按照同样的思路完成所有基础梁模型的搭建，如图5-231所示。

图5-231

📋 **提示**

读者应牢记梁的绘制思路。梁部分的内容是结构中较为复杂的部位，特别是在大型项目中，会遇到梁的种类较多、形状复杂，并且标高基本不一致的情况。读者应根据项目的实际情况确定梁的命名规则及绘图顺序等问题，确保绘制的梁不会发生错误。

❖ **结构梁**

结构梁的绘制方法与基础拉梁的绘制方法类似。

01 先绘制1轴、4轴交G轴处的KL15。在"结构"选项卡中，单击"梁"按钮，待激活"属性"面板后，选择梁的类型为"混凝土-矩形梁"，然后设置"参照标高"为"4.450（结构）"，"Z轴偏移值"为0。单击"编辑类型"按钮，在弹出的"类型属性"对话框中单击"复制"按钮，并将其命名为KL15（2）350×850，接着设置b为350，h为850，如图5-232所示。

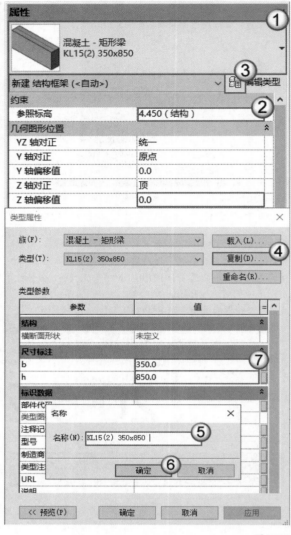

图5-232

02 参数定义完成后，依次单击2轴与G轴的交点和4轴与G轴的交点，完成跨梁的绘制，如图5-233所示。

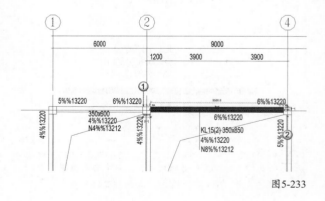

图5-233

03 由于1轴、2轴交G轴之间的原位标注为350×600，因此复制一个新类型，并将其命名为KL15(2)350×600，接着设置b为350，h为600，如图5-234所示。

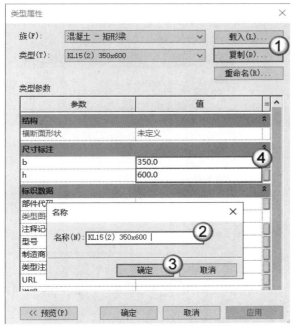

图5-234

04 依次单击1轴与G轴的交点和2轴与G轴的交点完成本跨梁的绘制，如图5-235所示，这时KL15才算绘制完成。

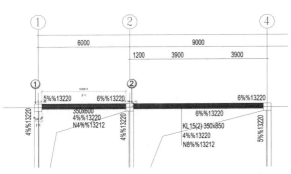

图5-235

05 在A轴、B轴交3轴、4轴之间有两根梁需要调整高度。由图5-236所示内容可知这两根梁的顶标高为4.370m，而此时的参照标高为"4.450（结构）"，所以此处的承台梁高度有所变化。

图5-236

06 按照KL15的绘制方法绘制同类型的其他结构梁，然后选中标高有变化的梁，接着在"属性"面板中修改"Z轴偏移值"为-80，如图5-237所示，修改后的效果如图5-238所示。

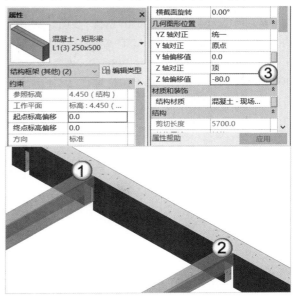

图5-237

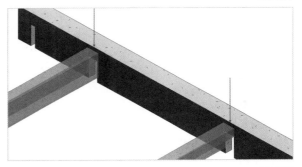

图5-238

07 按照同样的绘制思路完成本层所有结构梁模型的搭建，完成后的效果如图5-239所示。

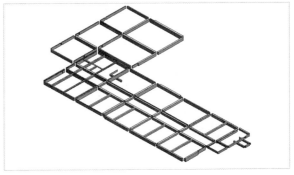

图5-239

> 📑 **提示**
>
> 搭建结构梁模型时，应将跨与跨之间分开，这样有利于后期的操作。另外，结构梁的原位标注的尺寸变化和高度变化需要读者在操作的过程中多加留意，以防出错。

绘制梯梁

本项目的梯梁类型较少，这里将搭建一层的梯梁模型。梯梁数量较少，类型单一，因此本项目中不考虑通过导入图纸进行绘制，而是直接进行绘制。由图5-240所示内容可知，在楼梯A剖面图中标高−0.500与C轴相交处有一个TL1*，其对应的位置为1号详图索引，内容与楼梯下部延伸的部分重合，在操作的过程中可归属为结构楼梯部分，在此不进行绘制。

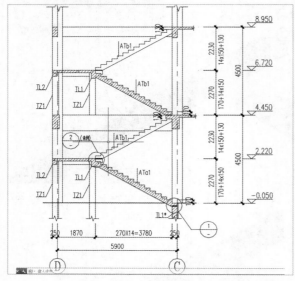

图5-240

由上图楼梯A剖面图可知，底层楼梯梯梁在标高2.220处，结合图5-241所示的"4.450层平面图"可知，其楼梯在标高2.220处共有4根梯梁，分别为一根TL1、一根TL2和两根LT3。根据楼梯详图中的详图标注可知尺寸皆为400×200。由于尺寸一致，区分为TL1、TL2和LT3会加大工作量且无太大的意义，所以在此统一设置为TL。

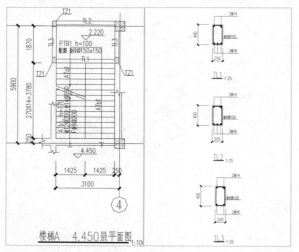

楼梯A 4.450层平面图 1:100

图5-241

01 先绘制D轴交4轴处的TL3。在"结构"选项卡中单击"梁"按钮，待激活"属性"面板后选择载入的"混凝土-矩形梁"族，然后设置"参照标高"为"4.450（结构）"，"Z轴偏移值"为−2230。单击"编辑类型"按钮，在弹出的"类型属性"对话框中单击"复制"按钮，并将名称设为TL200*400，接着设置b为200，h为400，如图5-242所示。

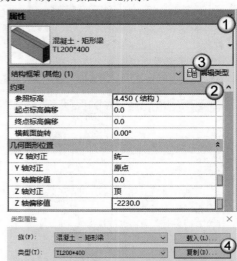

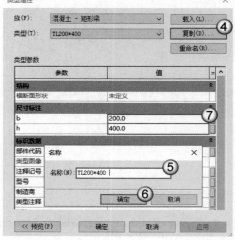

图5-242

02 参数定义完成后，通过项目浏览器转换视图到"4.450（结构）"，调整绘图区域到4轴交D轴处，如图5-243所示。

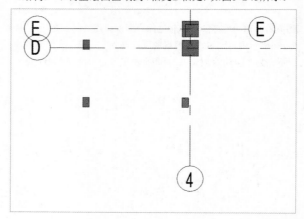

图5-243

03 由楼梯详图中的"4.450层平面图"可知，TL3上方与TZ1和结构柱平齐，依次单击D轴与4轴处的TZ和结构柱，完成梯梁的绘制，如图5-244所示，三维效果如图5-245所示。

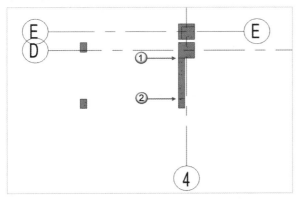

图5-244

图5-245

04 完成该楼梯处所有梯梁的绘制，如图5-246所示。

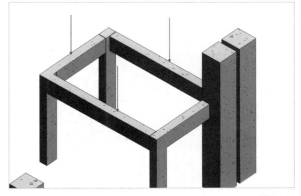

图5-246

📋 **提示**

　　在本项目中，梯梁的尺寸没有变化，所有的梯梁高度一致，因此不需另外对梁的参数进行修改。

05 本项目的楼梯有两处，按照同样的方式参照楼梯详图完成本层所有梁模型的搭建，完成后的效果如图5-247所示。

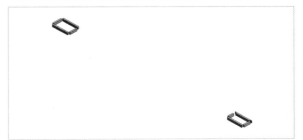

图5-247

📑 练习：搭建二、三层梁模型

素材位置	素材文件>CH05>练习：搭建二、三层梁模型
实例位置	实例文件>CH05>练习：搭建二、三层梁模型
视频名称	练习：搭建二、三层梁模型.mp4

🏢 效果展示

　　本项目练习的二、三层梁模型如图5-248和图5-249所示，已完成项目部分如图5-250所示。

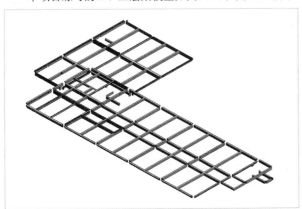

图5-248

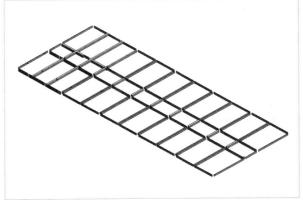

图5-249

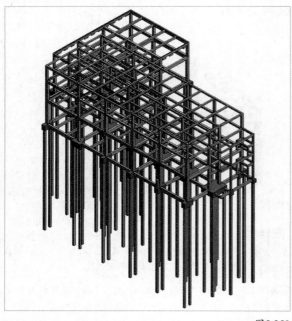

图5-250

📖 任务说明

（1）在"8.950（结构）"平面视图中，完成图纸"标高8.950梁配筋图"中非阴影部分的结构；在"7.750（结构）"平面视图中，完成图纸"标高8.950梁配筋图"中阴影部分的结构梁；在"8.950（结构）"平面视图中，完成二层梯梁的绘制。

（2）在"12.550（结构）"平面视图中，完成图纸"标高12.550梁配筋图"中的结构梁。

📋 提示

"标高12.550梁配筋图"图纸中没有1轴，如图5-251所示。

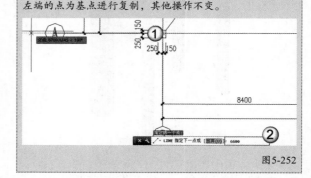

8.950~12.550柱布置图

图5-251

由图纸"标高8.950梁配筋图"可以看出1轴与3轴的距离为6600mm。在AutoCAD中，使用"直线"工具，然后在3轴与A轴的交点处向左水平绘制一段距离为6600的线段，如图5-252所示。绘制完成后，在复制图纸时就可以以线段左端的点为基点进行复制，其他操作不变。

图5-252

5.2.7 板

板的模型搭建一般不需要载入参数化族，直接通过Revit中的系统族调整就可以布置了。

📖 参照图纸

本项目配套图纸为"综合楼结构施工图.dwg"，板构件需要参照其中的"标高4.450板配筋图""标高8.950板配筋图""标高12.550板配筋图"。

📖 工具分析

根据结构图纸确定了板的放置位置后，下一步工作就是在Revit中对板进行设置。除此之外，在工程项目中，除了搭建各个楼层的楼板，还需要为楼板开洞。

❖ **绘制楼板的工具**

板的创建命令在"结构"选项卡中，执行"楼板>楼板：结构"命令即可，如图5-253所示。

图5-253

❖ **绘制洞口的方法**

楼板绘制完成后，下一步工作就是在Revit中对楼板开洞，有编辑楼板边界和编辑洞口两种方式。

编辑楼板边界

通过编辑楼板的边界为楼板开洞需要使楼板处于选中状态，待激活"修改|楼板"上下文选项卡后，单击"编辑边界"按钮，如图5-254所示，即可进入楼板边界的编辑模式。

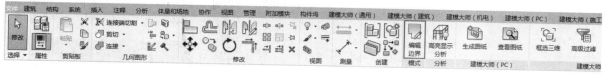

图5-254

在激活的"修改|编辑边界"上下文选项卡中，绘制的楼板变为仅包含边界线的轮廓线，如图5-255所示。通过"绘制"选项组中的工具可以在边界内部绘制洞口的轮廓，同时确保绘制的轮廓为闭合形状，最后单击"完成编辑模式"按钮，如图5-256所示，其三维效果如图5-257所示。

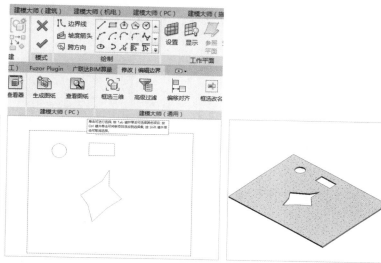

图5-255　　　　　　　　　　　　图5-256　　　　　　　　　　　　图5-257

编辑洞口

在"建筑"选项卡中，单击"按面"按钮，然后选中该楼板的表面，如图5-258所示，即可进入洞口边界的编辑模式。

与通过楼板的编辑边界命令绘制洞口的方式相同，编辑洞口也是通过"绘制"栏中的工具在边界内部绘制洞口的轮廓。与另一种创建洞口的方式不同的是，该命令还可以在楼板外或与楼板相交的地方绘制洞口，如图5-259所示。只要洞口与楼板发生交集，两者相交的部位就会被剪切为洞口。

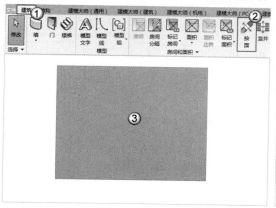

图5-258

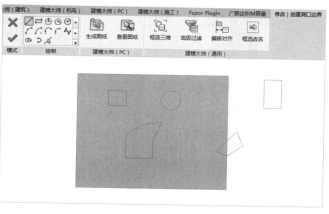

图5-259

在"修改|创建洞口边界"上下文选项卡中单击"完成编辑模式"按钮✔，完成楼板洞口的绘制，如图5-260所示。

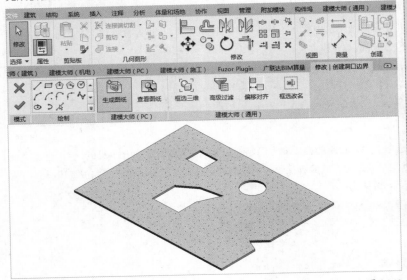

图5-260

提示

通过编辑洞口绘制的板洞可以随意地移动，因此也就容易对洞口的位置产生误操作，如图5-261所示。当然，这种绘制方式的优势也是显而易见的，它可以单独对洞口进行统计，所以读者需要综合项目的实际情况选择合适的命令。

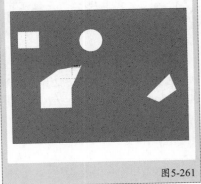

图5-261

实训：搭建一层板模型

素材位置	素材文件>CH05>实训：搭建一层板模型
实例位置	实例文件>CH05>实训：搭建一层板模型
视频名称	实训：搭建一层板模型.mp4
学习目标	掌握在项目中搭建板的方法及搭建思路

扫码观看视频

本项目搭建的板模型如图5-262所示，已完成项目部分如图5-263所示。

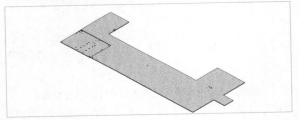

图5-262

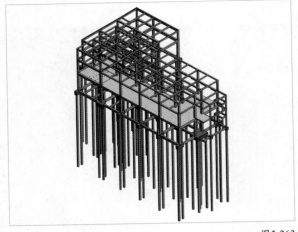

图5-263

提示

由于楼板模型中的详图部分较为复杂，因此将在"详图构件"小节中单独进行讲解。

分割图纸

01 打开"素材文件>CH05>实训：搭建一层板模型>综合楼结构施工图.dwg"，选择"标高4.450板配筋图"中的平面部分，如图5-264所示。执行"带基点的复制"命令，按快捷键Ctrl+Shift+C，并选择1轴和A轴的交点作为基点，完成复制操作。

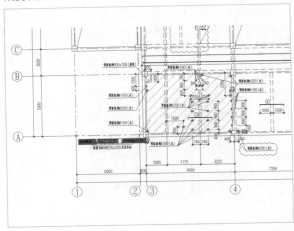

图5-264

02 新建一个CAD文件，然后按快捷键Ctrl+V，再输入基点0，将相应内容以1轴和A轴的交点为基点进行复制。清理图纸中不必要的内容，如图5-265所示。

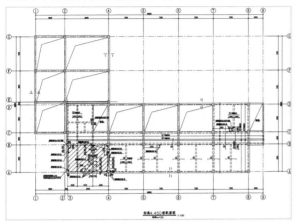

图5-265

03 完成以上操作后，图纸截取就完成了。单击"保存"按钮■选择合适的位置进行保存，并将文件命名为"标高4.450板配筋参照图"。

> 📑 **提示**
> 从截图中可以看到并没有去掉梁的内容，笔者保留相应内容主要是考虑到将其作为梁端的参照使用。

🏢 导入图纸

01 打开"实例文件>CH05>练习：搭建二、三层梁模型>综合楼的梁.rvt"，切换到"4.450（结构）"平面视图，如图5-266所示。

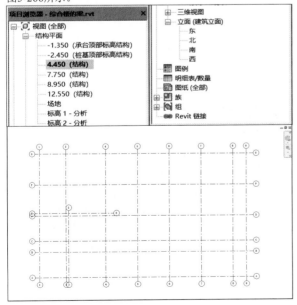

图5-266

02 在"插入"选项卡中单击"导入CAD"按钮圙，然后导入"标高4.450板配筋参照图.dwg"，如图5-267所示。

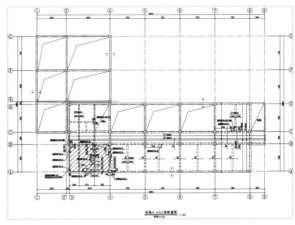

图5-267

🏢 绘制楼板

读者需要根据图纸要求搭建楼板。所有的板厚度均为120mm，楼板的高度分为两种，未注明位置的楼板标高为4.450m，阴影部分的板（卫生间楼板）标高为4.370m。阴影部分的位置为参照图纸中A轴、B轴交3轴、4轴处，此处为卫生间。

❖ 绘制非阴影部分的楼板

01 在"结构"选项卡中单击"楼板"按钮🡢，待激活楼板的"属性"面板后，在"属性"面板中设置"标高"为4.450（结构），"自标高的高度偏移"为0，然后单击"编辑类型"按钮圙，在弹出的"类型属性"对话框中单击"复制"按钮，并将名称设为"标高4.450板120mm"，单击"确定"按钮，如图5-268所示。

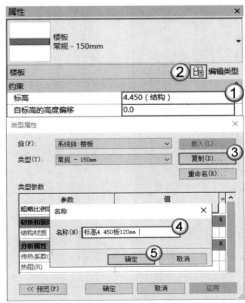

图5-268

02 4.450结构标高的板厚只有120mm，因此在"类型属性"对话框中单击"编辑"按钮，在弹出的"编辑部件"对话框中设置"结构"的"厚度"为120，最后依次单击"确定"按钮退出设置，如图5-269所示。

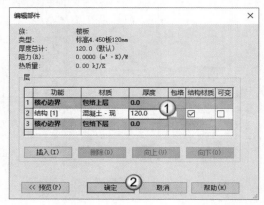

图5-269

📋 **提示**

在现实生活中，除了需要绘制结构楼板，还需要绘制建筑楼板。在结构模型中仅包含结构部分，所以结构模型中的楼板仅包含结构，不包含建筑面层，这也是建筑楼板的高度和结构楼板的高度存在差异的原因。

03 参数定义完成后，在"修改|创建楼层边界"上下文选项卡中单击"边界线"按钮，然后使用"线"工具绘制楼板的外轮廓。拾取非阴影部分的楼板边界，确保选中的楼板边界闭合成环，如图5-270所示。

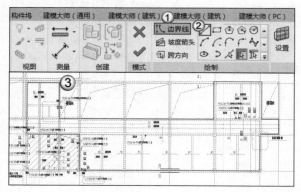

图5-270

📋 **提示**

在实际操作过程中，大多数人直接将楼板边缘绘制在梁的边缘，如图5-271所示。

由于操作失误或参照图纸的问题，在操作过程中会出现楼板的边缘并没有与梁边重合，而是在两者间留有微小空隙的问题，如图5-272所示，这样的失误很难被发现，会给后期的应用带来一定的问题。为了防止梁和板的边界中出现缝隙，一般在楼板边缘处绘制边界时尽量外靠，如选择板边梁体的外边线或梁中间，如图5-273所示。由于Revit会自动剪切板和梁，因此无须担心部分边界重合的问题。

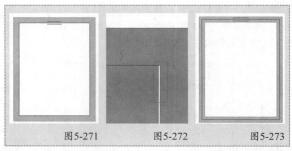

图5-271　　　　图5-272　　　　图5-273

04 在C轴交7、8轴之间有两个洞口，这里按照编辑楼板边界的方法绘制洞口的边界，最后单击"完成编辑模式"按钮，如图5-274所示。

图5-274

05 其他位置的洞口也按照同样的方法进行绘制，三维效果如图5-275所示。

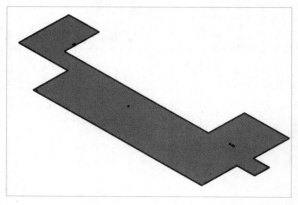

图5-275

❖ **绘制阴影部分的楼板**

01 阴影部分为A轴、B轴交3轴、4轴之间，相应位置为卫生间区域，该区域与非阴影部分的楼板的参数相同，可直接进行绘制。在"修改|创建楼层边界"上下文选项卡中单击"边界线"按钮，然后使用"线"工具绘制楼板的外轮廓。拾取阴影部分的楼板边界，确保选中的楼板边界闭合成环，如图5-276所示。

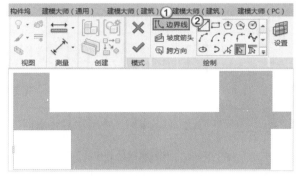

图5-276

02 本项目中的卫生间位置存在许多较小的板洞，采用编辑楼板边界的方法绘制洞口的边界，如图5-277所示。

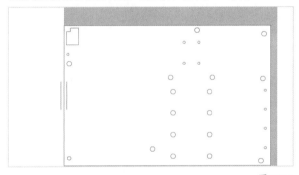

图5-277

03 该区域的楼高高度与非阴影部分的楼板的高度不一致。绘制完成后，在"属性"面板中设置"自标高的高度偏移"为-80，即可修改该处楼板的高度，如图5-278所示。

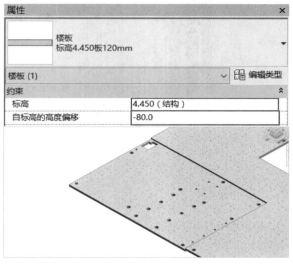

图5-278

提示

对于不同标高或不同板厚的楼板，在通过"线"工具绘制楼板边界时一般可在交接处将楼板边界绘制在梁体的中心位置，特别是本项目卫生间中的管道洞口为贴两边和板边，如果选择相应侧的梁边，那么将有很多洞口无法进行绘制。卫生间板和其他楼板交接处如图5-279所示，楼板的边界就在两者相交梁体的中点处。

图5-279

练习：搭建二、三层板模型

素材位置	素材文件>CH05>练习：搭建二、三层板模型
实例位置	实例文件>CH05>练习：搭建二、三层板模型
视频名称	练习：搭建二、三层板模型.mp4

扫码观看视频

效果展示

本项目练习的二、三层板模型如图5-280和图5-281所示，已完成项目部分如图5-282所示。

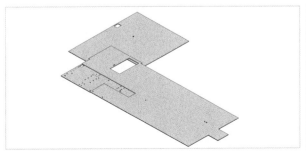

图5-280

图5-281

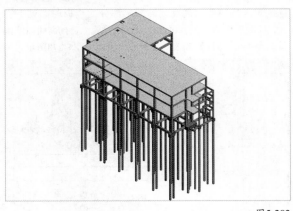

图5-282

任务说明

（1）在"8.950（结构）"平面视图中，完成图纸"标高8.950板配筋图"中非阴影部分的结构楼板；在"7.750（结构）"平面视图中，完成图纸"标高8.950板配筋图"中阴影部分的结构楼板。

（2）在"12.550（结构）"平面视图中，完成图纸"标高12.550板配筋图"中的结构楼板。

> **提示**
>
> "标高12.550板配筋图"中无1轴，图纸的截取同结构梁的"标高12.550梁配筋图"的操作。

5.2.8 楼梯

楼梯具有结构楼梯和建筑楼梯两种表达形式，它们之间存在一定的差异，本小节讲述结构楼梯的绘制方法。楼梯的构造相对而言比较复杂，为了读者能够更好地了解楼梯在结构图纸和建筑图纸中的区别，本小节将通过族的方式来创建楼梯构件。

> **提示**
>
> 在第1章中已经介绍了族可分为系统族、内建族和标准构件族三大部分。系统族一般由项目样板决定，不能新建，但是可以通过修改预设参数进行编辑，如前文讲解的桩基、柱和梁等；内建族是在项目环境中创建的特殊构件，直接通过内建模型创建（将在下一小节进行讲解）；标准构件族是通过RFT格式的族样板创建的，创建完成后根据族的类别选择对应的放置方式应用到项目中，如本小节需创建的楼梯族。

参照图纸

项目配套图纸为"综合楼结构施工图.dwg"，楼梯构件需要参照其中的"楼梯A −0.050层平面图""楼梯A 4.450层平面图""楼梯A 8.950层平面图""A-A剖面图"。

工具分析

根据结构图纸确定了楼梯的信息后，下一步工作就是在Revit中对楼梯进行创建。由于结构楼梯是不规则形体，因此考虑通过新建族的方式进行操作。与创建项目一样，创建族文件也需基于样板，因此楼梯需要基于RFT格式的族样板。执行"文件>新建>族"命令，如图5-283所示。

在族样板中可以定义创建族文件的类别，不同的族样板默认定义相应的族类别，族类别用于在项目中对族进行分类管理。在弹出的"新族-选择样板文件"对话框中选择对应的族类型，在无对应类型的情况下，可以选择"公制常规模型.rft"族类别（一般默认使用的类别），单击"打开"按钮，如图5-284所示，即可进入族编辑界面。

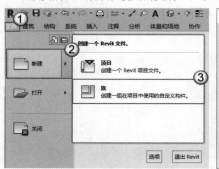

图5-283

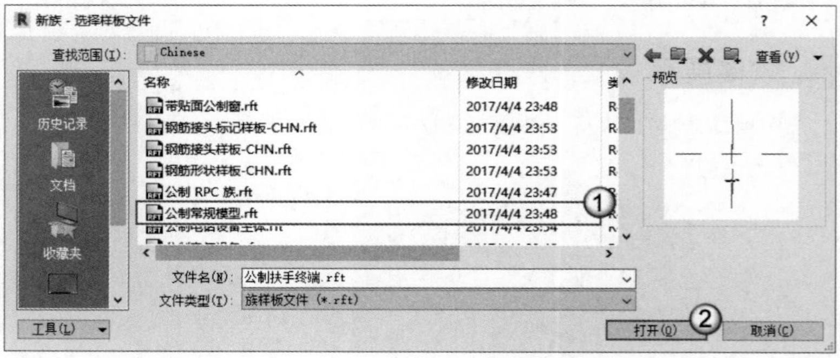

图5-284

> **提示**
>
> Revit的族样板文件为创建族提供了初始状态，不同的族样板具有不同的默认设置，这些设置影响到创建族的方式和族的放置方式，因此选择合适的样板能提高创建族的效率。

Revit一共提供了6种创建族的工具，分别为拉伸、融合、旋转、放样、放样融合和空心形状，如图5-285所示。

通过上述6种工具可创建实心形状和空心形状，并搭建完整的参数化模型。下面以"放样"工具🔄为例，练习形状创建工具，如图5-286所示。

图5-285   图5-286

在激活的"修改|放样"上下文选项卡中，单击"绘制路径"按钮🖉↗进入"修改|放样 绘制路径"上下文选项卡，并选择合适的工具绘制放样的路径，如"线"工具✐。最后单击"完成编辑模式"按钮✔，如图5-287所示。

完成路径的绘制后，单击"编辑轮廓"按钮🗐，如图5-288所示。在弹出的"转到视图"对话框中选择与路径垂直的平面，然后单击"打开视图"按钮，如图5-289所示。

图5-287   图5-288

图5-289

进入"东"立面视图，使用工具绘制一个矩形轮廓，如图5-290所示。最后依次单击"完成编辑模式"按钮✔，三维效果如图5-291所示。

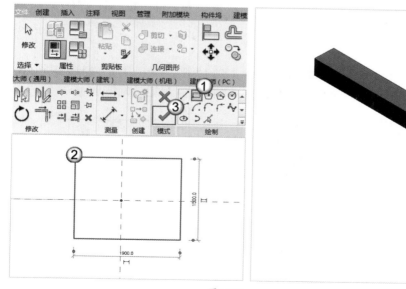

图5-290   图5-291

技术专题 放样的条件

放样是将二维轮廓通过绘制的路径拉伸为三维形状,因此需要分别满足模型的路径和轮廓,"放样"工具才能产生作用,生成实体的面。"放样"工具适用于截面形状无变化的任意构件,如图5-292所示。

放样融合结合了放样和融合的特点,能够实现两个不同的轮廓沿着任意路径生成三维图形的效果,因此还需要满足第2个轮廓的绘制,如图5-293所示。

在使用的过程中,放样融合命令可以实现拉伸、放样和融合这3种命令的所有功能,还可以用于沿非直线路径且截面发生变化的三维形状。

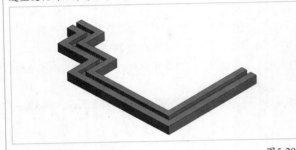

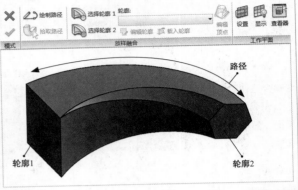

图5-292

图5-293

实训:搭建结构楼梯A模型

素材位置	素材文件>CH05>实训:搭建结构楼梯A模型
实例位置	实例文件>CH05>实训:搭建结构楼梯A模型
视频名称	实训:搭建结构楼梯A模型.mp4
学习目标	掌握在项目中搭建楼梯的方法及搭建思路

本项目搭建的楼梯模型如图5-294所示,已完成项目部分如图5-295所示。

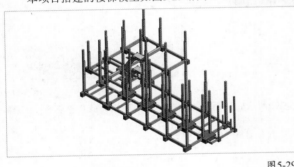

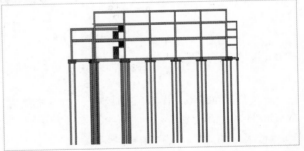

图5-294

图5-295

分割图纸

楼梯的构造比较复杂,因此读者需要根据图纸要求分割平面图和剖面图,以便对构件进行放样。打开"素材文件>CH05>实训:搭建结构楼梯A模型>综合楼结构施工图.dwg",楼梯A详图中共包含3张平面图和一张剖面图,如图5-296所示。

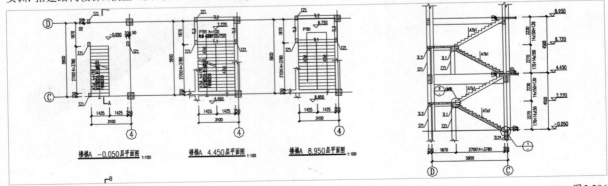

图5-296

❖ **分割平面图**

01 选中"楼梯A −0.050层平面图",执行"带基点的复制"命令,按快捷键Ctrl+Shift+C,并选择4轴和C轴的交点作为基点,完成平面图"楼梯A −0.050层平面图"的复制,如图5-297所示。

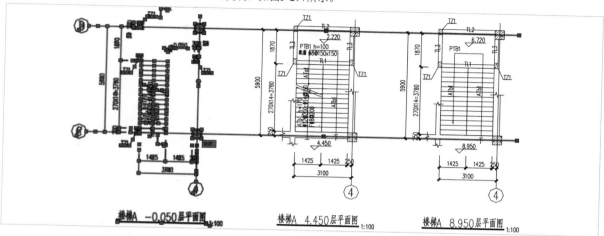

图5-297

02 新建一个CAD文件,然后按快捷键Ctrl+V,再输入基点(0,0),将相应内容以4轴和C轴的交点为基点进行粘贴,如图5-298所示。

03 清理图纸中不必要的内容,如剖面符号及钢筋符号,并调整右侧的轴线以适应图纸,处理完成后如图5-299所示。

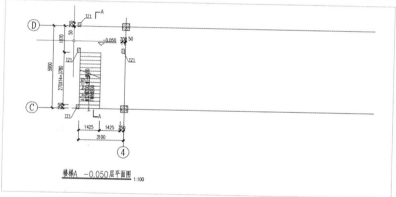

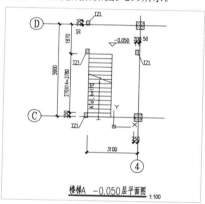

图5-298

图5-299

04 按照上述操作,分别完成"楼梯A 4.450层平面图"和"楼梯A 8.950层平面图"的截取,完成后的效果分别如图5-300和图5-301所示。

05 完成以上操作后,楼梯A对应的平面图就截取完成了。单击"保存"按钮🖬选择合适的位置进行保存。

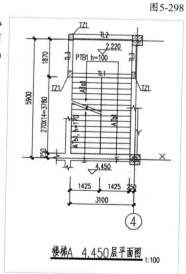

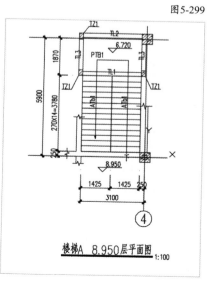

图5-300

图5-301

❖ **分割剖面图**

01 剖面图的截取方式与平面图的截取方式类似。选中A-A剖面图，按快捷键Ctrl+C进行复制，单击剖面图附近的任意一点，完成剖面图A-A的复制，如图5-302所示。

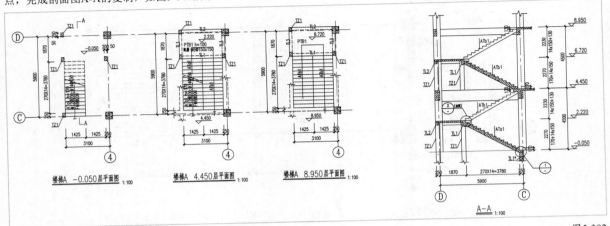

图5-302

02 新建一个CAD文件，然后按快捷键Ctrl+V进行粘贴，完成后的效果如图5-303所示。

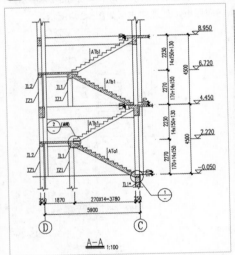

图5-303

提示

对剖面图进行粘贴的过程中可能会弹出"输入属性"对话框，单击"确定"按钮即可，如图5-304所示。出现这种情况是因为CAD图纸中有部分内容设定为"块"，在处理其他图纸时也可能会出现。在不影响操作的情况下，读者无须在意，这个内容涉及AutoCAD的操作，这里不进行解释。

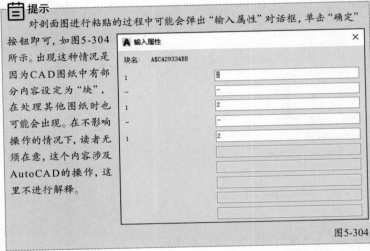

图5-304

03 完成以上操作后，A-A剖面图就截取完成了。单击"保存"按钮选择合适的位置进行保存，并将文件命名为"楼梯A剖面参照图"。

📖 **绘制一层楼梯**

结构楼梯在结构上分为梯梁、梯柱、休息平台和梯段4个部分，通过族的方式绘制时不应对各部分构件进行区分，应整体地进行绘制。

❖ **新建项目**

01 执行"文件>新建>族"命令，在弹出的"新族-选择样板文件"对话框中选择"公制常规模型.rft"，单击"打开"按钮，如图5-305所示。

图5-305

02 新建族文件后，切换到"右"立面视图，如图5-306所示。

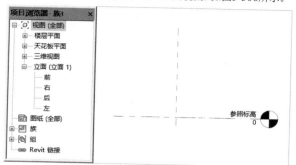

图5-306

03 在"创建"选项卡中单击"参照平面"按钮 ，然后在"参照标高"的下部绘制一条参照平面（任意距离），如图5-307所示。

图5-307

04 选中创建的参照平面，修改参照平面与参照标高的距离为50mm，并设置名称为"−0.050参照平面"，如图5-308所示。

图5-308

05 按照上述方法，建立另外两个参照平面，它们的位置分别是4.450m和8.950m，并设置名称分别为"4.450参照平面"和"8.950参照平面"，如图5-309所示。

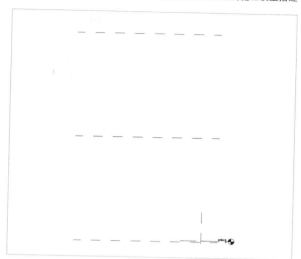

图5-309

❖ **导入图纸**

将分割后的剖面图纸和平面图纸导入新建的项目文件中。

导入剖面图

01 保持视图为立面状态，在"插入"选项卡中单击"导入CAD"按钮 ，然后导入"楼梯A剖面参照图.dwg"，如图5-310所示。

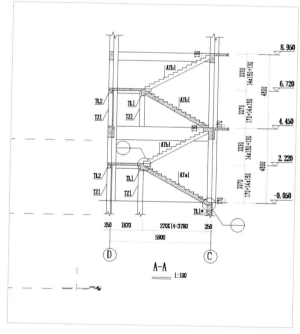

图5-310

02 由于剖面图在截图的时候并没有按照对应的位置进行设置，因此导入后的位置与参照平面并不一致，需要移动图纸使其与参照平面吻合。选中导入的图纸，在"修改|在族中导入"上下文选项卡中单击"解锁"按钮 ，解除图纸的锁定状态，然后单击"移动"按钮 ，接着单击图纸中标高为4.450平面位置的任意一点，再移动鼠标指针，到"4.450参照平面"上的任意一点进行单击，如图5-311所示。

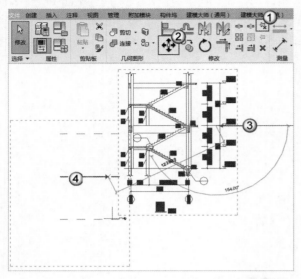

图5-311

03 按照上述操作完成图纸的对齐，这时导入的图纸与所设置的标高一致，如图5-312所示。

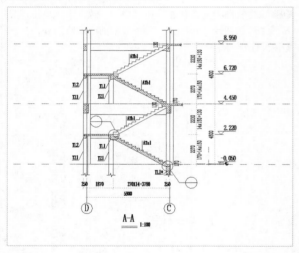

图5-312

导入平面图

01 剖面图纸的导入在立面视图中进行，而平面图纸的导入则需要在平面视图中进行，因此切换到"参照标高"视图，如图5-313所示。

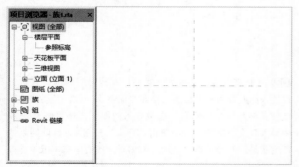

图5-313

02 在"插入"选项卡中单击"导入CAD"按钮，然后导入"楼梯A-0.050平面参照图.dwg"。由于在进行图纸截取的时候选择了带基点的复制，因此导入的图纸在位置上并没有误差，所以无须对图纸位置进行调整。完成后的效果如图5-314所示。

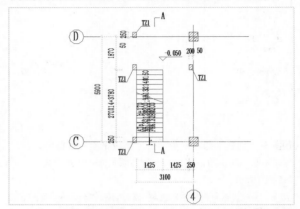

图5-314

❖ 绘制第1跑楼梯

01 在"创建"选项卡中，单击"放样"按钮，如图5-315所示。

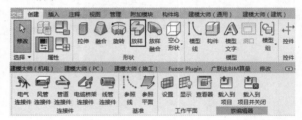

图5-315

02 在弹出的"修改|放样"上下文选项卡中单击"绘制路径"按钮，在绘图区域中单击楼梯第1跑梯段线的两端，最后单击"完成编辑模式"按钮，完成放样路径的绘制，如图5-316所示。

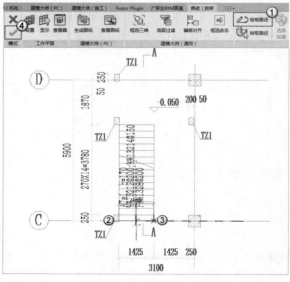

图5-316

03 在"修改|放样"上下文选项卡中单击"编辑轮廓"按钮，在弹出的"转到视图"对话框中选择"立面：右"选项，最后单击"打开视图"按钮，如图5-317所示。

图5-317

04 进入"右"立面视图，按照导入的剖面图纸描绘第1段楼梯的轮廓线，绘制完成后如图5-318所示。最后单击两次"完成编辑模式"按钮✔完成路径的绘制，三维效果如图5-319所示。

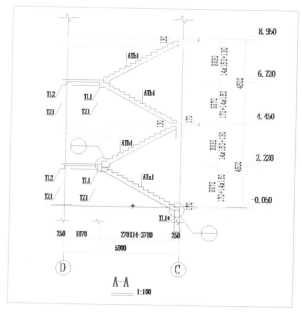

图5-318

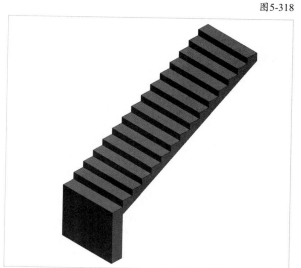

图5-319

提示

　　在绘制第1跑梯段时，下方有往下伸出的部分，这部分内容在楼梯详图中有详图索引，读者记得查看详图索引中的内容参照。详图索引内容如图5-320所示。

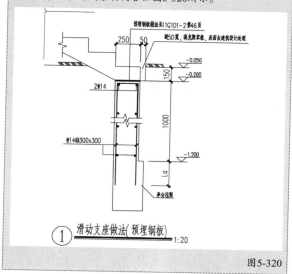

图5-320

❖ **绘制第2跑楼梯**

01 在"创建"选项卡中，单击"放样"按钮，在弹出的"修改|放样"上下文选项卡中单击"绘制路径"按钮，在绘图区域中单击楼梯第2跑梯段线的两端。最后单击"完成编辑模式"按钮✔，完成放样路径的绘制，如图5-321所示。

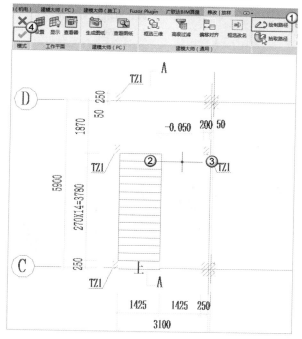

图5-321

02 在"修改|放样"上下文选项卡中单击"编辑轮廓"按钮，在弹出的"转到视图"对话框中选择"立面：右"选项。最后单击"打开视图"按钮，如图5-322所示。

图5-322

03 进入"右"立面视图,按照导入的剖面图纸描绘第2段楼梯的轮廓线,绘制完成后如图5-323所示。最后单击两次"完成编辑模式"按钮✔完成路径的绘制,三维效果如图5-324所示。

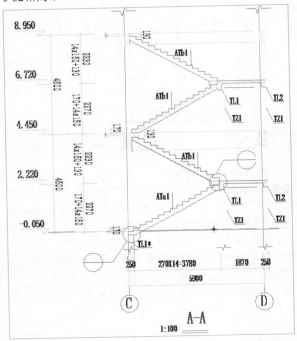

图5-323

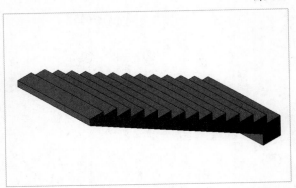

图5-324

❖ **绘制休息平台板**

01 在"创建"选项卡中,单击"放样"按钮,然后在弹出的"修改|放样"上下文选项卡中单击"绘制路径"按钮,接着在绘图区域中单击楼梯第1跑梯段线的两端。最后单击"完成编辑模式"按钮✔完成放样路径的绘制,如图5-325所示。

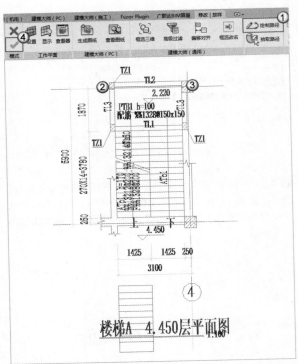

图5-325

02 在"修改|放样"上下文选项卡中单击"编辑轮廓"按钮。在弹出的"转到视图"对话框中,选择"立面:右"选项,最后单击"打开视图"按钮,如图5-326所示。

图5-326

03 进入"右"立面视图,按照导入的剖面图纸描绘2.220标高的休息平台的轮廓线,完成后如图5-327所示。最后单击两次"完成编辑模式"按钮✔完成路径的绘制,三维效果如图5-328所示。

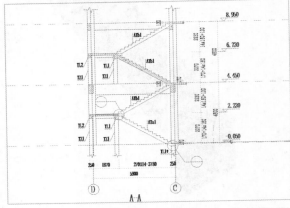

图5-327

图5-328

04 完成了楼梯A一层的结构模型，单击"保存"按钮🗔选择合适的位置进行保存，并将文件命名为"楼梯A一层"。

❖ 梯梁与梯柱

梯梁和梯柱的绘制方法与结构框架梁和结构框架柱一致，因此将结构框架梁和结构框架柱同时进行绘制，无须通过内建模型的方式进行绘制，在此不再赘述。

绘制二层楼梯

二层楼梯的绘制方式与一层楼梯相同，读者需根据图纸要求按照同样的方式进行绘制。

❖ 新建项目

执行"文件>新建>族"命令，在弹出的"新族-选择样板文件"对话框中选择"公制常规模型.rft"，单击"打开"按钮，如图5-329所示。

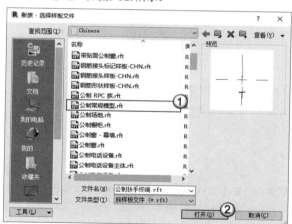

图5-329

❖ 导入图纸

导入剖面图纸与一层楼梯一致，剖面图纸的导入在立面中进行，而平面图纸的导入需要在平面视图中操作。

01 保持视图为立面状态，在"插入"选项卡中，单击"导入CAD"按钮🗔，然后导入"楼梯A剖面参照图.dwg"，导入的图纸如图5-330所示。

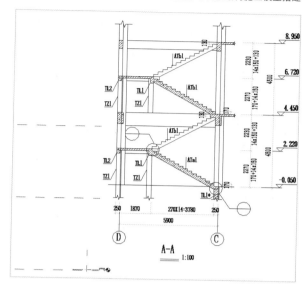

A—A 1:100

图5-330

📋 提示

导入剖面图的方法与一层楼梯完全一样，需要使用"修改|在族中导入"上下文选项卡中的"解锁"工具🔓解除图纸的锁定状态，然后将图纸中标高为4.450m平面位置的任意一点移动到"4.450参照平面"处的任意一点。

02 在"插入"选项卡中单击"导入CAD"按钮🗔，然后导入"楼梯A8.950平面参照图.dwg"，导入的图纸如图5-331所示。

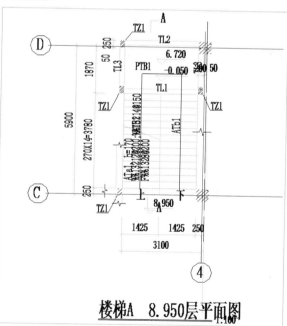

楼梯A 8.950层平面图
1:100

图5-331

📋 提示

由于在进行图纸截取的时候选择了带基点的复制，因此导入的图纸在位置上并没有误差，无须对图纸的位置进行调整。

❖ 绘制第3跑楼梯

01 在"创建"选项卡中，单击"放样"按钮，然后在弹出的"修改|放样"上下文选项卡中单击"绘制路径"按钮，接着在绘图区域中单击楼梯第3跑梯段线的两端，最后单击"完成编辑模式"按钮✔完成放样路径的绘制，如图5-332所示。

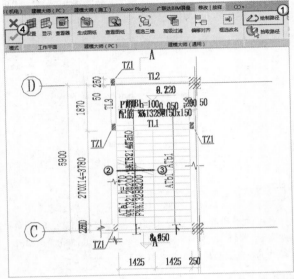

图5-332

02 在"修改|放样"上下文选项卡中单击"编辑轮廓"按钮，在弹出的"转到视图"对话框中选择"立面：右"选项，最后单击"打开视图"按钮，如图5-333所示。

图5-333

03 进入"右"立面视图，按照导入的剖面图纸描绘第3段楼梯的轮廓线，绘制完成后如图5-334所示。最后单击两次"完成编辑模式"按钮✔完成路径的绘制，三维效果如图5-335所示。

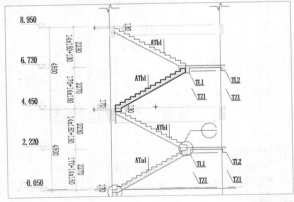

图5-334

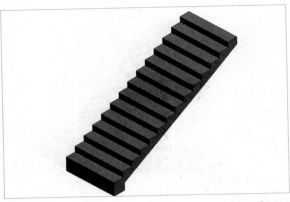

图5-335

❖ 绘制第4跑楼梯

01 在"创建"选项卡中，单击"放样"按钮，然后在弹出的"修改|放样"上下文选项卡中单击"绘制路径"按钮，接着在绘图区域中单击楼梯第4跑梯段线的两端，最后单击"完成编辑模式"按钮 ✔，完成放样路径的绘制，如图5-336所示。

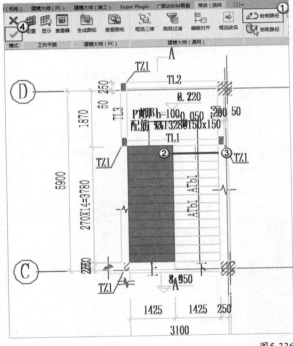

图5-336

02 在"修改|放样"上下文选项卡中单击"编辑轮廓"按钮，在弹出的"转到视图"对话框中选择"立面：右"选项，最后单击"打开视图"按钮，如图5-337所示。

图5-337

03 进入"右"立面视图，按照导入的剖面图纸描绘第4段楼梯的轮廓线，绘制完成后如图5-338所示。最后单击两次"完成编辑模式"按钮 ✔ 完成路径的绘制，三维效果如图5-339所示。

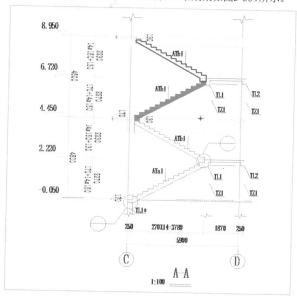

图5-338

图5-339

❖ 绘制休息平台板

01 在"创建"选项卡中单击"放样"按钮，在弹出的"修改|放样"上下文选项卡中单击"绘制路径"按钮，然后在绘图区域中单击楼梯休息平台的两端，单击"完成编辑模式"按钮 ✔，完成放样路径的绘制，如图5-340所示。

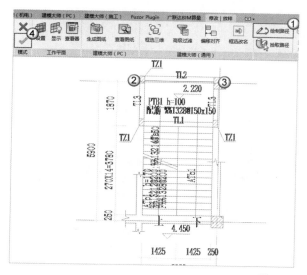

图5-340

02 在"修改|放样"上下文选项卡中单击"编辑轮廓"按钮。在弹出的"转到视图"对话框中选择"立面：右"选项，最后单击"打开视图"按钮，如图5-341所示。

图5-341

03 进入"右"立面视图，按照导入的剖面图纸描绘2.220标高的休息平台的轮廓线，完成后如图5-342所示。最后单击两次"完成编辑模式"按钮 ✔ 完成路径的绘制，三维效果如图5-343所示。

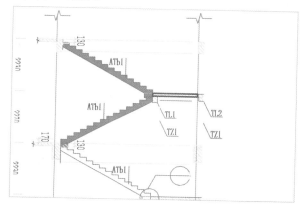

图5-342

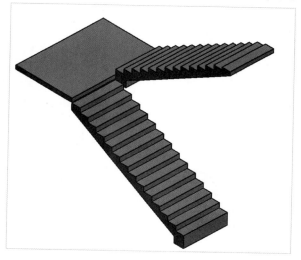

图5-343

04 完成楼梯A二层的结构模型，单击"保存"按钮选择合适的位置进行保存，并将其命名为"楼梯A二层"。

❖ 梯梁与梯柱

梯梁和梯柱的绘制方法与结构框架梁和结构框架柱一致，因此将结构框架梁和结构框架柱同时进行绘制，无须通过内建模型的方式进行绘制，在此不再赘述。

放置楼梯

完成所有楼梯模型以后，打开文件"实例文件>CH05>练习：搭建二、三层板模型>综合楼的板.rvt"。下面将之前完成的"楼梯A一层"族和"楼梯A二层"族载入整体结构模型中。

在"插入"选项卡中单击"载入族"按钮，载入保存的"楼梯A一层.rfa"和"楼梯A二层.rfa"，如图5-344所示。

图5-344

❖ 放置楼梯A一层

01 在"结构"选项卡中执行"构件>内建模型"命令，如图5-345所示。

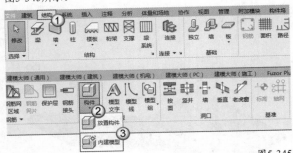

图5-345

02 由于本项目并没有高度为0的标高，因此可以将楼梯A一层放置在"−1.350（承台顶部标高结构）"，并在"属性"面板中选择载入的"楼梯A一层"族，设置"偏移"为1350，如图5-346所示。

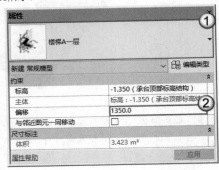

图5-346

03 切换到"−1.350（承台顶部标高结构）"平面视图，然后在绘图区域选择任意一个位置放置楼梯，如图5-347所示。

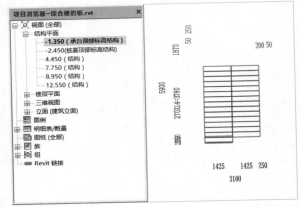

图5-347

04 选中楼梯，在"修改|常规模型"上下文选项卡中单击"移动"按钮，选中楼梯构件的参照点，然后根据轴线位置移动其到放置楼梯的相应位置，如图5-348所示。

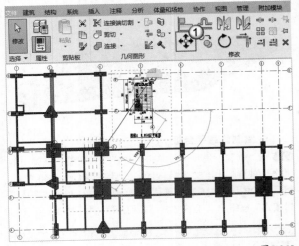

图5-348

05 调整后的三维效果如图5-349所示。

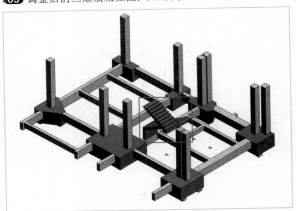

图5-349

❖ 放置楼梯A二层

01 由于本项目并没有高度为0的标高，因此可以将楼梯A二层放置在"4.450（结构）"，并在"属性"面板中选择载入的"楼梯A二层"族，修改"偏移"值为−4450，如图5-350所示。

图5-350

02 切换到"4.450（结构）"平面视图，然后在绘图区域选择任意一个位置放置楼梯，如图5-351所示。

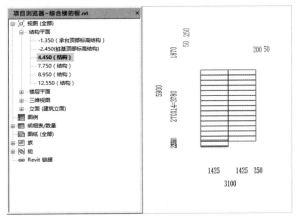

图5-351

03 选中楼梯，在"修改|常规模型"选项卡中单击"移动"按钮✣，选中楼梯构件的参照点，根据轴线位置单击移动其到相应位置，如图5-352所示。

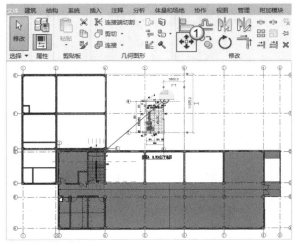

图5-352

04 调整后的三维效果如图5-353所示。

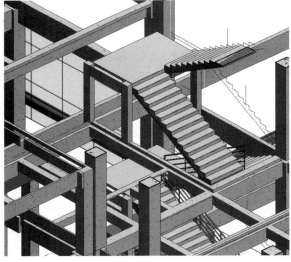

图5-353

> **提示**
> 结构施工建模完成的是结构图纸中的楼梯，而项目在交付时使用的应当是整个建筑中建筑图纸的楼梯，交付的模型到底需不需要结构部分的楼梯还需要根据项目的实际需求进行操作。

练习：搭建结构楼梯 B 模型

素材位置	素材文件>CH05>练习：搭建结构楼梯B模型
实例位置	实例文件>CH05>练习：搭建结构楼梯B模型
视频名称	练习：搭建结构楼梯B模型.mp4

效果展示

本练习搭建的楼梯B模型如图5-354所示，已完成项目部分如图5-355所示。

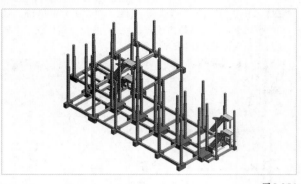
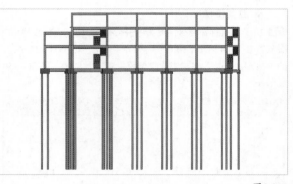

图5-354   图5-355

> **提示**
>
> 　　楼梯内容一般在结构图纸和建筑图纸中都有专门的楼梯详图，其中结构楼梯中的内容更注重结构形状及梯梁、梯柱内容的表达。鉴于结构楼梯的不规则性及梯梁、梯柱的存在，笔者在操作的过程中不会用Revit中的"楼梯"功能进行结构楼梯部分内容的创建。当然，本书中的处理方式仅供参考。
>
> 　　楼梯详图的部分较为独立，在操作的过程中一定要注意完成的楼梯内容和结构框架的相接部分是否存在问题。此外，梯梁和梯柱的操作方式并不复杂，与结构柱、结构梁的操作方式一致。

任务说明

　　（1）绘制楼梯B模型。

　　（2）绘制完成后置入综合楼模型中。

> **提示**
>
> 　　楼梯B模型同样也需要分为两层并单独进行绘制。

5.2.9 详图构件

　　详图构件是整个结构中较为复杂、烦琐的部分，因此也是结构图纸中较易发生错误的地方。一般在图纸会审中发现问题较多的地方就是详图构件部分的内容，按照详图进行细节部分的模型构件绘制是整个结构模型中需要熟练掌握的内容，读者要有较高的结构施工图识读能力才能够按照要求绘制相应的模型构件。

　　需要参照建筑图纸来绘制详图构件部分内容的模型单元将在建筑模型中进行讲解，其结构图纸中的内容将在本小节进行讲解。

参照图纸

　　项目配套图纸为"综合楼结构施工图.dwg"和"综合楼建筑施工图.dwg"。板构件需要参照结构施工图中的"标高8.950板配筋图"中的"详图一"、"标高8.950板配筋图"中的平面图部分和建筑施工图中的"三层平面图"。

> **提示**
>
> 　　详图构件的绘制必须结合平面图和详图，在绘制详图构件时，还需要结合建筑施工图中的内容，相互结合才能够完成相应的工作。

工具分析

　　根据图纸确定了详图构件的信息后，下一步工作就是在Revit中对详图构件进行绘制。这里通过内建模型的方式来创建详图构件，在"结构"选项卡中，执行"构件>内建模型"命令，如图5-356所示。

图5-356

在弹出的"族类别和族参数"对话框中选择
需要创建的构件的族类别。在无法确定其属性的
情况下，一般选择"常规模型"选项，单击"确
定"按钮完成设置，如图5-357所示。

在弹出的"名称"对话框中输入对应的名
称，如"常规模型"，单击"确定"按钮完成名
称的设置，如图5-358所示。

图5-357

图5-358

完成设置后，即可进入内建模型的编辑界面，如图5-359所示。在楼梯模型搭建中讲述了族编辑中的放样工具，内建
模型中的工具面板与族一致。下面以"拉伸"工具▮为例，练习形状创建工具。

图5-359

进入拉伸编辑模式后，在激活的"修改|创建拉伸"上下文选项卡中，通过"绘制"栏内的工具绘制构件的轮廓，如
图5-360所示。

在"属性"面板中修改"拉伸起点"和"拉伸终点"来确定所绘制的轮廓的厚度，单击"完成编辑模式"按钮✔完
成内建模型的制作，如图5-361所示。

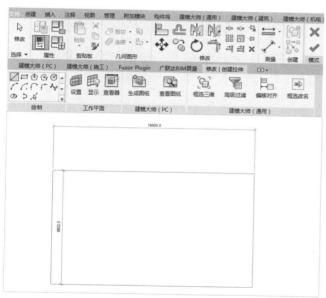

图5-360

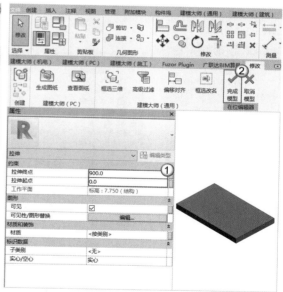

图5-361

📋 **提示**

拉伸命令将一个平面形状沿垂直于平面的方向垂直拉伸，拉
伸的路径不能发生变化，主要用于平面形状无变化的构件中。拉
伸命令比放样命令应用的范围小，但是操作更简单。放样的路径可
以是不规律的，但拉伸的路径一定是垂直于截面的一条线段，如图
5-362所示。

图5-362

实训：搭建详图构件模型

素材位置	素材文件>CH05>实训：搭建详图构件模型
实例位置	实例文件>CH05>实训：搭建详图构件模型
视频名称	实训：搭建详图构件模型.mp4
学习目标	掌握在项目中搭建详图构件的方法及搭建思路

本项目搭建的构件模型如图5-363所示，已完成项目部分如图5-364所示。

图5-363　　　　　　　　　图5-364

绘制外部墙体

01 打开"实例文件>CH05>练习：搭建结构楼梯B模型>综合楼楼梯B.rvt"，切换到"7.750（结构）"平面视图，如图5-365所示。

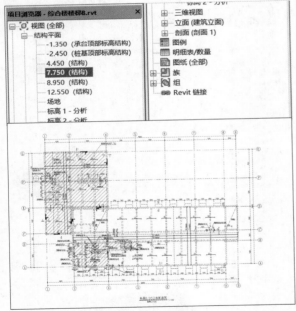

图5-365

02 在"结构"选项卡中，执行"构件>内建模型"命令，在弹出的"族类别和族参数"对话框中选择"常规模型"选项，单击"确定"按钮，如图5-366所示。

03 在弹出的"名称"对话框中修改名称为"7.750（结构）通风井道"，单击"确定"按钮，如图5-367所示。

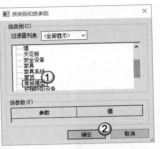

图5-366

图5-367

04 在"创建"选项卡中，单击"放样"按钮，在激活的"修改|放样"上下文选项卡中，单击"绘制路径"按钮，参照"标高8.950板配筋图"平面图中1轴交F轴位置处对应的洞口，拾取平面图中的洞口边缘（左侧女儿墙除外），并将左侧轮廓延伸至女儿墙边缘，单击"完成编辑模式"按钮，如图5-368所示。

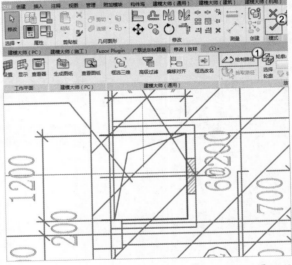

图5-368

05 在"修改|放样"上下文选项卡中单击"编辑轮廓"按钮，在弹出的"转到视图"对话框中选择"立面：东"选项，单击"打开视图"按钮，如图5-369所示。

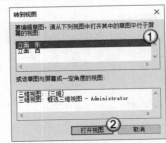

图5-369

06 进入"东"立面视图后，按照详图绘制底部高度为7.750m，宽度为120mm，高度为1200mm的矩形。根据参照图纸中提取的信息，墙体型构件内侧边线距离F轴线200mm，单击"完成编辑模式"按钮✔完成放样工作，如图5-370所示，三维效果如图5-371所示。

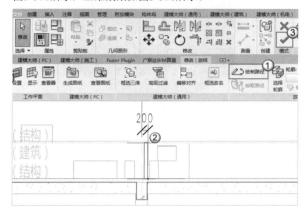

图5-370

图5-371

绘制顶部

切换到"7.750（结构）"平面视图，然后单击"拉伸"按钮▤，在弹出的"修改|编辑拉伸"上下文选项卡中使用"线"工具✎。接着沿放样好的围墙绘制一个封闭的矩形，在"属性"面板中设置"拉伸终点"为1200，"拉伸起点"为1100，完成后单击"完成编辑模式"按钮✔，如图5-372所示，三维效果如图5-373所示。

图5-372

图5-373

为墙体开洞

01 洞口需要使用"空心放样"命令，具体操作与"放样"类似。在"创建"选项卡中，执行"空心形状>空心放样"命令，在激活的"修改|放样"上下文选项卡中单击"绘制路径"按钮✍，然后拾取平面图中洞口对应的墙体位置，单击"完成编辑模式"按钮✔，如图5-374所示。

图5-374

02 在"修改|放样"上下文选项卡中单击"编辑轮廓"按钮，在弹出的"转到视图"对话框中选择"立面：东"选项，单击"打开视图"按钮，如图5-375所示。

图5-375

03 进入"东"立面视图后，按照详图绘制洞口的立面形状。根据参照图纸提取的信息为"其洞口尺寸为600mm×500mm，底部高度为8.850m，洞口位于绘制墙体的中心"，由此推断洞口的尺寸如图5-376所示。使用"线"工具✐绘制洞口的轮廓如图5-377所示，依次单击"完成编辑模式"按钮✔退出族的绘图区域。

04 完成后效果如图5-378所示。

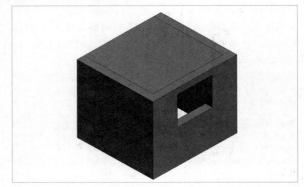

图5-378

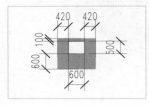

图5-376

图5-377

练习：搭建其他详图构件模型

素材位置	素材文件>CH05>练习：搭建其他详图构件模型
实例位置	实例文件>CH05>练习：搭建其他详图构件模型
视频名称	练习：搭建其他详图构件模型.mp4

效果展示

本练习搭建的详图构件如图5-379所示，已完成部分项目如图5-380所示。

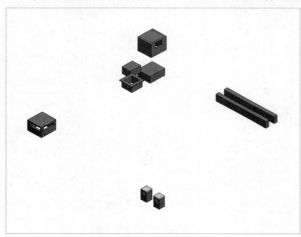

图5-379

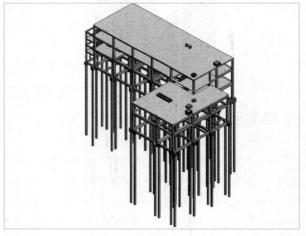

图5-380

任务说明

（1）完成"标高8.950板配筋图"中的剖面5-4和剖面5-5模型。

（2）完成"标高12.550板配筋图"中的剖面3-3详图构件1和详图构件2模型。

06

第6章 综合楼建筑施工模型搭建

建筑模型对于土建施工的作用并不是很大，主要是在结构施工模型的基础上对基本的建筑墙体、门窗等内容进行模型的搭建，而细部构造及详细的建筑做法则很难在整体模型中表达出来。本章将继续以综合楼为例（共3层），通过具体的操作步骤，详细地讲解如何进行建筑施工模型的搭建。

- ↳ 建筑施工图的特点与识读技巧
- ↳ 建筑说明中需要注意的信息
- ↳ 参照详图识读平、立、剖图纸
- ↳ 建筑墙体模型的搭建方法
- ↳ 门窗模型的搭建方法

技术专题

提　示

实训案例

练习案例

项目实践篇

6.1 综合楼建筑施工图识读

结构施工模型搭建完成后，开始搭建建筑施工模型。本节将以本书配套的综合楼结构施工图为例，详细地讲解如何识读建筑施工图纸。打开本书学习资源中的"综合楼建筑施工图.dwg"文件，如图6-1所示，可以看到建筑施工图包含以下几个部分。

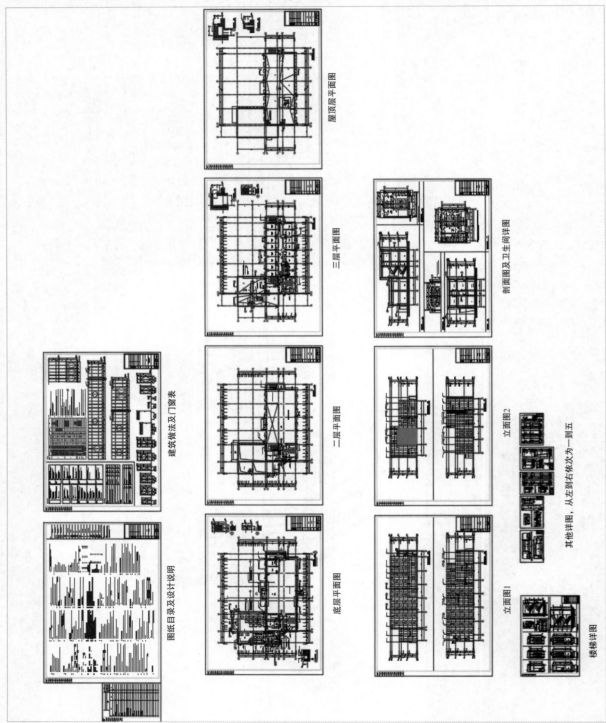

图6-1

6.1.1 目录与建筑设计说明

与结构施工图相似，在一个项目中，建筑图纸中的目录和建筑设计说明是整套建筑图纸的纲领性内容，通过它们可以了解图纸的基本信息。本章项目模型的目录和建筑设计说明图纸如图6-2所示。

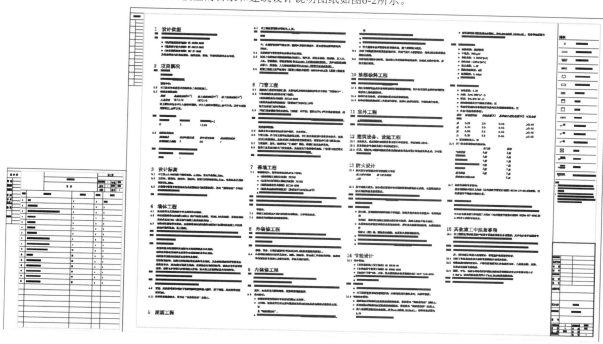

图6-2

> 📋 **提示**
>
> 本小节识图部分展现的套图内容主要表现图纸的大致布局，读者可打开本书提供的示例文件详细查看相应内容。

📖 目录

从BIM工作人员的角度查看这张图纸，以项目目录为例，需要重点注意本套图纸的数量、名称及张数，如表6-1所示。

表6-1 项目目录

序号	名称	张数
1	目录	1
2	建筑设计说明	1
3	构造做法表、室内装修表、门窗表及门窗详图	1
4	底层平面图	1
5	二层平面图	1
6	三层平面图	1
7	屋顶层平面图	1
8	1轴-9轴立面图、9轴-1轴立面图	1
9	A轴-G轴立面图、G轴-A轴立面图	1
10	1-1、2-2剖面图、卫生间详图	1
11	楼梯详图	1
12	平面节点详图（一）	1
13	平面节点详图（二）	1
14	墙身节点详图（一）	1
15	墙身节点详图（二）	1
16	墙身节点详图（三）	1

通过该综合楼的建筑图纸目录，可知本项目的建筑施工图包括16张图纸，每张图纸对应的张数都是1。在图纸识读的过程中，先对比图纸目录中图纸的名称和建筑施工图的图纸，检查手中的图纸是否存在缺失，如果图纸缺失，一定要及时和设计单位进行沟通。

🏛 建筑设计说明

建筑设计说明是建筑设计的依据，深入地理解建筑设计说明才能够更好地查看建筑施工图纸。"综合楼建筑施工图.dwg"的建筑设计包含设计依据、项目概况、设计标高、墙体工程、屋面工程、门窗工程、幕墙工程、外装修工程、内装修工程、油漆涂料工程、室外工程、建筑设备、设施工程、防火设计、节能设计和其他施工中的注意事项等内容。为了避免忽略重要的建筑设计信息，有必要通读一遍建筑设计说明，了解其中的信息，并对需要掌握的重要信息进行提取和标记。该综合楼的建筑设计说明中需要重点掌握的信息如下。

❖ **项目概况**

建筑面积遵循表6-2所示的规则。

表6-2 建筑面积

总建筑面积（m²）	地上建筑面积（m²）	地下建筑面积（m²）
1873.10	1873.10	—

建筑层数及高度遵循表6-3所示的规则。

表6-3 建筑层数及高度

地下层数	地上层数	建筑高度（m）
0	3	13.80

建筑结构概况遵循表6-4所示的规则。

表6-4 建筑结构概况

结构形式	使用年限分类	设计使用年限	抗震设防烈度
钢筋混凝土框架	3	50	7

信息提取

①总建筑面积为1873.1m²。

②建筑包含地上三层，高度为13.8m。

③本项目为框架结构。

通过工程概况，对本项目有一个初步的了解。

❖ **设计标高**

设计标高说明如图6-3所示。

本工程±0.000相当于绝对标高，标高为4.900m，室内外高差0.300m。

卫生间、淋浴间、洗衣间、保洁间和厨房比同层标高低0.015m，电信机房比同层标高高0.300m。

各楼层平面图中标注标高为完成面标高（建筑面标高），注有"结构标高"字样的标高为结构面标高。

本工程标高以m为单位，其他尺寸以mm为单位。

信息提取

图6-3

①本工程的0m等于绝对标高4.9m。

②室内地面标高比室外低0.3m。

③卫生间、淋浴间、洗衣间、保洁间和厨房在未标注的情况下比同层楼面低0.015m，电信机房比同层标高高0.300m。

未注明单位的情况下，标高默认以m为单位，其他未说明的以mm为单位。

❖ **墙体工程**

墙体工程说明如图6-4所示。

承重墙体及其基础部分详见结构专业图纸。

非承重的墙体为200或100厚A3.5加气混凝土砌块，用DM5.0砂浆砌筑，其构造和技术要求见03J104《蒸压加气混凝土砌块建筑构造》。

门窗洞口顶部标高和结构梁底标高不一致的处理方式（过梁、梁底局部挂板等）详见结构专业图纸。

图6-4

墙体留洞及封堵：

钢筋混凝土墙留洞详见结构专业图纸和设备专业图纸；

砌筑墙体的预留洞详见建筑专业图纸和设备专业图纸；

砌筑墙体预留洞过梁详见结构专业说明。

预留洞的封堵：混凝土墙留洞封堵见结构专业图纸，其余砌筑墙留洞待管道设备安装完毕后，用C20细石混凝土填实；变形缝处双墙留洞封堵，应在双墙分别增设套管，套管与穿墙管之间嵌堵防火岩棉，防火墙上的留洞以防火堵料封堵。

卫生间、厨房、其他有水房间及设备管井墙体下部应与楼板同时浇筑200高（以楼板结构标高计）C20素混凝土翻口。

与平屋面、露台相邻墙体下部（包括人员、设备出入口）应与屋面板同时浇筑550高（以平屋面结构标高计）钢筋混凝土翻口。

雨篷、外挑板等部位墙体下部应现浇钢筋混凝土翻口，高于雨篷、外挑板等结构楼板面200。

信息提取

图6-4（续）

①承重的墙体及基础部分内容详见结构图纸。

②建筑墙体为加气混凝土砌块，厚度见平面图纸，构造和技术要求见图集03J104。

③门窗洞口顶部标高与结构梁有冲突时，以结构专业图纸为准。

④结构墙体留洞见结构和设备图纸，建筑墙体留洞见建筑和设备图纸，砌筑墙体预留洞口过梁详见结构专业说明。

⑤卫生间、厨房、其他有水房间及设备管井墙体下部应与楼板同时浇筑200mm高度（以楼板结构标高计）的C20素混凝土翻口。

❖ **门窗工程**

门窗工程说明如图6-5所示。

低窗台窗内侧均设900mm高的防护栏杆，另见详图。

门窗立樘：外门窗立樘详见墙身详图，管道竖井门设门槛的高度为150mm。

门窗的选料、颜色和玻璃详见"门窗表"附注，特殊门窗五金件另定。

除外门窗及室内防火门窗安装外，其余室内门窗在装修时自理，门窗洞口宽度详见平面图，高度详见剖面图，未注明门洞高度为2100mm。

信息提取

图6-5

①低窗台内侧均设置900mm高的防护栏杆，具体见详图。

②管道竖井门设置150mm高的门槛。

③门窗内容详见"门窗表"。

④门窗宽度见平面图、高度见剖面图，未注明的门洞高度为2100mm。

❖ **室外工程**

室外工程说明如图6-6所示。

室外台阶、坡道、散水、窗井、排水明沟或散水带明沟等未特殊注明的，做法详见12J003《室外工程》。

排水明沟被室外台阶、坡道打断处，沿明沟底部铺设φ100暗管，使之互相连通。

信息提取

图6-6

室外台阶、坡道、散水、窗井、排水明沟或散水带明沟等未特殊注明的，做法详见12J003《室外工程》。

6.1.2 构造做法表、室内装修表、门窗表及门窗详图

在建筑施工图中，一般会对屋面、地面等做法进行说明，并针对门窗的具体尺寸和类型进行统计说明。本章项目模型的构造做法表、室内装修表和门窗表及门窗详图图纸如图6-7所示。下面针对该详图内容进行举例说明。

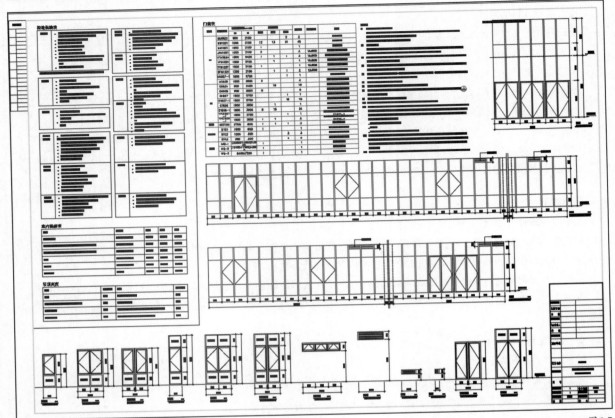

图6-7

构造做法表

构造做法表中包含了屋面、楼面和墙面等部位的建筑构造做法（以"屋面-1"的构造做法为例），主要信息如表6-5所示。

表6-5 "屋面-1"构造做法表

屋面-1	40厚C20细石混凝土保层。配φ6双向@150钢筋网片，绑扎或点焊（设分格缝）
	10厚低强度等级砂浆隔离层
	125厚泡沫玻璃保温板
	1.2厚三元乙丙防水卷材
	1.5厚聚氨酯防水涂膜
	20厚1：3水泥砂浆找平层
	起始处1m内0~30厚1：6水泥砂浆找坡，1m以外最薄处30厚LC5.0轻集料混凝土2%找坡层
	现浇钢筋混凝土屋面板

信息提取

建筑"屋面-1"类型共有七层建筑构造层，在结构屋面板上面从下到上依次为找坡层、找平层、防水涂膜层、防水卷材、保温层、隔离层和保护层。

读者可以参照上述示例解读其他内容。

门窗表

门窗表中的参数是门窗施工的依据，也是BIM建筑模型中门窗尺寸和定位的依据（以MM0821为例），主要信息如表6-6所示。

表6-6 门窗表

类型	设计编号	洞口尺寸（mm）		分层樘数			总樘数	选用图集	备注
		宽	高	底层	二层	三层			
门	MM0821	800	2100	—	—	2	2		木夹板门

信息提取

本构件为门，门窗的编号为MM0821，门窗的洞口预留尺寸为800mm×2100mm，该类型的门窗在三层有两个。

其他类型的门窗与示例类似，读者可以参照上述示例识读其他类型的门窗。

门窗详图

门窗详图是门窗尺寸和定位的具体表达（以GC2706为例），如图6-8所示。

信息提取

窗宽度为2700mm，高度为600mm，距离地面2250mm，细部构造见图。

其他门窗详图与上述示例类似，读者可参照示例识读其他门窗。

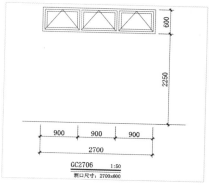

图6-8

6.1.3 平面图

建筑项目共包含底层平面图、二层平面图、三层平面图和屋顶层平面图4张平面图，平面图图纸如图6-9所示。平面图是建筑施工图的基础。平面图中的信息含量大，内容复杂，正确识读平面图是建筑平面识图的重中之重。平面图的绘制规则基本类似，一般底层平面图所包含的信息最多。接下来对项目综合楼的平面图进行详细的讲解（下述示例未注明的图纸信息均为底层平面图）。

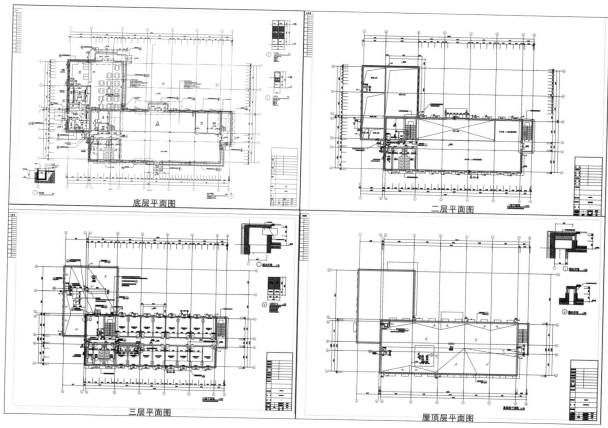

图6-9

图名和指北针

图名和指北针一般放置在同一个位置，图名是本张图纸的名称，而指北针是对图纸方向和实际方向的对比，其表达方式如图6-10所示。

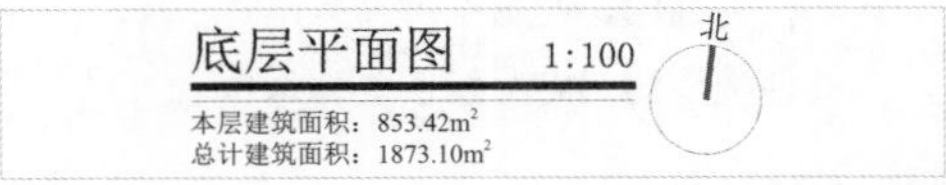

信息提取

①本张图纸为"底层平面图"。

②本建筑建筑面积为1873.10m²，本层建筑面积为853.42m²。

③本建筑的实际方向如图中指北针所示。

底层平面图　　1:100　北

本层建筑面积：853.42m²
总计建筑面积：1873.10m²

图6-10

室外台阶

室外台阶一般仅在底层平面图中有所表达，其内容主要表示了建筑底层室外和室内的连接方式（以底层平面图5轴～6轴交A轴下侧室外台阶为例），如图6-11所示。

信息提取

①台阶的宽度为1900mm，长度为（300＋300＋1500）mm。

②台阶起始室外标高为−0.300m，台阶最高为−0.0150m。

③台阶边缘距离5轴和6轴均为2650mm，台阶根部距离A轴1050mm。

④台阶具体做法详见图集12J003中的2A/B1。

其他室外台阶与上述示例类似，读者可参照示例进行识读。

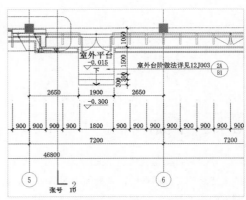

图6-11

室外散水暗沟

室外散水暗沟指室外的排水构造（以1轴交G轴处室外散水暗沟为例），如图6-12所示。

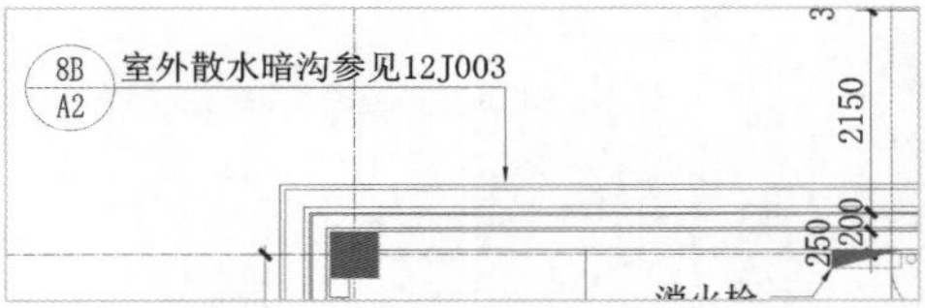

信息提取

①室外散水暗沟平面布置位置以平面图示意为参照。

②散水暗沟的做法参照图集12J003中的8B/A2。

其他室外散水暗沟与上述示例类似，读者可参照示例进行识读。

图6-12

门窗墙体

门窗墙体是建筑模型的主要内容，门窗一般依附于墙体之上（以C轴交7轴处的门窗墙体为例），如图6-13所示。

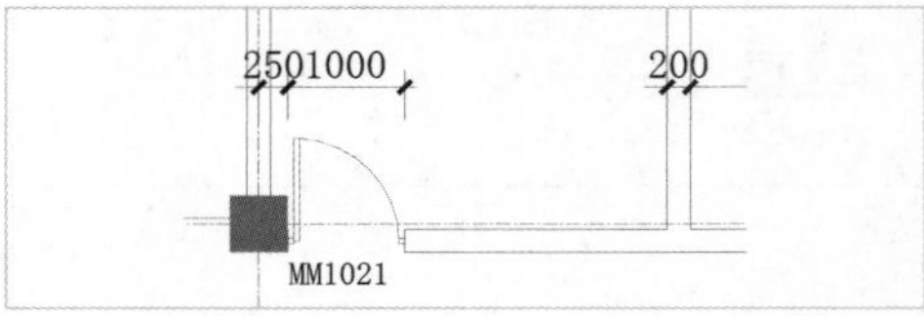

信息提取

①墙体厚度为200mm（设计说明4.2中已注明非承重墙体为200mm或100mm的墙厚）。

②门的类型为MM1021，距离7轴250mm，门的宽度为1000mm。

其他门窗墙体与上述示例类似，读者可参照示例进行识读。

图6-13

房间标记和室内标高

房间标记是对房间的说明，主要包含房间的类型、面积及标高等内容（以5轴、6轴交C轴、D轴处标记为例），如图6-14所示。

信息提取

①此处为大厅，建筑面积为132.95m²。

②室内地面标高为0.000m。

其他房间的标记和室内标高与上述示例类似，读者可参照示例进行识读。

大厅
132.95m²
±0.000

图6-14

墙体洞口

墙体中会存在洞口，洞口的表达一般依附于墙体本身，主要内容为其尺寸及定位（以1轴交G轴往下1800mm处洞口为例），如图6-15所示。

信息提取

①此处洞口为直径250mm的圆形洞口。

②本层共有四个相同的洞口。

③洞口顶部为梁的底部，洞口中心在G轴往下1800mm处。

其他洞口与上述示例类似，读者可参照识读。

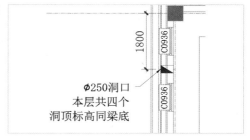

图6-15

其他

建筑平面图纸中有一些内容不属于建筑部分的施工内容，在进行专业划分时应当划归到其他专业中，在处理图纸时也可以通过删除来减少需要识读的内容（下述图例以底层平面图为例）。

❖ 消火栓

消火栓等相关内容无须在建筑模型中完成，如图6-16所示，只需在安装机电时参照建筑模型进行施工作业。

❖ 幕墙

建筑图纸中的幕墙没有参照意义，因此不作为幕墙绘制的依据。但是若无幕墙部分，整个模型又不够完整。因此在处理的过程中，一般根据项目的实际需求进行简单的绘制（以示意或优化观感为目的进行绘制即可），而真正的幕墙模型则由专业的人员按照专业的幕墙深化图进行处理。

图6-16

提示

作为专业性较强的内容，幕墙这部分可以单独作为一个专业来处理，一般会提供有关幕墙专业的深化图纸。以6轴与7轴交A轴之间的墙体为例，这个部分的墙体名称为MQ-1，如图6-17所示，幕墙效果如图6-18所示。

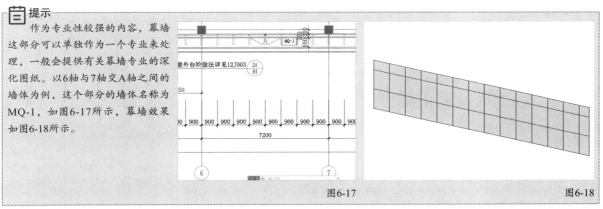

图6-17

图6-18

❖ 家具及卫生器具

家具及卫生器具的布置在施工阶段不作要求，相应的设施属于装修内容，按照平面图纸进行示意即可。如在底层平面图纸中的A轴、B轴交1轴、2轴之间有卫生间，而卫生间内标示了大便蹲位、小便池和洗脸池等内容，如图6-19所示。这些内容仅为示意，建模时可直接导入相关族，在实际的施工过程中则以装修图纸为依据。

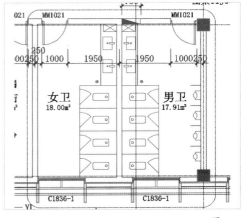

图6-19

❖ 立管

安装专业立管在建筑模型中不作要求，也无法通过建筑图纸进行详细的定位。在安装模型中完成并参照建筑模型进行调整，如在底层平面图纸中8轴交D轴左侧的YL为雨水立管，如图6-20所示。此处应当划分为安装专业，在建筑模型中无须进行相关操作。

❖ 其他

在建筑图纸中，有一些要求很难通过模型表达，处理时不必达到太高的精度，如在底层平面图纸中的3轴交A轴的保洁室坡度为0.5%，如图6-21所示。由于坡度太小，因此即使绘制了模型也难以用肉眼查看到其中的细节，处理时就可以忽略此处的坡度内容，以此提高建模效率。

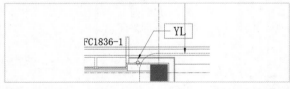

图6-20

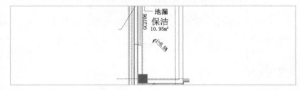

图6-21

6.1.4 立面图

本项目包含1轴-9轴立面图、9轴-1轴立面图、A轴-G轴立面图和G轴-A轴立面图共4张立面图，立面图图纸如图6-22所示。立面图详细地表达了建筑物的外形轮廓和相应的做法，立面图和平面图的结合能够更好地帮助工程人员理解设计意图。

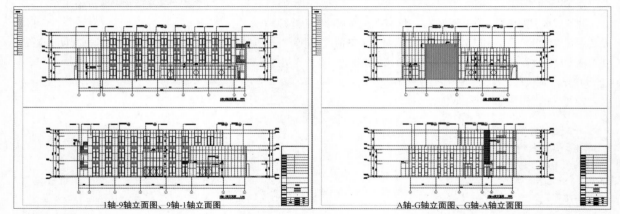

1轴-9轴立面图、9轴-1轴立面图　　　　　　　A轴-G轴立面图、G轴-A轴立面图

图6-22

> 📋 提示
>
> 识读立面图时，不同的立面图的表达规则一致，所表达的内容类似。本小节以"1轴-9轴立面图"为例，详述如何识读项目综合楼的立面图纸。

🏢 确定立面图对应的平面位置

由图6-23所示内容可知，模型立面图的轴网顺序从左到右依次为1轴～9轴，在进行识读的过程中，要结合平面图确定其具体位置和相互对应的关系。

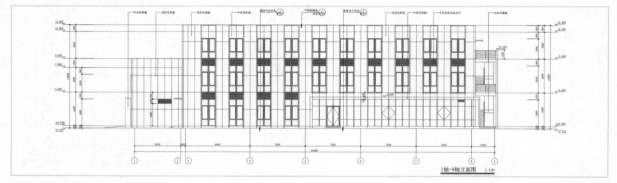

1轴-9轴立面图 1:100

图6-23

确定主要标高

主要标高能够定位外墙构件所在的高度。由图6-24所示内容可知，项目综合楼立面图中的标高依次为室外标高−0.3m、室内底层建筑标高0.0m、主楼二层建筑标高4.5m、食堂屋顶建筑标高7.8m、主楼三层建筑标高9.0m、主楼屋顶建筑标高12.6m和主楼最高处的建筑标高13.5m。

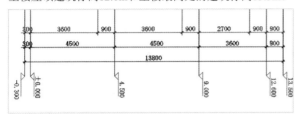

图6-24

外墙材质

立面图中会对外墙的装修内容进行简单的描述，如图6-26所示。项目综合楼立面图的顶部包含大量的外墙材质信息，如浅灰色铝板、中灰色铝板等。建筑模型一般不深入装修部分，仅以示意进行相关内容的工作开展。

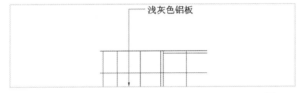

图6-26

建筑构件标高定位

通过标高符合的标记和与主要标高的关联来确定其他需要进行高度标记的建筑构件。由图6-25所示内容可知（以9轴交标高9.0m处为例），楼梯外墙的顶部高度为10.2m，位于三层建筑标高1200mm以上。除墙体外，立面图一般会包含外墙依附构件的标高定位（如门窗等内容），读者可参照识读立面图纸中的其他构件的高度定位信息。

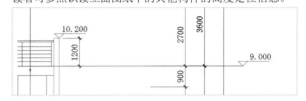

图6-25

详图索引

立面图中的详图索引主要有屋面和墙身两个方面，如图6-27和图6-28所示。由于建筑模型的精细度很难达到详图描述中的细致程度，因此一般在实际项目中不在整体模型中建立。如果项目存在相应的需求，那么一般会以单独的阶段详图文件进行详图阶段的工作。

图6-27   图6-28

6.1.5 1-1剖面图、2-2剖面图、卫生间详图

剖面图可以理解为内部的立面表达，其表达方式与立面图相似，但其表达的部位一般为建筑物较为复杂的内部。卫生间详图是对卫生间部位的详细描述。项目模型的楼梯详图图纸如图6-29所示。

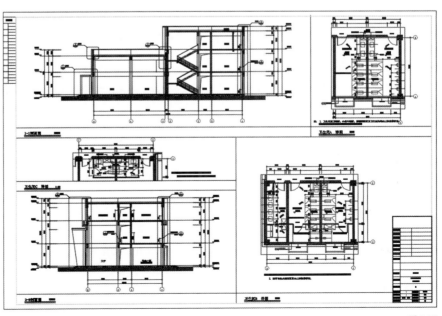

图6-29

剖面图对应的平面位置

剖面图对应的平面位置在底层平面图中,如图6-30所示。1-1剖面图对应的平面位于3轴~4轴处,2-2剖面图对应的平面位于5轴~6轴处。

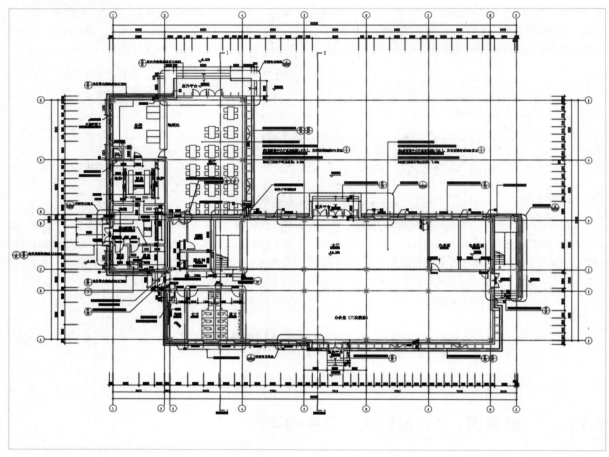

图6-30

剖面图中的标高和详图索引与立面图类似,读者可参照立面图内容的讲解进行识读,在此不再赘述。

卫生间详图

卫生间详图中的注释如图6-31所示,卫生器具及电热水器的具体定位由二次装修确定,建筑模型中的卫生间可不进行绘制。

1.卫生间厕卫隔断、小便斗隔断、淋浴间隔断及卫生洁具均由二次装修确定。

2.所有电热水器的高度由二次装修确定。

图6-31

6.1.6 楼梯详图

项目模型的楼梯详图图纸如图6-32所示,其中有楼梯A和楼梯B两个楼梯。建筑楼梯的表达形式和结构楼梯的表达形式类似,但是表达内容存在一定的区别。虽然在实际工程中,建筑楼梯和结构楼梯为同一个楼梯,但是为了更好地表达建筑楼梯和结构楼梯,一般单独对它们进行绘制。读者也可以根据项目要求仅绘制建筑楼梯或结构楼梯,当然也可以通过其他方式处理。

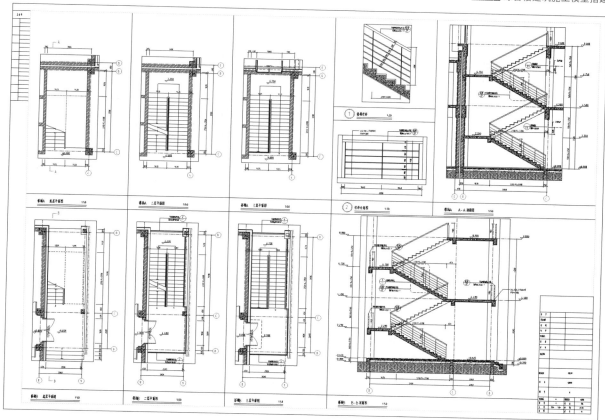

图6-32

楼梯平面图

建筑楼梯平面图是按照建筑完成后的样式进行绘制的（以二层平面图的楼梯A为例），如图6-33所示。

信息提取

①箭头表达了楼梯上下的方向。

②梯段边缘距离4轴250mm。

③梯段的宽度均为1425mm。

④平台高度为2.250m。

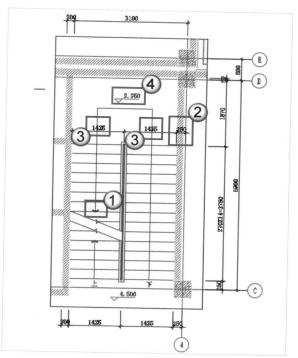

提示

楼梯详图中的建筑平面图和结构平面图存在差异，一般而言，建筑平面图中层高不发生变化，每个楼层的平面图都是相同的。

图6-33

楼梯剖面图

建筑楼梯的剖面图与结构楼梯的剖面图在表达方式上存在一定的差异。结构楼梯中的高度一般与建筑楼梯会存在一个面层的差距,结构楼梯平台和踏面的高度都会发生差异,而在表达内容上,结构楼梯包含了梯梁、梯柱等结构内容,建筑楼梯则表达了栏杆扶手等内容,如图6-34所示。

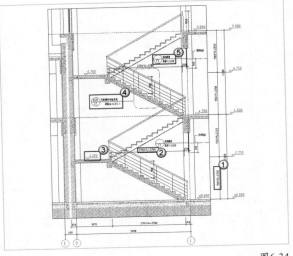

信息提取

①梯段的踢面高度150mm,共15个踢面。

②梯段的踏步深度270mm,共14个踏步。

③休息平台的高度2.250m。

④栏杆做法详见图集06J403-1中第37页B28样例。

⑤挡烟垂壁的做法参照图集11J508。

相同类型的信息与上述示例类似,读者可参照上述示例解读其他参数。

图6-34

6.1.7 其他详图

由项目图纸目录中的内容可知,本项目综合楼模型的详图内容在平面节点详图（一）、平面节点详图（二）、墙身节点详图（一）、墙身节点详图（二）和墙身节点详图（三）图纸中,如图6-35所示。

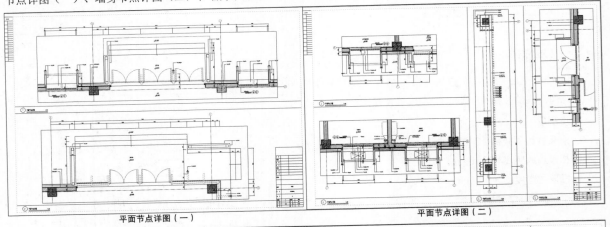

平面节点详图（一）　　　　　　　　平面节点详图（二）

墙身节点详图（一）　　　墙身节点详图（二）　　　墙身节点详图（三）

图6-35

项目综合楼的详图中涉及了建筑节点的具体做法，其内容较为细致。现阶段的建筑模型中很少能够将详图具体做法反映出来。鉴于现阶段的硬件配置和工作量强度难以达到详图内容的整体表达，一般在实际的项目中不对详图内容进行细致化的模型搭建。

建筑装修部分的内容一般可单独作为装修部分的模型，幕墙部分的内容一般也会单独对幕墙进行深化。

 提示

> 如果项目存在相应的要求，那么一般会提供一份单独的文件进行详图模型的制作，作为技术交底等的依据。

6.2 综合建筑施工模型

建筑模型主要涉及建筑的建筑构造和细部做法，在现阶段的应用中对建筑模型的做法要求不高，本书只对建筑模型中的主要内容进行介绍（建筑模型中的细部节点部分，一般不在整体模型中体现）。

建筑模型的搭建有两种方式，一种是单独建立相应的建筑文件，另一种是在结构模型中直接进行建筑部分的模型搭建。至于搭建的方式读者可自行选择，本节将在结构模型中直接进行建筑部分的建模工作。

 提示

> 笔者建议直接在结构模型中进行工作，因为建筑结构本身就是一体的，如果单独拆分为两个部分，很多内容不能相互呼应，在后期整合两个模型时必然会存在一定的问题。

6.2.1 标高与轴网

在结构模型文件中直接创建建筑模型也同样需要建立相应的标高和轴网。在操作过程中，建筑的标高和轴网的操作原理与结构的标高和轴网的操作原理是一致的，因此将按照结构的标高和轴网的创建方式进行，本小节将不对相关操作进行讲述。

确定标高

建筑图纸中存在立面图纸，对于建筑部分的标高内容，可以直接根据建筑立面图中的信息进行处理。建筑立面图中综合了所有立面图纸中的标高内容，如图6-36所示，因此项目综合楼需要设置的建筑标高如表6-7所示。

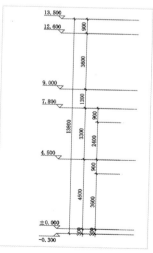

图6-36

表6-7 建筑标高

名称	高度（m）
－0.300（建筑）	－0.300
－0.000（建筑）	－0.000
4.500（建筑）	4.500
7.800（建筑）	7.800
9.000（建筑）	9.000
12.600（建筑）	12.600
13.500（建筑）	13.500

建筑标高按照图纸中的相应内容创建，建筑标高的创建方法和结构标高的创建方法一致，在为标高命名时注明标高为建筑类别即可。

 提示

> 在确立建筑标高时，应当综合结构施工图纸中的相关信息来进行确认，结构中已经出现的标高可以不再进行建立，结构模型中也会有相关内容需要结合建筑图纸进行确定，所以标高的确立最好还是在建筑立面图的基础上结合结构图纸。

确定轴网

第5章中已经按照要求完成了结构模型的轴网创建，而建筑中的轴网和结构中的轴网在一般情况下都是相同的，所以在建筑模型中不需要进行轴网的创建。

实训：综合楼建筑标高

素材位置	无
实例位置	实例文件>CH06>实训：综合楼建筑标高
视频名称	实训：综合楼建筑标高.mp4
学习目标	掌握在项目中建立建筑标高的方法

本项目建立的标高如图6-37所示。

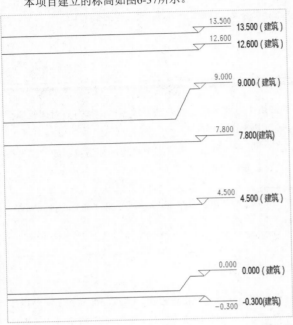

图6-37

绘制标高

01 打开"实例文件>CH05>练习：搭建其他详图构件模型>综合楼结构模型.rvt"，如图6-38所示。

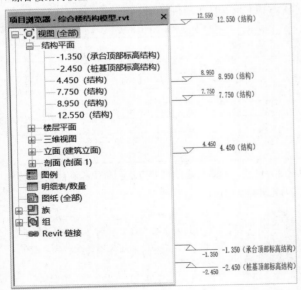

图6-38

02 按照结构模型建立标高的操作完成建筑标高的创建，完成后的建筑标高如图6-39所示。

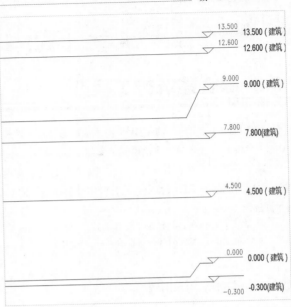

图6-39

03 选中"－0.300（建筑）"，在"属性"面板中选择标高的类型为"下标头"，如图6-40所示。

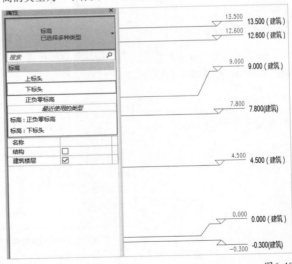

图6-40

生成视图平面

01 在"视图"选项卡中执行"平面视图>楼层平面"命令，如图6-41所示，弹出"新建楼层平面"对话框，然后设置"类型"为"楼层平面"。接着在"为新建的视图选择一个或多个标高"中选中创建的所有建筑标高，最后勾选"不复制现有视图"选项，单击"确定"按钮，如图6-42所示。

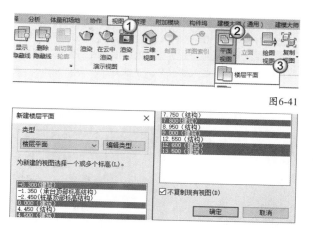

图6-41

图6-42

02 设置完成后，即完成所有建筑标高的视图创建，这时每一个标高对应一个楼层平面，如图6-43所示。

图6-43

6.2.2 图纸的处理及导入

在结构模型的开展过程中，在搭建基础、柱、梁和板之前都进行了结构图纸的截取及导入工作，那是因为在结构图纸中，每一种构件都由其相对应的平面图纸进行表达。但是在建筑图纸中，所有的内容都是在同一张平面图纸中表达的。因此在搭建建筑模型的过程中，结构部分省去了图纸的处理和导入工作。本小节将针对图纸的处理和导入单独进行说明，后续在搭建模型时就无须多次导入了。

实训：导入底层平面图

素材位置	素材文件>CH06>实训：导入底层平面图
实例位置	实例文件>CH06>实训：导入底层平面图
视频名称	实训：导入底层平面图.mp4
学习目标	掌握在项目中进行图纸的导入及处理的方法

本项目导入的平面图纸如图6-44所示。

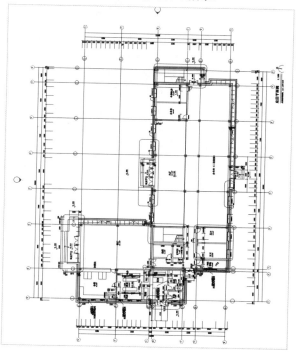

图6-44

分割图纸

01 打开"素材文件>CH06>实训：导入底层平面图>综合楼建筑施工图.dwg"，选择"底层平面图"中的平面部分，如图6-45所示。执行"带基点的复制"命令，按快捷键Ctrl+Shift+C，并选择1轴和A轴的交点作为基点，完成复制操作。

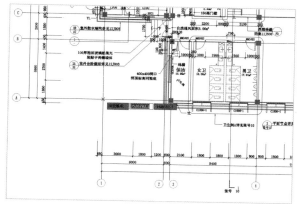

图6-45

02 新建一个CAD文件，然后按快捷键Ctrl+V，再输入基点(0,0)，将相应的内容以1轴和A轴的交点为基点进行复制。清理图纸中不必要的内容，如图6-46所示。

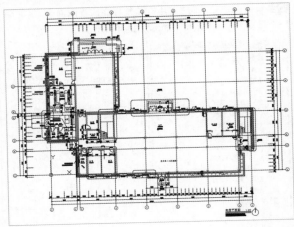

图6-46

📋 提示

在建筑平面图纸中，需要清除的内容主要包含详图索引符号、相应的文字说明、机电安装专业的立管及消火栓等设备和桌、椅等家具。处理图纸的目的是便于进行后续的操作，如果图纸处理非常麻烦，也可以保留相应内容来提高工作效率。

03 完成以上操作后，图纸的截取就完成了。单击"保存"按钮💾选择保存的路径，并将文件命名为"底层平面图"即完成图纸的保存工作。

📖 导入图纸

01 打开"实例文件>CH06>实训：综合楼建筑标高>综合楼建筑标高.rvt"，然后切换到"0.000（建筑）"楼层平面视图，如图6-47所示。

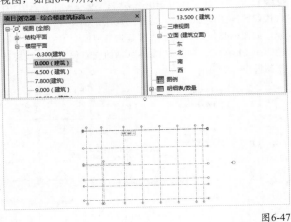

图6-47

📖 练习：导入其他楼层平面图

素材位置	素材文件>CH06>练习：导入其他楼层平面图
实例位置	实例文件>CH06>练习：导入其他楼层平面图
视频名称	练习：导入其他楼层平面图.mp4

扫码观看视频

📖 效果展示

本练习导入的二层平面图、三层平面图和屋顶层平面图如图6-50~图6-52所示。

02 在"插入"选项卡中单击"导入CAD"按钮🔧，在弹出的对话框中选择"底层平面图.dwg"，然后取消勾选"仅当前视图"选项，设置"导入单位"为"毫米"，"定位"为"自动-原点到原点"，"放置于"为"0.000（建筑）"，最后单击"打开"按钮，如图6-48所示。

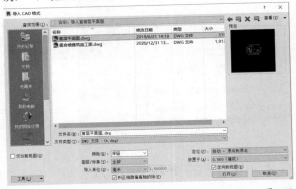

图6-48

03 完成"底层平面图"的导入后，效果如图6-49所示。

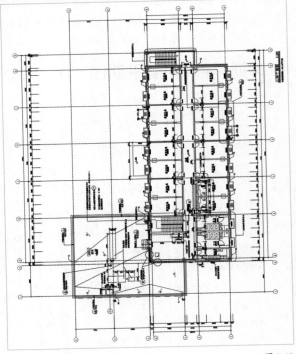

图6-49

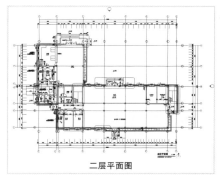
二层平面图

图6-50

三层平面图

图6-51

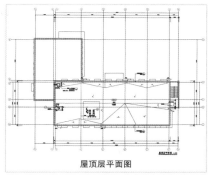
屋顶层平面图

图6-52

任务说明

（1）在"4.500（建筑）"楼层平面中导入"二层平面图"。

（2）在"9.000（建筑）"楼层平面中导入"三层平面图"。

（3）在"12.600（建筑）"楼层平面中导入"屋顶层平面图"。

6.2.3 建筑墙体

墙体是建筑模型中的主要内容，也是插入门窗模型的前提。简单的建筑模型可以只包含建筑墙体和门窗内容，所以墙体内容是建筑模型的重点内容。

> **提示**
> 在Revit中，系统提供的门窗只能依附于建筑墙体，所以必须先进行建筑墙体的创建才能进行门窗的创建。
> 剪力墙结构的内容与建筑墙体一致，在本例项目中无结构剪力墙内容，如果读者在以后的项目中遇到剪力墙的情况，可以参照相应的建筑墙体内容进行绘制。

参照图纸

本项目配套图纸为"综合楼建筑施工图.dwg"，墙构件需要参照其中的"底层平面图""二层平面图""三层平面图""屋顶层平面图"。

工具分析

根据建筑图纸确定了墙体的信息后，下一步工作就是在Revit中对墙体进行设置。墙体的创建命令在"建筑"选项卡中，执行"墙>墙：建筑"命令，如图6-53所示，即可进入墙体的编辑模式。

图6-53

在激活的"修改|放置 墙"上下文选项卡中，可通过设置选项栏内的参数绘制墙，如图6-54所示。

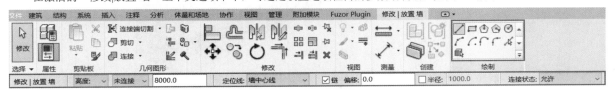

图6-54

◆ **重要参数介绍** ◆

深度与高度:深度指从参照标高往下的距离;高度指从参照标高往上的距离。

定位线:控制墙体内指定的平面和指针对齐,包括"墙中心线""核心层中心线""面层面:外部""面层面:内部""核心面:外部""核心面:内部"共6种类型,如图6-55所示。一般常用"面层面:外部",鼠标指针对应的位置即为墙的边线,按空格键可切换墙体是否位于鼠标指针的两侧,如图6-56所示。

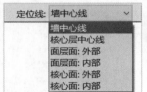

图6-55　　　　　　　　　　　　　　　　　　　　　　图6-56

📋 **提示**

墙体在CAD图纸中的平面表达形式为两条平行的线段,所以建筑墙体常用"面层面:外部"选项来定位。

链:不勾选该选项,完成墙体的绘制后,需另外绘制其他墙体;勾选了该选项,将以上一段绘制完成的墙体的终点作为下一墙体的起点直接进行绘制。图6-57所示为勾选"链"选项后完成一段墙体绘制的对比效果。

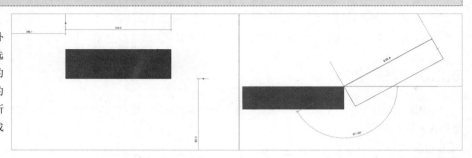

图6-57

偏移:表示相对于选择的视图平面的偏移值。输入正值表示墙体在视图平面以上的高度进行绘制,输入负值表示墙体在视图平面以下的高度进行绘制,如在"偏移"中输入2000,表示绘制的管道中心线从视图平面往上偏移2000mm,在"偏移"中输入–2000,表示绘制的管道中心线从视图平面往下偏移2000mm。

📋 **提示**

每输入一个不同的数值,将会在"偏移"一栏中自动记录该数值,并自动以从大到小的顺序进行排列,下次使用该数值时,可在下拉列表中直接选择,不用重复输入。

🖳实训:创建一、二层墙体及女儿墙模型

素材位置	无
实例位置	实例文件>CH06>实训:创建一、二层墙体及女儿墙模型
视频名称	实训:创建一、二层墙体及女儿墙模型.mp4
学习目标	掌握在项目中创建墙体的方法及创建思路

本项目创建的一、二层墙体及女儿墙如图6-58所示。

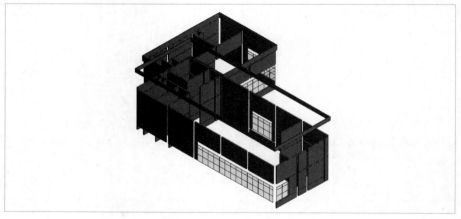

图6-58

一层墙体的绘制

读者需要根据图纸要求绘制一层建筑中的200mm外墙、200mm内墙、100mm内墙和幕墙。

❖ **绘制200mm外墙**

01 打开"实例文件>CH06>练习：导入其他楼层平面图>综合楼图纸.rvt"，然后切换到"0.000（建筑）"平面图，如图6-59所示。

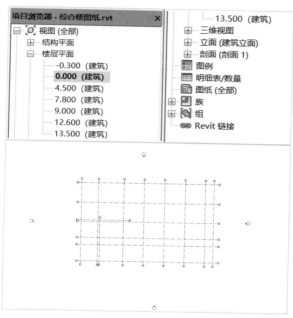

图6-59

02 在绘图区域中以1轴交G轴、2轴交G轴两个点为端点绘制一段墙体，如图6-60所示。

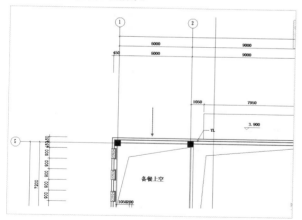

图6-60

03 在"建筑"选项卡中执行"墙>墙：建筑"命令，然后单击"属性"面板中的"编辑类型"按钮，在弹出的"类型属性"对话框中单击"复制"按钮，复制一个"名称"为"一层建筑外墙"的墙体，接着单击"编辑"按钮，在弹出的"编辑部件"对话框中设置"结构"的"厚度"为200，依次单击"确定"按钮退出设置，如图6-61所示。

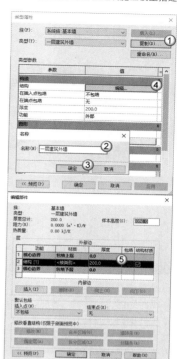

图6-61

04 在选项栏中设置"高度"为"4.500（建筑）"，"定位线"为"核心面：外部"，并在"属性"面板中设置"底部约束"为"-0.300（建筑）"。将鼠标指针放置于1轴处的墙体边线上并单击，然后移动鼠标指针到墙体的另一端再次单击，即可完成本段墙体的绘制，如图6-62所示。

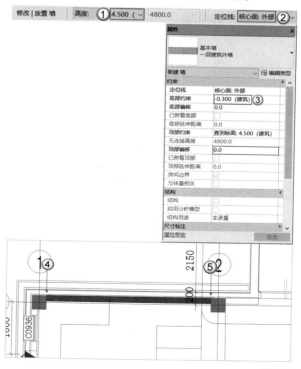

图6-62

213

05 根据图纸中的内容，依次绘制一层建筑中所有200mm的外墙，绘制完成后如图6-63所示。

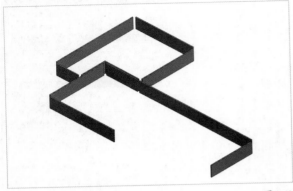

图6-63

❖ 绘制200mm内墙

01 保持200mm外墙的绘制状态，在"属性"面板中单击"编辑类型"按钮，弹出"类型属性"对话框，单击"复制"按钮，复制"名称"为"一层建筑内墙"的墙体，单击"确定"按钮退出设置，如图6-64所示。

图6-64

02 在"属性"面板中设置"底部约束"为"0.000（建筑）"，然后按同样的方法绘制一层所有200mm内墙的模型，如图6-65所示。

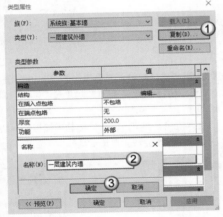

图6-65

提示

在一层建筑墙体的绘制过程中，外墙所对应的底部标高为室外标高，内墙所对应的底部标高为一层的标高高度。

由于一层大部分建筑墙体的厚度为200mm，同时为了减少工作，在为200mm的墙体命名时没有添加后缀（尺寸），对于其他尺寸的墙体，可以考虑通过后缀区分。

❖ 绘制100mm内墙

01 保持200mm内墙的绘制状态，在"属性"面板中单击"编辑类型"按钮，在弹出的"类型属性"对话框中单击"复制"按钮，复制一个"名称"为"一层建筑内墙100"的墙体。接着单击"编辑"按钮，在弹出的"编辑部件"对话框中设置"结构"的"厚度"为100，单击"确定"按钮退出设置，如图6-66所示。

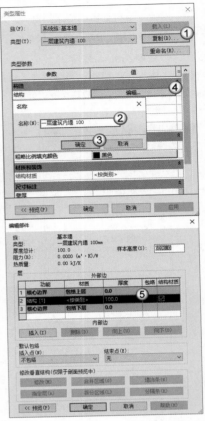

图6-66

02 按照同样的方法完成一层所有100mm的内墙模型，如图6-67所示。

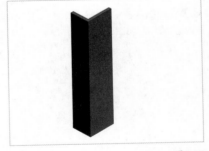

图6-67

提示

不同材质的墙体对应不同类型，读者需要区分地下与地上、外墙与内墙、不同标准层的墙体。由于建筑墙体100mm为特殊情况，因此命名时添加了100字样的后缀作为区分。命名的原则以简洁明了为主。

❖ 绘制幕墙

01 在本层中还存在幕墙部分，幕墙在土建模型中搭建的精度要求不高，仅为示意使用。保持100mm内墙的绘制状态，在"属性"面板中设置墙体的类型为"幕墙"。然后设置"底部约束"为"-0.300（建筑）"，"底部偏移"为0，"顶部约束"为"直到标高：4.500（建筑）"，"顶部偏移"为0。最后按照建筑墙体的绘制方法进行绘制，如图6-68所示。

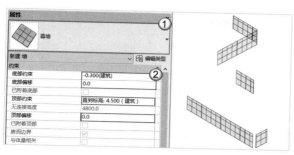

图6-68

📋 **提示**

幕墙属于单独的体系，在本书中不进行相关内容的讲述。在土建应用中，幕墙通过"建筑"选项卡中的"幕墙"工具进行简单绘制。

02 完成上述所有操作后，即完成了一层所有建筑墙体内容的模型工作，完成后的整体效果图如图6-69所示。

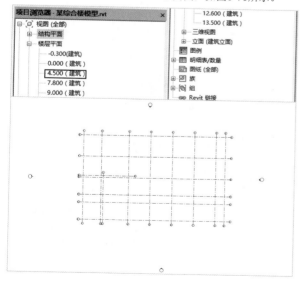

图6-69

🏢 二层墙体的绘制

二层建筑墙体部分分为食堂部分和办公区域，两者存在一定的高差，先绘制食堂部分的墙体模型。

❖ **绘制食堂部分**

01 切换到"4.500（建筑）"平面图，如图6-70所示。

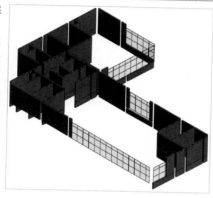

图6-70

02 在"建筑"选项卡中，执行"墙>墙：建筑"命令，然后在"属性"面板中单击"编辑类型"按钮，弹出"类型属性"对话框，单击"复制"按钮，复制一个"名称"为"二层建筑外墙"的墙体。接着单击"编辑"按钮，在弹出的"编辑部件"对话框中设置"结构"的"厚度"为200，单击"确定"按钮退出设置，如图6-71所示。

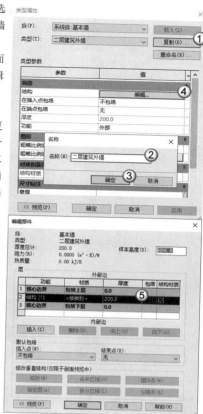

图6-71

03 本项目中食堂部分的墙体高度为7.800m，绘制前需在选项栏中设置"高度"为"7.800（建筑）"，"定位线"为"核心面：外部"。完成墙体的设置后开始绘制墙体，如图6-72所示。

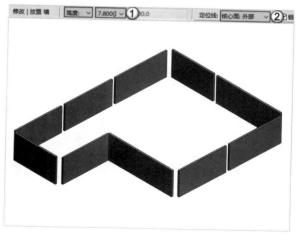

图6-72

04 保持二层外墙的绘制状态，在"属性"面板中单击"编辑类型"按钮，在弹出的"类型属性"对话框中单击"复制"按钮，复制一个"名称"为"二层建筑内墙"的墙体，如图6-73所示，然后绘制食堂部分墙体厚度为200mm的内墙，如图6-74所示。

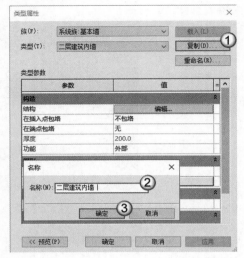

图6-73

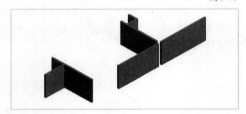

图6-74

📋 **提示**

在实际情况下，食堂部分只有一层，但是食堂的高度为标高0.000m~7.800m，食堂部分在4.450m处存在结构梁，并且墙体在上下部分存在一定差异，因此为了进行更好的处理，在处理模型时将其分为两个部分。

❖ **绘制办公区域**

01 主体办公区域的二层建筑墙体的处理方式与食堂部分相同。使用食堂部分设置好的二层建筑外墙和二层建筑内墙绘制二层办公区域中厚度为200mm的建筑墙体模型，唯一的不同点就是在绘制墙体时需将"属性"面板中的"顶部约束"设置为"直到标高：9.000（建筑）"，如图6-75所示。

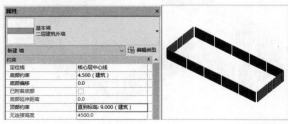

图6-75

02 在"属性"面板中单击"编辑类型"按钮，在弹出的"类型属性"对话框中单击"复制"按钮，复制一个"名称"为"二层建筑内墙100"的墙体，接着单击"编辑"按钮，在弹出的"编辑部件"对话框中设置"结构"的"厚度"为100，依次单击"确定"按钮退出设置，如图6-76所示。绘制完成后的内墙效果如图6-77所示。

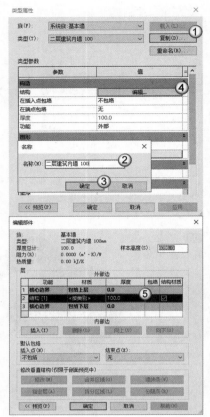

图6-76

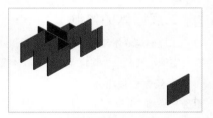

图6-77

03 完成所有上述所有内容，即可完成二层所有建筑墙体的模型，绘制完成后如图6-78所示。

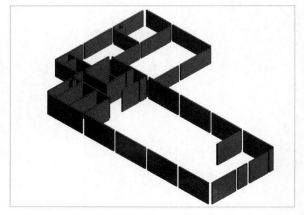

图6-78

女儿墙的绘制

女儿墙也属于建筑墙体,但女儿墙必须单独绘制,相应的绘制方法与其他建筑墙体的绘制方法相同。本项目中的女儿墙分为两个部分,一个是食堂部分的女儿墙,一个是办公区域的女儿墙,由于其标高不一致,因此需要分开进行绘制。

❖ **绘制食堂部分女儿墙**

01 通过"项目浏览器"切换到"7.800(建筑)"平面图,如图6-79所示。

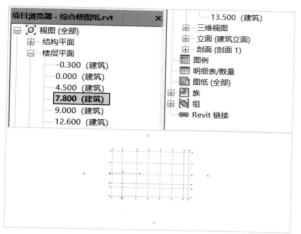

图6-79

02 在"建筑"选项卡中,执行"墙>墙:建筑"命令。待"属性"面板激活后,单击"编辑类型"按钮,在弹出的"类型属性"对话框中复制一个"名称"为"女儿墙"的墙体。接着单击"编辑"按钮,在弹出的"编辑部件"对话框中设置"结构"的"厚度"为120,单击"确定"按钮退出设置,最后设置如图6-80所示。

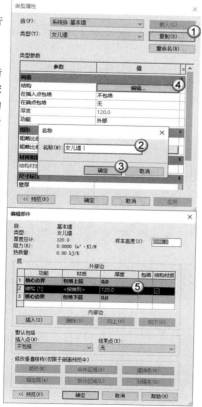

图6-80

03 在"属性"面板中设置"底部约束"为"7.800(建筑)","底部偏移"为0,"顶部约束"为"直到标高:7.800(建筑)","顶部偏移"为1200,然后参照图纸中女儿墙的位置完成食堂部分的女儿墙,如图6-81所示。

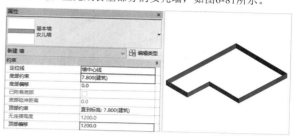

图6-81

❖ **绘制办公区域女儿墙**

01 切换到"12.600(建筑)"平面图,如图6-82所示。

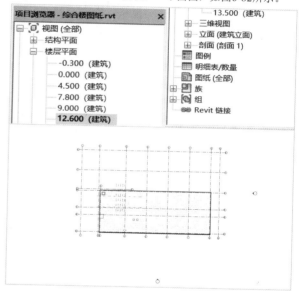

图6-82

02 保持女儿墙的绘制命令,在"属性"面板中设置"底部约束"为"12.600(建筑)","顶部约束"为"直到标高:13.500(建筑)",完成办公楼区域女儿墙的绘制后,效果如图6-83所示。

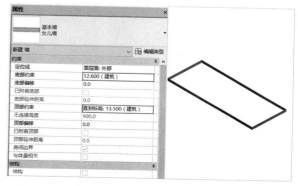

图6-83

03 完成所有类型的建筑墙体后,其效果如图6-84所示。

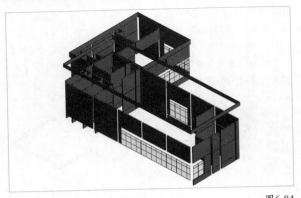

图6-84

📖 **提示**

在Revit中绘制建筑墙体需要直接覆盖门窗的位置，因为Revit是默认门窗依附于墙体的，所以只能在墙体上放置门窗，门窗的放置将在下一小节进行讲解。

读者在绘制完成后会发现墙体与结构柱、结构梁存在一定冲突，现在已有相关插件可以解决建筑墙体和结构构件冲突的问题，实现墙体和结构构件的自动剪切。读者可以在闲暇之余尝试其他插件的自动剪切功能。

另外，读者也可以在进行相关操作的过程中直接将墙体的高度定义为梁底，在水平绘制时避开结构柱。但是由于梁的高度不一，绘制时的工作量将增加，所以本例的绘制并没有使用这种方式。

📑 墙体中预留洞口的模型

除了在结构中需要绘制的楼板洞外，在墙体模型中也需要绘制洞口，其绘制方式与楼板洞的绘制方式是相同的。

01 先绘制1轴交G轴往下1800mm处的圆形洞口，如图6-85所示。

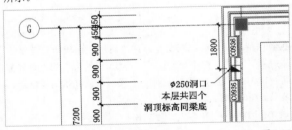

图6-85

02 在三维视图中，选中对应的墙体。通过ViewCube工具切换到"左"视图，如图6-86所示。

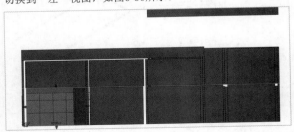

图6-86

03 双击选中的墙体，进入墙体的轮廓编辑模式，如图6-87所示。

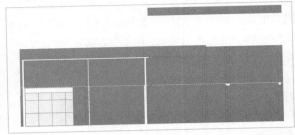

图6-87

04 为了方便操作，通过ViewCube工具切换到"西"视图，如图6-88所示。

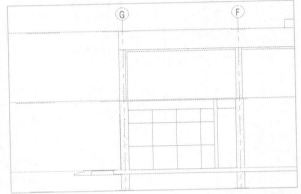

图6-88

05 由图纸中的信息可知该洞口是一个直径为250mm的圆形洞口，洞口中心位于距离G轴偏F轴方向1800mm处，洞口的顶部位于梁的底部。由结构图纸可知梁的底部标高为"4450-600" mm。在"建筑"选项卡中单击"参照平面"按钮，在G轴与F轴之间绘制一个竖向的参照平面，然后选中该线条，在弹出的输入框中输入数字1800，距离G轴1800mm的参照线绘制完成，如图6-89所示。

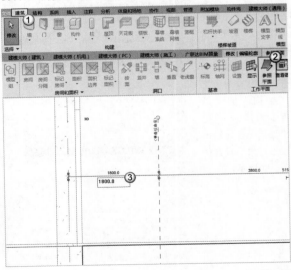

图6-89

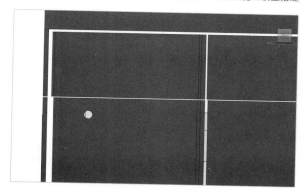

06 在"4.450（结构）"标高绘制一个水平的参照平面，然后修改其位置为标高4.450m处向下600mm，即高度为3850mm处，如图6-90所示。

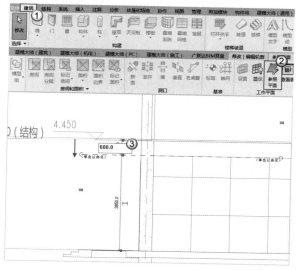

图6-90

07 在"修改|编辑轮廓"上下文选项卡中选择"圆形"工具⊙，在两个参照平面相交的位置绘制一个直径为250mm的圆形，单击"完成编辑模式"按钮✔，如图6-91所示，完成后的墙体效果如图6-92所示。

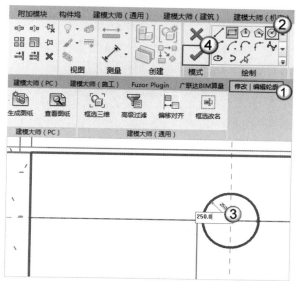

图6-91

图6-92

08 一层墙体中共存在7个洞口，二层墙体中存在1个洞口，洞口的处理方式一样。继续为墙体开设墙洞并调整相关信息，调整完成后如图6-93所示。

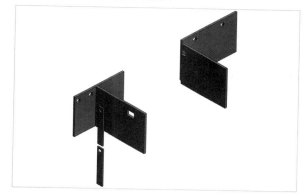

图6-93

📋 **提示**

在墙上开洞和在楼板上开洞的方式相同。前文提到过洞口的绘制有两种方法，这两种方法各有优劣，通过"洞口"命令来绘制是比较常用的方式，因为这种方式可以通过生成的洞口对数量进行统计，但是通过"洞口"命令生成的洞口是相对独立的，完成之后的洞口可以在墙体上进行位置的移动和大小的变化。如果项目比较大，那么不经意间造成的误操作问题对后期的其他应用会有比较大的影响。使用"洞口"命令开洞的效率相对于第2种方式更低，所以在实际的应用当中，笔者更喜欢通过编辑边界线来绘制洞口。这种方式更加灵活，可操作性更强，而且完成的洞口并不是一个单独的存在，它是墙体的一部分，不对墙体进行编辑，它的大小和位置不会发生变化。

📑 练习：创建三层墙体模型

素材位置	无
实例位置	实例文件>CH06>练习：创建三层墙体模型
视频名称	练习：创建三层墙体模型.mp4

📖 效果展示

本练习创建的建筑三层墙体模型如图6-94所示，已完成项目部分如图6-95所示。

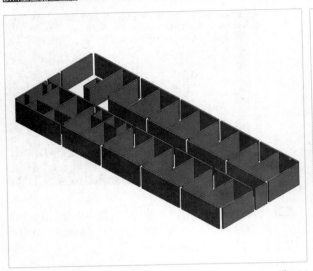

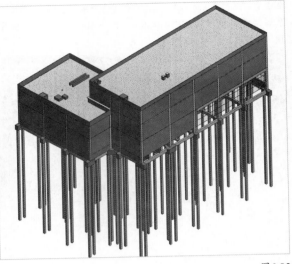

图6-94 图6-95

任务说明

完成"三层建筑外墙""三层建筑内墙""三层建筑内墙100"墙体的绘制。

提示

综合楼三层的所有墙体的标高都是一致的，读者在进行墙体的绘制时要确保"底部约束"参数及"顶部约束"参数与三层的标高一致。

6.2.4 建筑门窗

在墙体中插入的门窗模型在大部分情况下是直接通过已经制作好的族放置的。在土建施工的过程中，门窗都是购买的成品或在现场制作的成品，所以对BIM技术人员来说，门窗的造型无关紧要，只需要注意门窗的尺寸、高度和水平定位。

参照图纸

本项目配套图纸为"综合楼建筑施工图.dwg"，墙构件需要参照其中的"底层平面图""二层平面图""三层平面图""屋顶层平面图"进行绘制。

工具分析

根据建筑图纸确定了门窗信息后，下一步工作就是在Revit中对门窗进行放置。"门"工具和"窗"工具在"建筑"选项卡中，如图6-96所示，单击后会自动跳转到对应的上下文选项卡。无论是在平面、立面，还是在三维视图中，都可以将门模型和窗模型插入墙体，如图6-97所示。

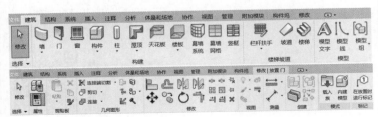

图6-96 图6-97

选中放置好的门窗，会出现临时尺寸标注和预览图像，这时可根据图纸上的数据调整门窗位置，如图6-98所示。另外，选中门后，还可按空格键来修改门的开启方向，如图6-99所示。

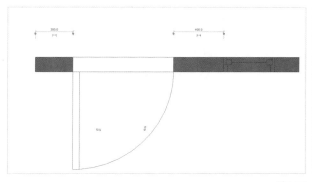

图6-98

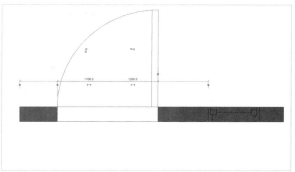

图6-99

实训：创建底层门窗模型

素材位置	素材文件>CH06>实训：创建底层门窗模型
实例位置	实例文件>CH06>实训：创建底层门窗模型
视频名称	实训：创建底层门窗模型.mp4
学习目标	掌握在项目中创建门窗的方法及创建思路

本项目创建的底层建筑门窗模型如图6-100所示，已完成项目部分如图6-101所示。

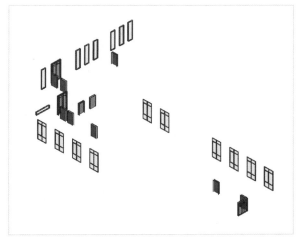

图6-100

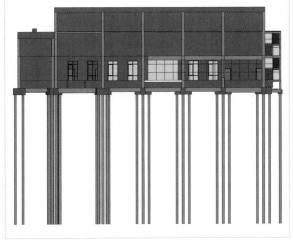

图6-101

门的放置

01 打开"实例文件>CH06>练习：创建三层墙体模型>墙体.rvt"，然后切换到"0.000（建筑）"平面视图，如图6-102所示。

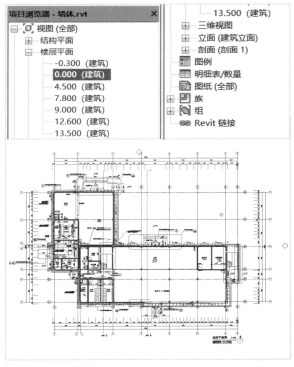

图6-102

02 先创建B轴交3轴、C轴交3轴之间墙体上的M1836，如图6-103所示。在"建筑"选项卡中单击"门"按钮，然后在"属性"面板中单击"编辑类型"按钮，在弹出的"类型属性"对话框中单击"载入"按钮，载入"素材文件>CH06>实训：创建底层门窗模型>双面嵌板格栅门.rfa"，如图6-104所示。

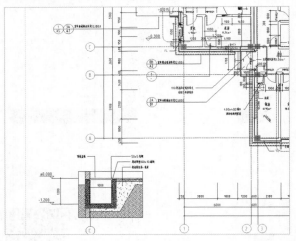

图6-103

图6-104

03 复制一个"名称"为M1836的门构件,接着设置"宽度"为1800,"高度"为3600,单击"确定"按钮退出设置。接着在"属性"面板中设置"底高度"为0,如图6-105所示。

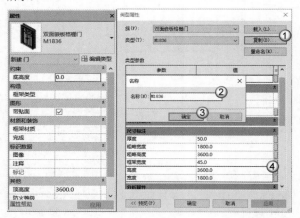

图6-105

04 完成上述操作,就新建了一个名称为M1836的门。移动鼠标指针到绘图区域对应的墙体上,在相应的位置单击即可放置门构件,如图6-106所示。

05 放置完成后,读者可以选中该构件,在显示的尺寸标注中调整门的水平位置,如图6-107所示。

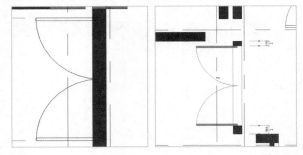

图6-106   图6-107

提示

当在某楼层平面中的墙体上插入门窗模型时,默认将约束标高定义在楼层平面所在的标高上,然而当在立面图中放置门窗时,会默认捕捉到放置位置之下的标高,若其下无标高则默认选择底层的标高。

06 在"属性"面板中,继续设置门的属性,建立底层的所有门,并调整相关信息。

设置步骤

① 保持放置M1836状态,复制一个新类型,并命名为YFM1824。然后修改门的尺寸,设置"宽度"为1800,"高度"为2400,如图6-108所示。

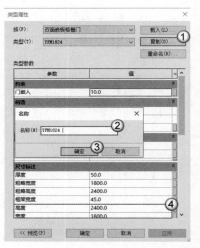

图6-108

② 选择一个新的门族,设置"族"为"单扇-与墙齐",然后复制一个新类型,并命名为MM1021。然后修改门的尺寸,设置"宽度"为1000,"高度"为2100,如图6-109所示。

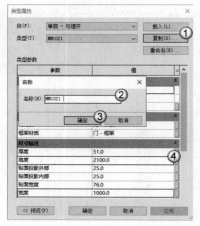

图6-109

③ 复制一个新类型，并命名为YFM1021，不修改其他参数，如图6-110所示。

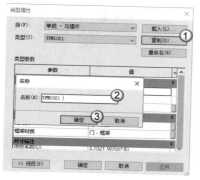

图6-110

④ 复制一个新类型，并命名为JFM1021，不修改其他参数，如图6-111所示。

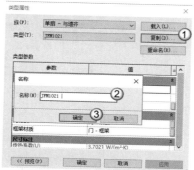

图6-111

提示

门窗的命名需要准确，这也是后期进行工程量统计或应用其他项目的前提，特别是在门窗的造型不一致的情况下。如果名称不能够被正确表达，那么很容易造成后期工作的混乱。

07 按照MM1836的方式放置所有门，底层的所有门放置完成后，其三维效果如图6-112所示。

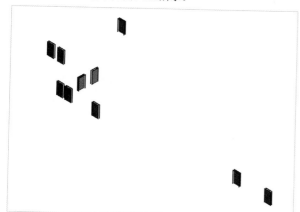

图6-112

窗的放置

窗构件的放置和门相同，唯一的区别就是门的底高度一般为0，而窗户的底高度则会根据实际情况发生相应变化。

01 先绘制底层平面图中1轴交G轴下方的C0936，如图6-113所示。然后切换到"0.000（建筑）"平面图，如图6-114所示。

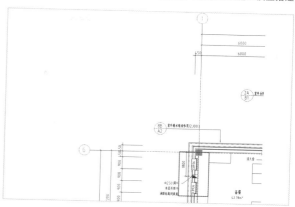

图6-113

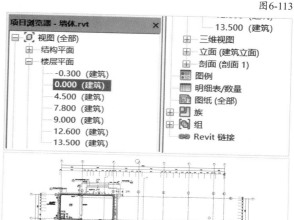

图6-114

02 在"建筑"选项卡中单击"窗"按钮。在窗的"类型属性"对话框中单击"复制"按钮，复制一个"名称"为C0936的窗构件，然后设置"宽度"为900，"高度"为3600，最后单击"确定"按钮退出设置，如图6-115所示。

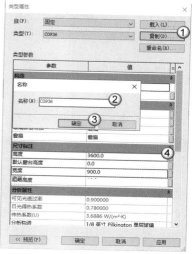

图6-115

03 由建筑图纸中的门窗表可知C0936的窗台高度为0,所以在"属性"面板中设置"底高度"为0,如图6-116所示。

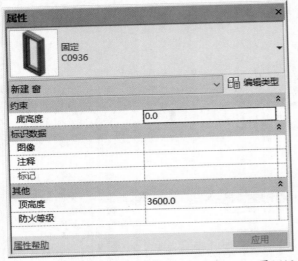

图6-116

📋 **提示**

本项目中的窗台高度为0,这其实是一个特殊的情况。在大多数情况下,窗台都会有一定的高度。在设置门的参数时,门的底高度一般都默认为0,而窗户的底高度一般不默认为0。

04 完成上述操作后,就新建了一个名称为C0936的窗户。由图纸可知,在1轴交G轴下方有一个门C0936,将鼠标指针移动到对应的墙体上,在相应的位置单击即可放置窗构件,如图6-117所示。

05 放置完成后,读者可以选中该构件,在显示的尺寸标注中调整门窗的水平位置,如图6-118所示。

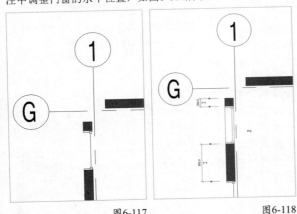

图6-117   图6-118

06 在"属性"面板中继续设置窗的属性,建立其他窗类型,并调整相关信息。

设置步骤

①复制一个新类型,并命名为GC2706,然后修改GC2706的尺寸,设置"高度"为600,修改"宽度"为2700,最后在"属性"面板中设置"底高度"为2250,如图6-119所示。

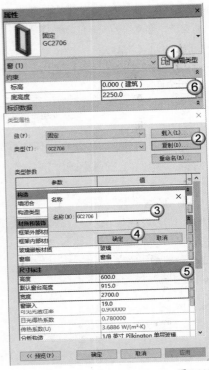

图6-119

②在"属性"面板中设置"底高度"为0,然后选择"组合窗-三层双列(平开+固定)"窗类型。接着复制一个新类型,并将其命名为C1836-1,最后设置"高度"为3600,"宽度"为1800,如图6-120所示。

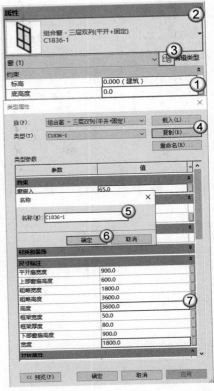

图6-120

③复制一个新类型,并命名为YFC1836-1,不修改其他参数,如图6-121所示。

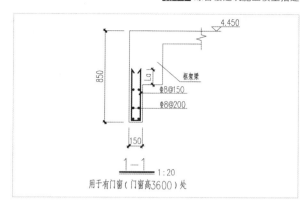

图6-121

图6-123

07 按照C0936的方式完成所有窗扇的放置，效果如图6-122所示。

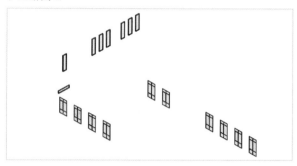

图6-122

01 在结构图纸"标高4.450板配筋图"中找到1-1剖面图对应的位置，从图6-124所示内容中可知，在A轴、D轴和1轴、4轴相交处存在1-1剖面。

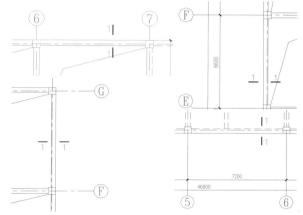

图6-124

> **提示**
>
> 幕墙上的门窗需要根据幕墙图纸进行放置，建筑图纸中定位在幕墙上的门窗可以不进行放置。
>
> 在实际的项目中，门窗的类型会有几十种甚至上百种，没有人能够拥有所有的族。如果让模型中所有的门窗造型与实际的要求一致，就会大大增加工作量，并且这样做在土建施工中的意义并不大。所以在本项目中，笔者并没有完全按照对应的造型对窗族进行放置。当然，笔者依然希望各位能够在实际工作中搜寻更多的族或在时间充裕的情况下对某些门窗族进行创建，但是笔者更希望各位能够了解在实际项目中如何进行取舍来提高建模的效率。
>
> 如果在实际的项目中对门窗有较高的要求，那么就需要按照相应的要求来进行，根据实际情况进行取舍要在实际工作中不断总结经验，找寻平衡点来更好地实现相应工作的价值。
>
> 在本项目中，如果不进行幕墙的绘制，则会显得该模型不够完整。一般在这种情况下，简单绘制即可，只需起到装饰作用。

02 通过建筑图纸"底层平面图"找到门窗高为3600mm的位置，如图6-125所示。由平面图可知门窗高度为3600mm的结构有C1836-1、YFC1836-1、C0936和M1836（建筑幕墙处不做处理）。

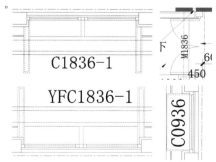

图6-125

基于门窗的结构调整

墙体和门窗内容绘制完成，这里需要回顾结构模型中未完成的部分内容。在结构楼板图纸中，有一些详图构件需要根据有无窗进行设置，在"标高4.450板配筋图"中的1-1剖面图中，其下挂部分为有门窗，并且门窗的高度在3600mm处，如图6-123所示。

03 这里通过梁的方式处理，处理的方式与结构模型中对结构梁的绘制方式一样。下挂梁的高度为"（850-上部梁高）mm"，宽度为150mm，顶部高度为梁底标高，水平位置为梁外侧并与门窗位置对应。以二层下挂梁为例，绘制这一层中所有的下挂梁，也就是说先绘制3轴交A轴处的C1836-1，如图6-126所示。

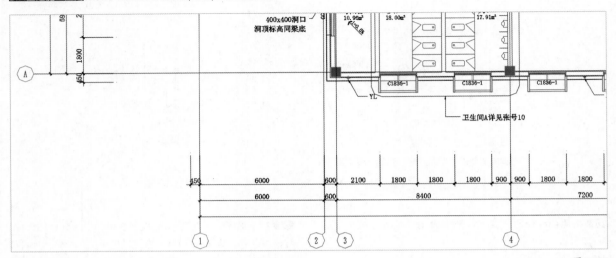

图6-126

📑 **提示**

梁下挂的处理方式有多种，读者可以选择通过梁、墙和内建模型等方式对梁的下挂进行处理。

04 在8.950（结构）视图中单击"梁"按钮 📐 ，在"属性"面板中修改"Z轴偏移值"为-700，单击"编辑类型"按钮 📇 ，在弹出来的"类型属性"对话框中单击"复制"按钮，并设置"名称"为"下挂梁"，然后设置b为150，h为150，依次单击"确定"按钮退出设置，如图6-127所示。

05 在参照图纸的对应位置绘制相应的下挂梁，如图6-128所示，三维效果如图6-129所示。

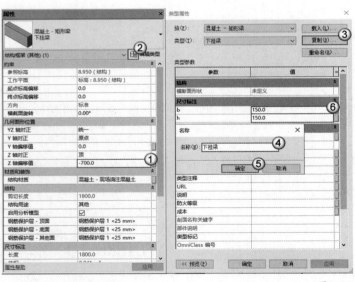

图6-127

图6-128

图6-129

📋 练习：创建二、三层门窗模型

素材位置	无
实例位置	实例文件>CH06>练习：创建二、三层门窗模型
视频名称	练习：创建二、三层门窗模型.mp4

🏢 效果展示

创建完成的二、三层门窗模型的三维效果如图6-130所示，已完成项目部分如图6-131所示。

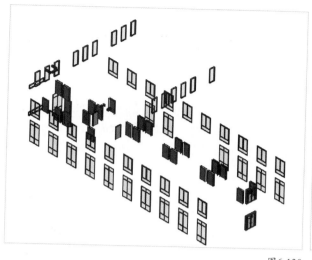

图6-130

图6-131

任务说明

（1）完成二层门窗工作的内容。

（2）完成三层门窗工作的内容。

（3）在"12.600（建筑）"楼层平面中导入"屋顶层平面图"。

（4）在结构图纸中，除了"标高4.450板配筋图"中的剖面1-1，"标高8.950板配筋图"中的剖面3-3、"标高8.950板配筋图"中的剖面1-1、"标高12.550板配筋图"中的剖面1-1及"标高12.550板配筋图"中的剖面2-2这几处地方，其他地方均需要根据门窗的设置来确定下挂内容。

✕ 技术专题 放置其他门窗族

在实际项目中，不同的门窗有不同的造型，甚至会存在定制的门窗。如果按照图纸要求进行门窗的族制作，会大大降低我们的工作效率。门窗中对施工有意义的参数包含门窗的名称、尺寸和定位，因此门窗的造型对实际的施工来说并不重要。在进行工程量的统计时，门窗是按照"樘"进行统计的，所以不需要对门窗的内部变化过分关注。本项目的建筑中出现了8个窗户，但只用到了3种样式，如图6-132所示，我们只需按照要求将它们放到图纸中对应的位置即可。

虽然这些窗户的外形不一致，但是只要为窗户的名称、尺寸、高度和宽度设置了相同的内容，外形是可以随意进行互换的。保证这4个参数设置正确，在没有其他要求的情况下，对应的族就能够满足相应的施工要求，如图6-133所示。

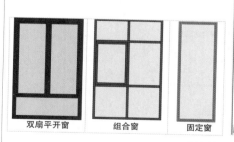

双扇平开窗　组合窗　固定窗

图6-132

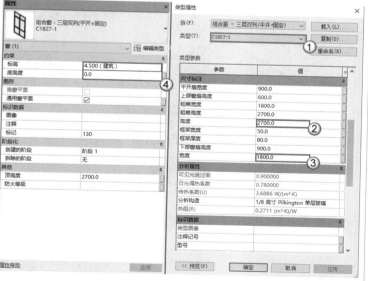

图6-133

6.2.5 细部节点的构造

台阶、散水等细部节点的构造是建筑中不可或缺的内容，但是很难在建筑模型中对其进行太过细致的处理。

📖 参照图纸

本项目配套图纸为"综合楼建筑施工图.dwg"，墙构件需要参照其中的"底层平面图""二层平面图""三层平面图""屋顶层平面图"。

📖 工具分析

细部构造在操作上有太多的选择，水平的大尺寸构件可以考虑通过楼板等命令创建，长条形构件可以通过梁命令创建，竖向的构件可以通过墙柱实现，复杂的构造和造型可以用内建模型的方式创建，重复量比较大的构件可以考虑通过参数化族来实现。选择什么样的方式需要根据实际情况确定，由于上述功能都已有所介绍，因此本小节将以项目中的实际应用为依据讲解如何选择不同的方式进行细部构造的模型搭建。

🎯 实训：创建台阶模型

素材位置	无
实例位置	实例文件>CH06>实训：创建台阶模型
视频名称	实训：创建台阶模型.mp4
学习目标	掌握在项目中创建台阶的方法及创建思路

扫码观看视频

本项目创建的台阶如图6-134所示，已完成项目部分如图6-135所示。

图6-134

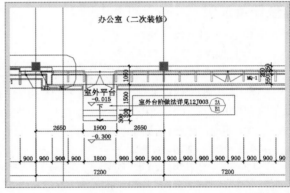

图6-136

01 打开"实例文件>CH06>练习：创建二、三层门窗模型>门窗.rvt"，切换到"-0.300（建筑）"视图，如图6-137所示。

图6-135

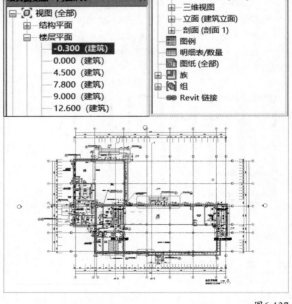

图6-137

📋 **提示**

图纸中有明确说明室外台阶的参照图集，所以读者在进行相关操作前需查看图集中的内容。在本项目中，室外台阶的相应参数都已在平面图纸中有所标注，如图6-136所示。图集中的内容为具体的细部做法，在绘制模型时可仅参照平面图纸绘制一个示意造型。

02 在"建筑"选项卡中单击"构件"按钮，待激活"属性"面板后，选择"一面台阶"族，如图6-138所示。

03 在台阶的"类型属性"对话框中，单击"复制"按钮复制一个新的类型，并将其命名为"室外台阶"，然后设置"踏步宽度"为300，"平台长度"为5400，"平台宽度"为500，"台阶高度"为285，单击"确定"按钮退出设置，如图6-139所示。

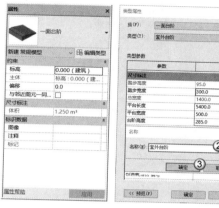

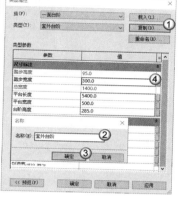

图6-138　　　　　　　　　　　　　　　图6-139

04 在"属性"面板中设置"偏移"为-300，如图6-140所示。

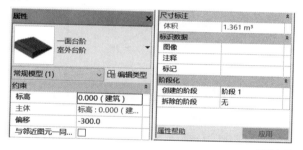

图6-140

05 在平面图纸中找到5轴交D轴和6轴交D轴之间的室外台阶，如图6-141所示，然后将台阶族放置到相应的水平位置和高度，放置后的效果如图6-142所示。

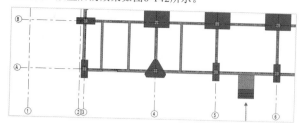

图6-141

图6-142

06 其他台阶的绘制方式同上，根据参照图纸修改相应的参数值。放置完成后的效果如图6-143所示。

图6-143

实训：创建散水模型

素材位置	无
实例位置	实例文件>CH06>实训：创建散水模型
视频名称	实训：创建散水模型.mp4
学习目标	掌握在项目中创建散水的方法及创建思路

扫码观看视频

本项目创建的室外排水设施散水暗沟如图6-144所示，已完成项目部分如图6-145所示。

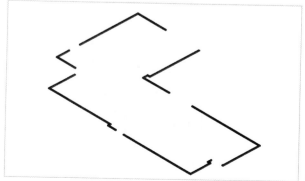

图6-144

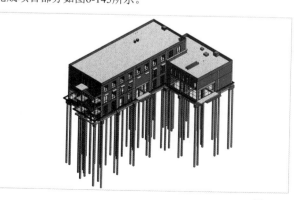

图6-145

提示

图纸中明确说明室外散水暗沟参照相应图集，所以读者在进行相关操作前需要查看相关图集中的内容。在本项目中，室外散水暗沟的相应参数都已在平面图纸上标注，如图6-146所示。图集中的内容为具体细部做法，所以在绘制模型时可仅参照平面图纸绘制一个示意造型。

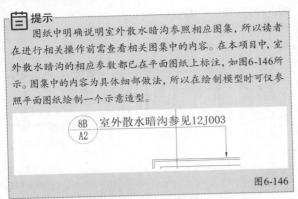

图6-146

01 打开"实例文件>CH06>实训：创建台阶模型>台阶.rvt"，然后切换到"−0.300（建筑）"视图，效果如图6-147所示。

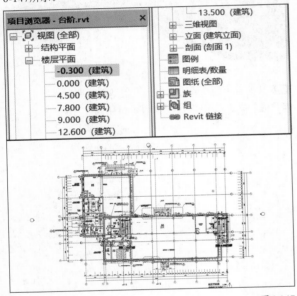

图6-147

02 在"结构"选项卡中单击"梁"按钮，在激活"属性"面板中选择"排水沟-散水暗沟"族，然后设置"参照标高"为"−0.300（建筑）"，如图6-148所示。

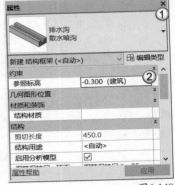

图6-148

03 按照梁的绘制方式完成散水的绘制，最终效果如图6-149所示。

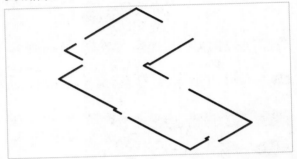

图6-149

提示

散水暗沟的族其实就是梁，相当于将梁的形状进行了修改，所以在操作上与梁是一模一样的。在此相应的操作就不赘述了。读者可参照第4章结构梁部分的内容，所有参数类型与梁一致。

练习：创建其他细部构件模型

素材位置	无
实例位置	实例文件>CH06>练习：创建其他细部构件模型
视频名称	练习：创建其他细部构件模型.mp4

扫码观看视频

效果展示

创建完成的2号详图效果如图6-150所示，已完成项目部分如图6-151所示。

图6-150

图6-151

任务说明

（1）本项目中2号详图共有两个构件，如图6-152和图6-153所示，其对应的平面位置在屋顶层平面图中A、B轴交4、5轴之间，如图6-154所示。要求一个构件通过族的方式建立，另一个构件通过墙和板等命令结合的方式建立。

（2）在细部构件的对应位置放置图纸中的窗户。

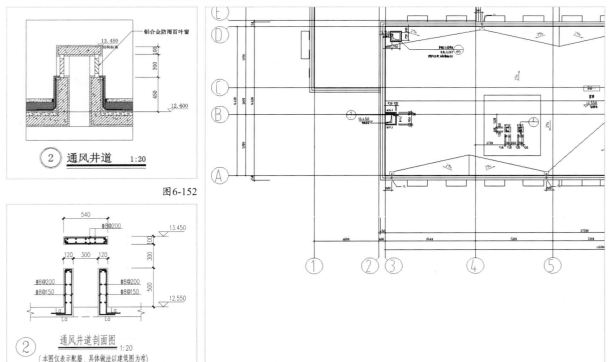

图6-152

图6-153

图6-154

6.2.6 建筑楼梯

楼梯模型在结构模型中已经进行了搭建，建筑模型中是否需要再进行相应的工作则需要根据项目的实际情况来确定。在本小节的讲解中笔者将介绍如何通过楼梯命令完成建筑楼梯的模型搭建。

参照图纸

本项目配套图纸为"综合楼建筑施工图.dwg"，墙构件需要参照其中的"底层平面图""二层平面图""三层平面图""屋顶层平面图"进行绘制。

工具分析

根据建筑图纸确定了楼梯的信息后，下一步工作就是在Revit中对楼梯进行设置。楼梯的创建可以在平面视图或者三维视图中进行。在"建筑"选项卡中单击"楼梯"按钮，如图6-155所示，即可进入楼梯的编辑模式。

图6-155

在激活的"修改|创建楼梯"上下文选项卡中，可选择构件栏内的工具绘制楼梯，如图6-156所示。下面以常用的"直梯"工具对楼梯的绘制进行讲解。

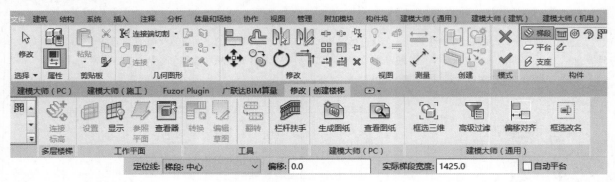

图6-156

在平面视图中执行"建筑>楼梯>直梯"命令，然后在绘制界面进行单击，这时绘制界面中会显示绘制楼梯的预览图像，如图6-157所示。

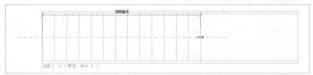

图6-157

移动鼠标指针后再次进行单击，即可生成创建的楼梯，在楼梯的左右两侧会显示踏板的标号，如图6-158所示。绘制完成后，在"修改|创建楼梯"选项卡中单击"完成编辑模式"按钮✔，完成楼梯模型的创建，三维效果如图6-159所示。

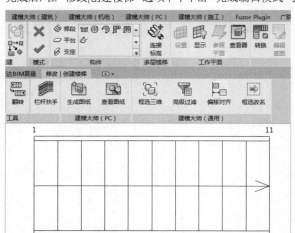

图6-158

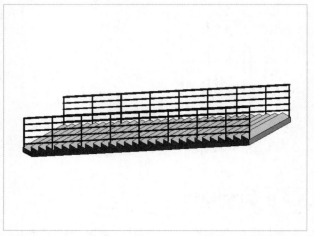

图6-159

> **提示**
>
> "直梯"工具▥通过设定的起点和终点来创建一条单跑的梯段，当选项栏中的"自动平台"选项被勾选时也可以创建多跑梯段。

✖ 技术专题 楼梯的修改与调整·

休息平台可以根据上下楼梯梯段自动生成，但是生成的休息平台与实际需要的休息平台在尺寸上有一定出入。选中绘制完成的楼梯梯段，楼梯梯段的四周会显示4个拉伸符号，单击并拖动相应的拉伸符号即可修改休息平台的尺寸，如图6-160所示。

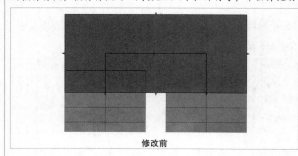

修改前

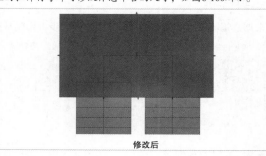

修改后

图6-160

楼梯台阶的方向与想要的方向正好相反时，可以直接在"修改|创建楼梯"上下文选项卡中单击"翻转"按钮，如图6-161所示，翻转后如图6-162所示。

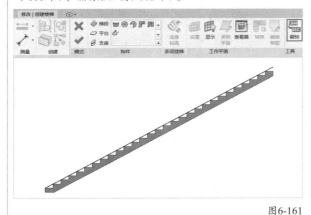

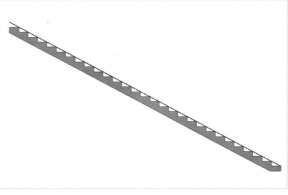

图6-161　　　　　　　　　　　　　　　　　　　　　　　　图6-162

在激活的"属性"面板中，可设置楼梯的属性，如图6-163所示。

◆ 重要参数介绍 ◆

底部标高： 指定楼梯底部的标高。

底部偏移： 指定楼梯底部相对于被约束标高的垂直距离。

顶部标高： 指定楼梯顶部的标高。

顶部偏移： 指定楼梯顶部相对于被约束标高的垂直距离。

所需踢面数： 控制楼梯的所需踢面数量。

实际踢面数： 为只读选项，表示实际创建的梯段数量。

实际踢面高度： 为只读选项，显示实际的踢面高度，数值受"所需的楼梯高度"和"所需踢面数"影响。

实际踏板深度： 控制实际踏板的深度。

图6-163

单击"属性"面板中的"编辑类型"按钮，弹出"类型属性"对话框，可针对同一种类型的楼梯进行图形上的修改，如图6-164所示。

◆ 重要参数介绍 ◆

最大踢面高度： 限制楼梯上每个踢面的最大高度。

最小踏板深度： 限制楼梯上每个踏板的最小深度。

最小梯段宽度： 限制楼梯上每个梯段的最小宽度。

图6-164

📋 **提示**

结构楼梯创建的方式同样适用于建筑楼梯，也就是说读者也可以按照创建结构楼梯的方法创建建筑楼梯。

楼梯的栏杆扶手跟随楼梯自动生成时会出现问题，读者可以尝试手动绘制。栏杆扶手在土建施工中的应用意义不大，在此不做描述。

实训：创建建筑楼梯 A 模型

扫码观看视频

素材位置	无
实例位置	实例文件>CH06>实训：创建建筑楼梯A模型
视频名称	实训：创建建筑楼梯A模型.mp4
学习目标	掌握在项目中创建建筑楼梯的方法及创建思路

本项目搭建的楼梯A模型如图6-165所示。

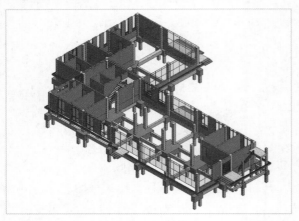

图6-165

绘制底层楼梯

由图6-166所示内容可知，第1层楼梯为双跑楼梯，从0.000m到4.500m，休息平台在2.250m，每跑楼梯共15个踢面，14个踏步。每个台阶的踏步深度为270mm，踢面高度为150mm。

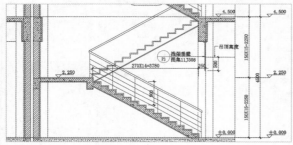

图6-166

❖ 调整平面视图

01 打开"实例文件>CH06>练习：创建其他细部构件模型>详图构件.rvt"，然后切换到"0.000（建筑）"视图，如图6-167所示。

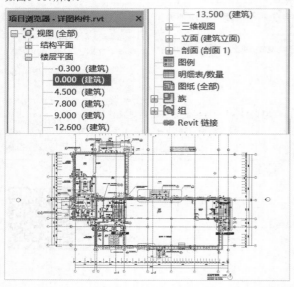

图6-167

02 在绘图区域中选中所有图元，接着在"修改|选择多个"上下文选项卡中单击"过滤器"按钮，如图6-168所示。在弹出的"过滤器"对话框中只勾选"轴网"选项，最后单击"确定"按钮，如图6-169所示。

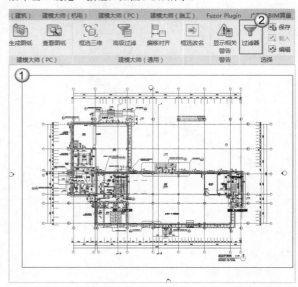

图6-168

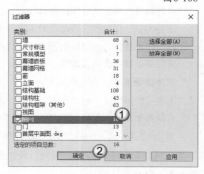

图6-169

03 这时绘图区域中只包含轴网，如图6-170所示。

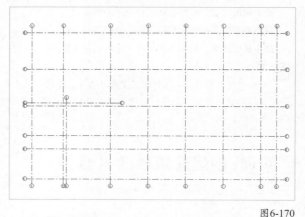

图6-170

❖ 绘制楼梯

根据楼梯详图中的内容可以了解楼梯的相应信息，在操作过程中将楼梯分两层进行绘制。

01 按照图纸要求，在"建筑"选项卡中单击"参照平面"按钮 ，然后在梯段的边界、梯段中心和休息平台的边界绘制参照平面，如图6-171所示。

04 在绘图区域分别单击两个梯段的起点和终点，完成梯段的绘制，如图6-174所示。

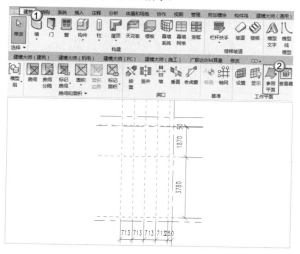

图6-171

02 在"建筑"选项卡中单击"楼梯"按钮 ，待激活楼梯的"属性"面板后，设置族为"系统族：现场浇筑楼梯"，楼梯类型为"整体浇筑楼梯"，"底部标高"为"0.000（建筑）"，"底部偏移"为0，"顶部标高"为"0.000（建筑）"，"顶部偏移"为4500，"所需踢面数"为30，确定"实际踏面高度"和"实际踏板深度"符合要求，如图6-172所示。

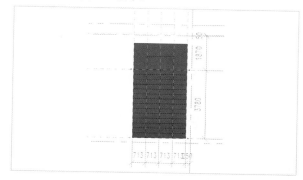

图6-174

05 这时楼梯自动生成休息平台，但是该尺寸与实际所需不符，因此需要进行修改。选中休息平台，通过四周的拉伸符号调整休息平台的水平尺寸，如图6-175所示。单击"完成编辑模式"按钮 ，完成楼梯A底层的编辑，如图6-176所示。

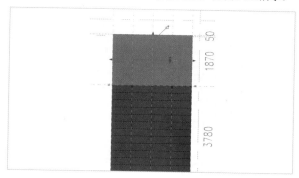

图6-175

图6-172

03 单击"属性"面板中的"编辑类型"按钮 ，在弹出的"类型属性"对话框中，设置"最大踢面高度"为150，"最小踏板深度"为270，"最小梯段宽度"为1425，"梯段类型"为150mm结构深度，"平台类型"为100mm厚度，最后单击"确定"按钮，如图6-173所示。

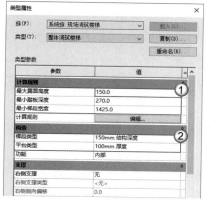

图6-173

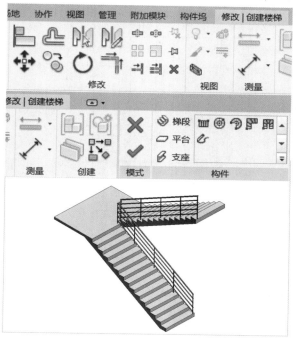

图6-176

235

绘制二层楼梯

由图6-177所示内容可知，第2层楼梯为双跑楼梯，从4.500m到9.000m，休息平台在6.750m，每跑楼梯共15个踢面，14个踏步。每个台阶的踏步深度为270mm，踢面高度150mm。

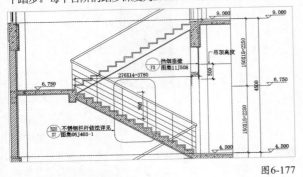

图6-177

❖ 调整平面视图

01 切换到"4.500（建筑）"视图，如图6-178所示。

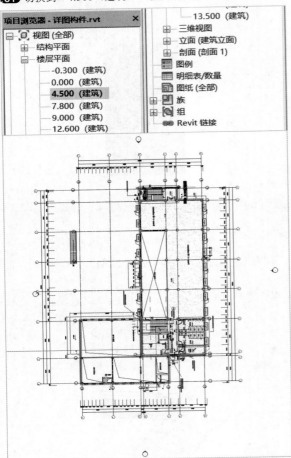

图6-178

02 在绘图区域中选中所有图元，接着在"修改|选择多个"上下文选项卡中单击"过滤器"按钮▼，如图6-179所示，在弹出的"过滤器"对话框中只勾选"轴网"选项，最后单击"确定"按钮，如图6-180所示。

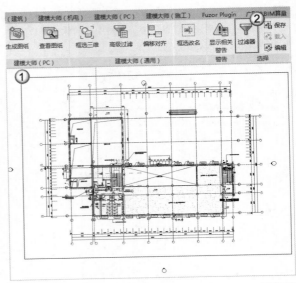

图6-179

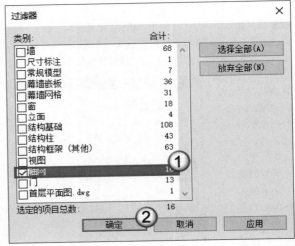

图6-180

03 这时绘图区域中只包含轴网，如图6-181所示。

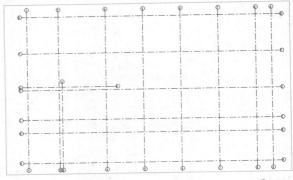

图6-181

❖ 绘制楼梯

01 按照图纸要求，在"建筑"选项卡中单击"参照平面"按钮🖉，然后在梯段边界、梯段中心和休息平台的边界分别绘制参照平面，绘制完成的效果如图6-182所示。

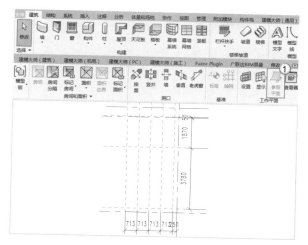

图6-182

02 在"建筑"选项卡中单击"楼梯"按钮🏠，待激活楼梯的"属性"面板后，选择楼梯的类型为"整体浇筑楼梯"，然后设置"底部标高"为"0.000（建筑）"，"底部偏移"为0，"顶部标高"为"0.000（建筑）"，"顶部偏移"为4500，"所需踢面数"为30，确定"实际踢面高度"和"实际踏板深度"符合要求，如图6-183所示。

图6-183

03 在楼梯的"类型属性"对话框中，设置"最大踢面高度"为150，"最小踏板深度"为270，"最小梯段宽度"为1425，"梯段类型"为150mm结构深度，"平台类型"为100mm厚度，最后单击"确定"按钮完成相应参数的修改，如图6-184所示。

图6-184

04 在绘图区域分别单击两个梯段的起点和终点，完成梯段的绘制，如图6-185所示。

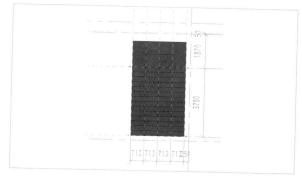

图6-185

05 这时楼梯自动生成休息平台，但是该尺寸与实际所需不符，所以需要进行修改。选中休息平台，通过四周的拉伸符号调整休息平台的水平尺寸，如图6-186所示。单击"完成编辑模式"按钮✔，完成楼梯A二层的编辑，如图6-187所示。

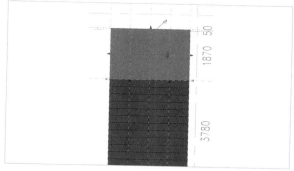

图6-186

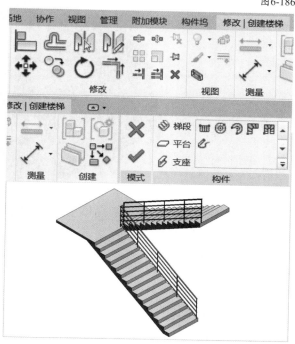

图6-187

06 完成上述操作即完成了整个楼梯A的相关操作，完成之后的楼梯A模型如图6-188所示。

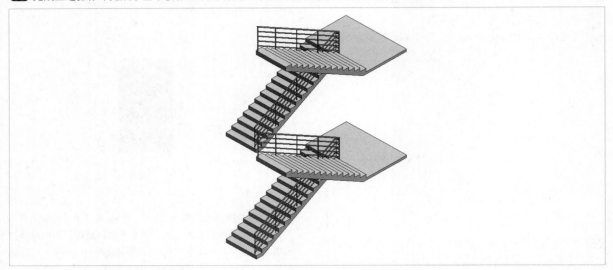

图6-188

练习：创建建筑楼梯 B 模型

素材位置	无
实例位置	实例文件>CH06>练习：创建建筑楼梯B模型
视频名称	练习：创建建筑楼梯B模型.mp4

效果展示

本练习创建的楼梯B模型如图6-189所示。

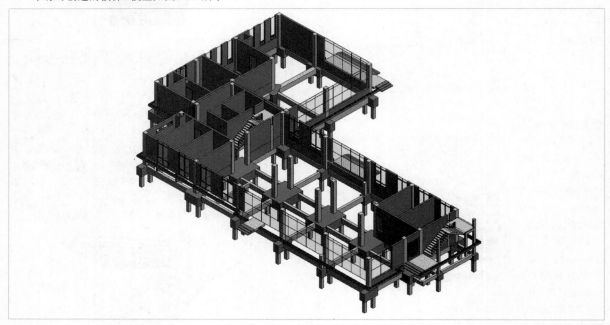

图6-189

任务说明

（1）设置参照平面定位楼梯水平位置。

（2）分层搭建楼梯模型。

07

- ↳ 布置场地模型的主要内容
- ↳ 大门、围挡及场外道路的布置
- ↳ 拟建建筑物及场内道路的布置
- ↳ 场地内设施的布置

技 术 专 题

提 示

实 训 案 例

练 习 案 例

第 7 章 综合楼施工场地总平面布置模型

　　施工现场平面布置图是施工组织设计文件的一部分，合理的平面布置能够节约成本，使项目可以高效地施工。本章将通过项目综合楼的施工场地向读者介绍如何进行三维 BIM 总平面模型的搭建，帮助读者了解场地总平面图的内容和相应的布设原则。同时，本章不以软件的具体操作为重点，读者需要重点了解场地布置模型都有哪些内容，以及不同构件对应的技术的要求和实现方法。

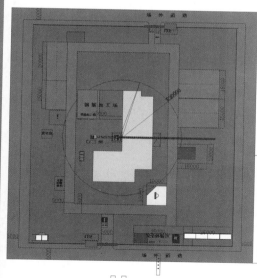

项目实践篇

7.1 场地布置的内容要求

场地布置并不是随心所欲地在某一块场地上进行设施的布置，布置的方式必须符合相关的法规、规范及项目现场的实际情况等。此外，良好的场地布置模型除了要满足上述要求外，还要有一定的经济基础。

7.1.1 施工总平面图布置依据

施工总平面图主要是为了施工而进行的平面布置，在绘制相应图纸时需要参照的内容一般包含与项目施工有关的各项规范及项目专属文件。施工总平面布置的依据包含以下9点内容。

①项目施工总承包工程总平面图。

②施工部署和主要施工方案。

③总进度计划及各阶段资源需用量计划。

④业主给定的施工用地范围及场地现状。

⑤场地周边环境。

⑥施工现场安全防火标准。

⑦安全文明工地标准。

⑧招标文件。

⑨其他应当参照的规范及现场实际情况。

7.1.2 施工总平面图布置原则

施工总平面图设计及布置应遵循以下6点原则。

①现场设施必须满足政府部门及授权的相关管理部门的有关要求和规定，同时满足行业管理的相关要求和规定。

②有利于施工现场道路畅通、便于施工。

③便于承包单位总体规划、统一管理。

④施工声源、光源和震源远离居民区。

⑤尽可能减少大宗施工材料的二次倒运，材料堆放相对集中。

⑥办公区应保证与业主、监理和承包单位沟通方便又相互独立。

> **提示**
>
> 专业知识的能力与BIM本身的操作技能无关，所需要的是基于现场管理的经验及对相关规范的理解，这就需要读者针对专业知识进行学习并有一定的实践经验。

7.1.3 布置场地的模型内容

在场地布置模型的搭建过程中，我们需要知道到底哪些内容是有必要进行搭建的，也需要知道在搭建的过程中不同构件的精度要求。本小节将针对场地布置模型中常见的内容进行讲解。

🏢 场外道路

场外道路就是我们常见的道路，由于施工中有相应的材料和建筑垃圾进出及现场工作人员的对外联系，因此要保证有满足需要的进出道路。一般而言，场外道路是已经成形的外部条件，如果场外道路不满足相应的施工需要，那么需要甲方负责并进行相应的处理。

根据实际情况，如果项目在市区内，那么场外道路的条件一般会非常好，一般是城市中的交通道路。实物效果如图7-1所示。

如果项目在郊区，那么可能会是一条小道。实物效果如图7-2所示。

如果项目在偏僻的地方，那么场外道路可能就是泥泞的土路。实物效果如图7-3所示。

图7-1　　　　　　　　　　　　　　　　　　图7-2　　　　　　　　　　　　　　　　　图7-3

不同的道路对施工肯定会有影响，但不管是什么样的道路，在搭建模型的过程中，都需要保证道路的位置和尺寸正确。

工地大门及门卫室

根据工程及周边环境情况，在施工现场至少要设置两个出入口，出入口一般要根据场外道路和场地内的情况来确定。主出入口最低需设置一个尺寸为8m×6m的钢质大门和一个尺寸为2m×2m的门卫室。

一般而言，各施工单位会有自己的要求，不同的单位在大门的设置上会存在一些细节性的差别。对于大门和门卫室，可以做一个参数化的族，这样在使用其他项目时可以直接进行放置。工地大门和门卫室的实物如图7-4和图7-5所示。

图7-4　　　　　　　　　　　　　　　　　　　　　图7-5

现场围挡

现场围挡一般采用标准化构件防护，标准化构件防护是根据具体公司具体项目及其他相关内容进行制作的，在相应的规范图集中也有推荐性的内容，在模型的制作过程中要根据实际情况进行相关的布置。市区主干道围护高度不应小于2.5m，一般路段围护高度不应小于1.8m，实物效果如图7-6所示。

图7-6

拟建建筑物

拟建建筑物指现场需要施工的建筑，项目施工的目的就是完成拟建建筑物的工作。拟建建筑物的位置是设计单位设计的，其内容不会由施工单位改变。

在搭建模型的过程中，拟建建筑物的设置相对简单，因为只需要根据图纸在对应的位置绘制即可，无法对其进行规划和设置，实物效果如图7-7所示。

图7-7

场内施工道路

场内施工道路是根据现场施工实际情况进行布设的，场外的施工道路在很大程度上无法进行调整，但是场内的施工道路则是可以根据施工的需要进行调整和规划的。

场内施工道路由施工单位进行规划，其相应的设置既要满足相应规范的要求，也要满足施工的需要。应根据运量、运距、工期、地形和当地材料设备条件，采用多种形式，灵活布置。实物效果如图7-8所示。

图7-8

大型机械设备

大型机械设备模型一般以塔吊及施工电梯等内容为主。在项目施工现场，也会有移动型的大型机械，如打桩机、履带吊和挖掘机等设备，这些移动型设备的位置一般会根据施工进度发生一定的变化，而塔吊和施工电梯则不会发生变化。

塔吊的位置选型需要考虑其覆盖范围、可吊构件的重量、构件的运输和堆放等内容，同时还应考虑塔吊的附墙杆件及使用后的拆除和运输。实物效果如图7-9所示。

施工升降机的布置需要考虑地基承载力、地基平整度、周边排水、导轨架的附墙位置和距离、楼层平台通道、出入口防护门及升降机周边的防护围栏等内容。实物效果如图7-10所示。

图7-9　　　　　　　　　　　　　　　　　　　　图7-10

混凝土泵的定位需要考虑泵管的输送距离，以及是否方便混凝土罐车行走停靠。

移动式设备，如打桩机、履带吊等，需要考虑其行走的线路和工作的要求，以便达到施工方便的目的。

在场地布置中，类似于塔吊和施工升降机等位置固定的大型设备必须按照相应规范在场地布置图中进行示意，而移动式的设备可以不在平面图中进行表示。

 提示

在本书中，大型机械设备的场地布置将重点讲述塔吊。

堆场

施工现场的堆场用于临时放置现场的施工材料，主要的堆场类型有钢筋堆场、模板堆场、外架材料堆场、二次结构砌块堆场和机电材料堆场等。

现场堆场的设置有相应的规范，不同堆场的尺寸、位置要满足施工要求，BIM模型中一般以相应的参数化族进行设置。钢筋堆场实物效果如图7-11所示。

图7-11

钢筋加工场

施工中众多的材料为原材，需要在现场根据需要进行加工制作。加工场需要根据工程和周边环境情况进行布置，以满足工程需要和塔吊吊料的布置原则，如钢筋进场一般为图7-12所示的样式。

经过相应的加工处理，最终将原材制作成我们想要的柱钢筋、梁钢筋和板钢筋等形式并应用到现场，如图7-13所示。

在现场对钢筋进行加工处理，必然要用到相应的钢筋加工棚，钢筋加工棚中有相应的加工制作钢筋的工具。实物效果如图7-14所示。

图7-12　　　　　　　　　　　　图7-13　　　　　　　　　　　　图7-14

其他材料进场也存在二次加工的情况，相应的加工操作过程也需要设置相应的加工场。

其他需要放置的零星设施

在施工现场，除了前文介绍的主要内容之外，还需要一些满足施工要求的零星设施及装饰性内容，如临时厕所、标养室和洗车池等临时设施。此外，还包括一些项目必备的安全文明施工措施，如"五牌一图"、安全标语、茶水间和吸烟亭等。下面通过一些实物来了解相关内容。

❖ **临时环保厕所**

施工现场有项目人员进行管理和施工，必然需要设置一定数量的临时厕所来满足施工人员的需求。现场临建厕所一般采用定制方式。实物效果如图7-15所示。

图7-15

❖ **现场标养室**

施工现场会进行相应的试验来测试混凝土的强度等内容，项目一般会用集装箱作为现场的标养室。实物效果如图7-16所示。

图7-16

❖ **洗车池**

按照文明施工的要求，一般需要在门口处设洗车池。洗车池的作用是通过冲洗进出的车辆来防止施工车辆离开工地后弄脏施工场地外的道路。特别是在土方开挖阶段，渣土车往外运出土方，如果不进行清理，那么在运输的过程中很容易将场外的道路弄脏，影响城市道路环境。洗车池的实物效果如图7-17所示。

图7-17

办公生活区

办公生活区是现场管理和施工人员生活办公的区域，也是平面布置的重要组成部分。

❖ **办公区域**

办公区域是现场管理人员用于办公的地方，在现场办公的人员主要包含甲方、施工单位、监理单位和分包单位的管理人员。现阶段项目中的办公临建一般采用彩钢板或集装箱设置。实物效果如图7-18所示。

 提示

为了更好地展示模型效果，办公区域一般还会包含一些绿化、标语等细节性内容。

图7-18

❖ **生活区域**

生活区域是现场施工及管理人员生活的地方，一般包含宿舍、食堂、厕所等内容。实物效果如图7-19所示。

办公生活区的内容与施工生产的关系不大，所以在进行场地布置模型的绘制时，不需要对其进行太过详细的描述。

 提示

施工区域必须与办公区、生活区分开，但是办公区和生活区是可以放在一起的。

图7-19

实训：新建场地布置模型

扫码观看视频

素材位置	素材文件>CH07>实训：新建场地布置模型
实例位置	实例文件>CH07>实训：新建场地布置模型
视频名称	实训：新建场地布置模型.mp4
学习目标	掌握项目中场地布置模型的建立

本项目新建的场地布置模型文件如图7-20所示。

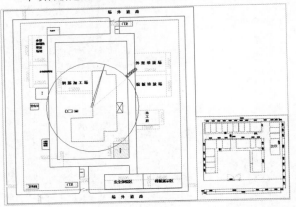

图7-20

新建项目

01 打开Revit，执行"项目>新建"命令，在弹出的"新建项目"对话框中，设置"样板文件"为"构造样板"，选择"项目"选项，单击"确定"按钮，如图7-21所示。

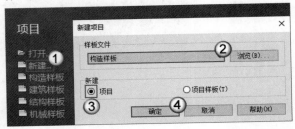

图7-21

02 新建项目后，默认进入平面视图，完成项目的新建，如图7-22所示。

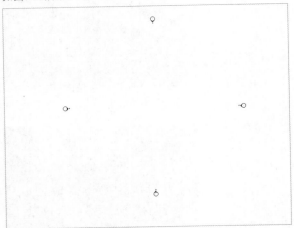

图7-22

导入图纸

01 在"插入"选项卡中单击"导入CAD"按钮，在弹出的对话框中选择"施工总平面图.dwg"素材文件，然后取消勾选"仅当前视图"选项，设置"导入单位"为"毫米"、"定位"为"自动-原点到原点"、"放置于"为"标高1"，最后单击"打开"按钮，如图7-23所示。

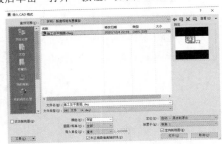

图7-23

02 导入完成后，在绘图区域单击鼠标右键，在弹出的菜单中选择"缩放匹配"命令，如图7-24所示。

图7-24

> **提示**
> 由于场地布置图纸非常大，因此在导入的过程中会出现显示不完整的情况，通过"缩放匹配"命令可以将图纸调整到一个合适的大小展开工作。

03 导入后的图纸效果如图7-25所示。

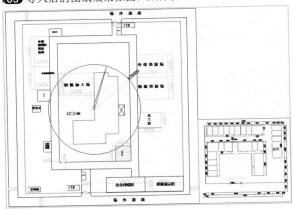

图7-25

> **提示**
> 场地布置模型的建立一般基于完成的场地布置图纸。本项目中的综合楼场地总平面布置图为按照教学目的简化的总平面布置图纸。

练习：新建练习文件场地布置模型

素材位置	素材文件>CH07>练习：新建练习文件场地布置模型
实例位置	实例文件>CH07>练习：新建练习文件场地布置模型
视频名称	练习：新建练习文件场地布置模型.mp4

扫码观看视频

任务说明

（1）新建练习用场地布置模型文件。

（2）导入对应的参照图纸。

效果展示

本练习搭建的场地布置模型文件如图7-26所示。

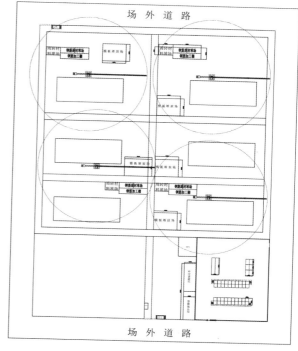

图7-26

7.2 场地模型的布置

场地布置模型一般是BIM项目工作必须搭建的模型，学会布置符合要求的场地布置模型是在施工过程中进行BIM工作的必备技能。

> **提示**
>
> 本节的学习重点不在于软件的操作，读者可以尝试使用其他软件进行场地布置模型的搭建，这里并不强求使用Revit进行操作。总而言之，读者需要掌握两个方面的能力：一方面，读者需要加强自身专业知识的学习，不断积累现场管理的实际经验；另一方面，读者在工作的过程中需要不断收集相关族库，完善个人的族库内容。能够做到以上两点，BIM工作的开展就会越来越容易。

7.2.1 大门、围挡及场外道路模型

场外道路是施工现场的外部环境情况，只有先确定了外部环境，才能进行内部规划。施工现场的合理规划一定是基于现场外部情况的。

场外道路

初始图纸中一般标注有场外道路、用地红线和拟建建筑物的定位。场地外部道路一般不因项目而改变，是客观存在的外在条件，因此我们需要做的是合理地利用场外道路为内部的生产生活提供便利。

❖ 选择工具

场外道路的绘制方式有两种，一种是通过载入族的方式创建，另一种是通过楼板命令生成。通常情况下，在场外道路比较规则的情况下可以考虑通过族的方式进行布置，使用族创建道路的好处是模型的外形比较美观，同时也便于放置。但是在场外道路不规则的情况下，大多数族很难满足现场的实际需求，所以一般情况下通过楼板命令来创建道路。

从工作的要求来讲，道路的尺寸和定位需要准确，其他内容则要求不高。在这种情况下，通过楼板等方式创建的室外道路可以满足尺寸和定位的要求。在不追求高质量且仅表现外观的情况下，这种方式已经完全符合实际项目中的使用要求。如果读者对道路的外观方面有更高的要求，那么可以根据情况继续进行细化，实现优质的外观效果。这里建议大家先通过Revit创建出符合要求的场外模型，再根据外观的要求进行细化。当然，读者也可以根据项目的实际情况进行族的创建。

另外，在场地起伏不是很大或对施工无影响的情况下，场外道路可以绘制成平面形状。

 提示
场外道路可以制作得较为精美，并在渲染软件中对材质进行贴图。对外观要求不高的读者可以忽略这一部分。

❖ 场地布置

在"建筑"选项卡中，单击"楼板"按钮，如图7-27所示。

图7-27

激活楼板的"属性"面板后，单击"编辑类型"按钮，然后在弹出的"类型属性"对话框中单击"复制"按钮复制一个新类型，并命名为"场外道路"。接着单击"编辑"按钮，在弹出的"编辑部件"对话框中设置"结构"的"厚度"为300，依次单击"确定"按钮退出设置，如图7-28所示。此外，还需要确保"属性"面板中的"标高"为"标高1"，"偏移"为0。

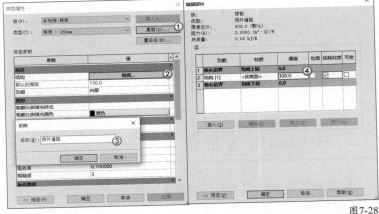

图7-28

 提示
示例道路非常规则，如果场外道路不规则，那么读者需要根据要求进行更加详细的处理。

在"修改|创建楼层边界"上下文选项卡中使用"线"工具，然后按照楼板的绘制方法根据室外场地轮廓线完成室外场地道路的绘制，最后单击"完成编辑模式"按钮，如图7-29所示，三维效果如图7-30所示。

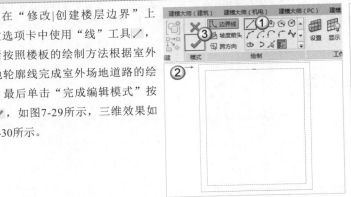

图7-29

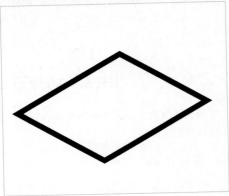

图7-30

场地大门

场地大门一般布置为两个或两个以上。大门是场内道路和场外道路的连接部分，因此大门的定位非常重要，读者在定位大门的时候需要考虑周边的路网情况、转弯半径和坡度限制等内容。此外，大门的高度和宽度应当满足车辆运输的需要，并尽可能考虑大门与加工场地、仓库位置有效衔接。与场地大门对应的位置还应当有相应的人车分流、门卫室等。

> **提示**
> 场地大门的位置、尺寸和门卫室、闸机通道等需要根据项目实际情况进行确定。

❖ **实现方法**

在实际的项目中，如果需要计算相应的工程量，那么就不能通过族来放置模型。读者在考虑大门的放置时就需要考虑大门的不同部位是如何进行工程量统计的，因为工程量的统计方式不同，大门的不同部位的内容就需要进行相应的设置。读者需要根据实际情况进行权衡，如大门的门柱是通过相应的材质铺贴而成，那就需要进行相关面积的统计来计算相应材料的工程量，而闸机等购买整机的内容可能就需要进行个数的统计，直接放置相应的族就可以了。

大门上部的相关文字需要根据实际情况放置，在实际的项目中可以将模型中的尺寸和定位作为参照依据，所以大门中放置文字的位置，以及文字的大小、颜色和尺寸等参数都需要好好斟酌。

> **提示**
> 这里举的例子并不一定完全符合实际要求，读者可以根据实际情况进行具体分析。本小节中并未考虑其他内容，通过直接放置相关族的方式进行场地的布置即可。当然，读者也可以根据实际情况直接制作一个符合项目实际需求的族放置到项目中。

❖ **场地布置**

在"插入"选项卡中单击"载入族"按钮，在弹出的"载入族"对话框中选择"素材文件>CH07>实训：搭建综合楼外部环境模型"下的"工地大门族.rfa"和"集装箱式门卫室（右开门）带椅子.rfa"文件，最后单击"打开"按钮完成族的载入，如图7-31所示。载入后的两个族分别如图7-32所示。

图7-31

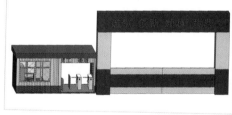

图7-32

在"建筑"选项卡中执行"构件>放置构件"命令，在"属性"面板中选择载入的"工地大门族"类型，单击"编辑类型"按钮，在弹出的"类型属性"对话框中设置"默认高程"为0，单击"确定"按钮，如图7-33所示。

移动鼠标指针到绘图区域，在楼板的相应位置会显示放置预览效果，如图7-34所示，单击即可将大门族放置于面上，效果如图7-35所示。

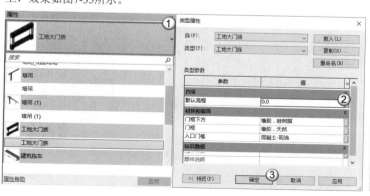

图7-33

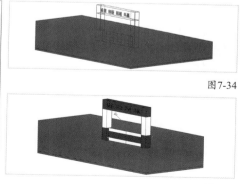

图7-34

图7-35

 > **提示**
> 若要改变门的方向，可以按空格键进行翻转。

上述大门族的有用参数内容并不多，因为一般在公司的文件中会根据要求统一制作大门族，这样很多大门都可以统一进行设置，在搭建模型的时候也不会有变化，只需通过单击放置即可。也就是说，在项目的实际应用中可以根据要求统一制作大门族文件来进行大门的放置，因此没有参数需要调整。

场地围挡

场地围挡是封闭化管理的具体表现，一般以用地红线为依据，围挡需要围绕现场一周，保持工地封闭状态。

❖ 实现方法

场地围挡一般有两种，一种是通过砌块砌筑而成的建筑墙体，另一种是通过标准化的构件制作的围挡。通过砌块砌筑的墙体可以直接使用建筑墙功能实现，通过标准化构件制作的围挡就需要通过制作标准化族实现。

如果是通过砌体砌筑而成的围挡，那么一般需要进行砌体工程量的统计。读者在进行操作的过程中需要根据实际情况，对其材质等信息进行区分设置。这样在后期可以直接导出项目围挡的工程量。砌体围挡的实物效果如图7-36所示。

如果通过标准化构件进行制作，那么一般在实际的项目中会直接制作一个符合实际的标准化构件，然后在场景中放置即可，后续只需要统计标准化构件的数量就可以了。标准化围挡实物效果如图7-37所示。

当然，在实际项目中，更多的是两者的结合，即底部为砌块导墙，上部为标准化构件，相应的实物效果如图7-38所示。

图7-36 图7-37 图7-38

读者在实际应用围挡的时候需要根据实际情况进行设置。在示例中，笔者使用标准化构件进行制作，砌体墙的操作同建筑墙体一致，读者可自行尝试。下面针对本项目的标准化构件进行设置。

❖ 场地布置

在"插入"选项卡中单击"载入族"按钮，在弹出的对话框中选择"素材文件>CH07>实训：搭建综合楼外部环境模型>施工围挡.rfa"文件，单击"打开"按钮完成族的载入工作，如图7-39所示，载入的族如图7-40所示。

图7-39 图7-40

在"建筑"选项卡中执行"构件>放置构件"命令，然后在激活的"属性"面板中选择载入的"施工围挡"类型，接着将鼠标指针移动到绘图区域，在与参照图纸相对应的位置单击，完成族的放置。整个工地的围挡是由数量较多的标准化构件组合而成的，读者需要多次放置，完成后的三维效果如图7-41所示。

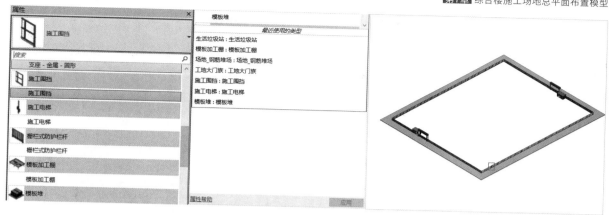

图7-41

实训: 搭建综合楼外部环境模型

素材位置	素材文件>CH07>实训: 搭建综合楼外部环境模型
实例位置	实例文件>CH07>实训: 搭建综合楼外部环境模型
视频名称	实训: 搭建综合楼外部环境模型.mp4
学习目标	掌握在项目中搭建外部环境模型的方法及搭建思路

扫码观看视频

本项目搭建的综合楼外部环境模型如图7-42所示。

图7-42

搭建场外道路

场地外部道路一般不因项目而改变, 是客观存在的外在条件, 因此我们需要做的是合理地利用场外道路为内部的生产生活制造便利。

01 打开"实例文件>CH07>实训: 新建场地布置模型>场地布置模型.rvt", 如图7-43所示。

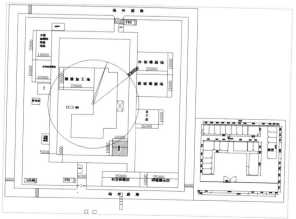

图7-43

02 在"建筑"选项卡中, 单击"楼板"按钮, 在楼板的"类型属性"对话框中单击"复制"按钮, 并设置"名称"为"场外道路"。接着单击"编辑"按钮, 在弹出的"编辑部件"对话框中设置"结构"的"厚度"为300, 依次单击"确定"按钮退出, 如图7-44所示。此外, 还需确保"属性"面板中的"标高"为"标高1", "偏移"为0。

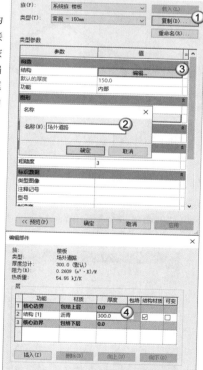

图7-44

提示

实训中的场外道路为规则的形状, 如果场外道路不规则, 那么读者需要根据要求进行更加详细的处理。场外道路的厚度无须在意, 随意设置适宜的厚度即可, 场外道路的设置重点在于确定道路的尺寸和位置。

03 在"修改|创建楼层边界"上下文选项卡中使用"线"工具 ∕ ，按照楼板的绘制方法参照图纸中的外部场地轮廓线，完成外部场地道路的绘制，最后单击"完成编辑模式"按钮 ✔ ，如图7-45所示，三维效果如图7-46所示。

图7-45

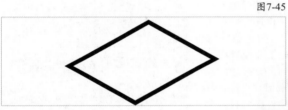

图7-46

搭建出入口

本项目有南北侧共两个出入口，大门通过放置即可，主要是进行相应的族文件的创建工作。

01 载入"素材文件>CH07>搭建综合楼外部环境模型"下的工地大门族.rfa、集装箱式门卫室（右开门）带椅子.rfa族文件，然后切换到俯视图，如图7-47所示。

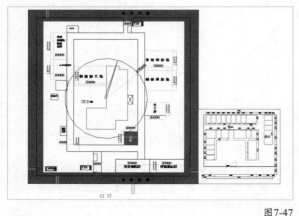

图7-47

提示
三维视图的好处是能够更加灵活地放置族构件。

02 在"建筑"选项卡中，执行"构件>放置构件"命令，然后在"属性"面板中选择载入的"工地大门族"类型，单击"编辑类型"按钮 ，在弹出的"类型属性"对话框中修改参数"默认高程"为0，如图7-48所示。在参照图纸的相应的场外道路上放置族，效果如图7-49所示。

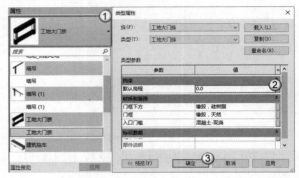

图7-48

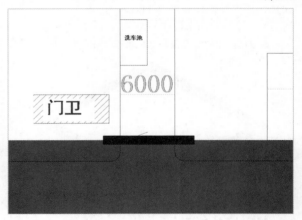

图7-49

提示
本项目使用的族文件必须依附在某个构件的平面上，所以只能放置于已经完成的场外道路的平面上，不能放置于空白处。

03 按照同样的方法放置"集装箱式门卫室（右开门）带椅子"族，并设置"标高"为"标高1"，如图7-50所示。"类型属性"对话框中的参数主要是材质部分，可不进行修改。放置完成后，三维效果如图7-51所示。

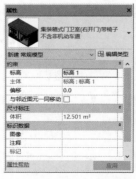

图7-50

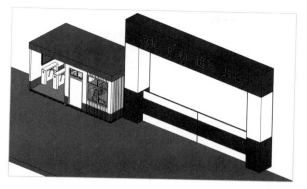

图7-51

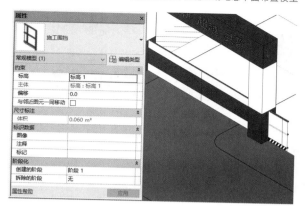

图7-54

📋 提示

　　大门与门卫室一般由公司制作专门的族，放置时无须在意其参数内容，因为相应的内容都是在族文件中设置好的，完善的族库是每个公司BIM的基础。在进行放置时，即使图纸与项目有一定的出入，大门和门卫室的内容也无须进行调整，因为图中的内容仅为示意，对项目施工无影响。在本项目中，图纸的门卫室位置与大门并没有连在一起，但是在实际施工项目中，两者是一体的，放置时参照大门位置放置门卫室，如图7-52所示。

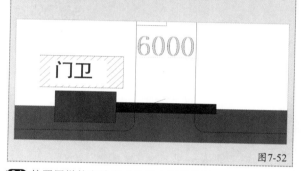

图7-52

04 按照同样的方法完成北侧大门的放置，效果如图7-53所示。

图7-53

🔲 搭建场地围挡

01 载入"素材文件>CH07>搭建综合楼外部环境模型>施工围挡.rfa"族文件，然后在"建筑"选项卡中执行"构件>放置构件"命令。接着在"属性"面板中找到载入的"施工围挡"，并设置"标高"为"标高1"、"偏移"为0。将鼠标指针移动到绘图区域，以大门处为起点，在与参照图纸相对应的位置完成族的放置，如图7-54所示。

02 整个工地的围挡是由数量较多的标准化构件组合而成的，读者需要多次放置。选中已经放置完成的围挡构件，在"修改|常规模型"上下文选项卡中选择"复制"工具🗐，然后在选项栏中分别勾选"约束"和"多个"选项。接着在已经放置的围挡的左侧边缘单击，再将鼠标指针移动到围挡的右侧边缘单击，完成第2个围挡的放置，如图7-55所示。

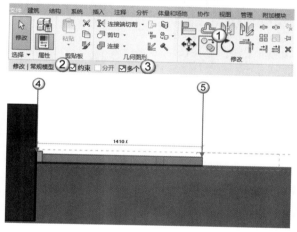

图7-55

·🔧 技术专题 生成平面视图的条件·

　　工地围挡的数量众多，为了简化工作量，可以通过阵列的方式放置施工围挡。选中放置完成的第1个围挡，在"修改|常规模型"上下文选项卡中选择"阵列"工具🔡，然后在选项栏中勾选"成组并关联"和"约束"选项，并设置"移动到"为"第二个"，如图7-56所示。

图7-56

　　在已经放置的围挡左侧边缘单击，然后将鼠标指针移动到围挡右侧边缘并单击，接着在弹出的输入框中设置合适的数量，按回车键完成阵列操作，如图7-57所示。

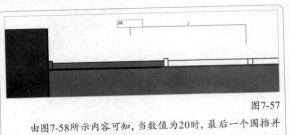

图7-57

由图7-58所示内容可知，当数值为20时，最后一个围挡并没有到达末端，说明设置的数量偏少。选中任意一个围挡，在弹出的输入框中再次修改数值，使其达到相应的位置。

图7-58

03 按照相同的方法依次放置其他围挡，完成后的三维效果如图7-59所示。

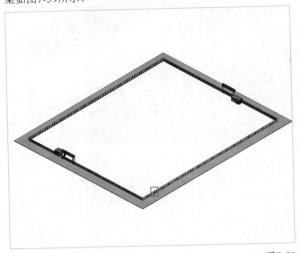

图7-59

练习：搭建练习文件外部环境模型

素材位置	素材文件>CH07>练习：搭建练习文件外部环境模型
实例位置	实例文件>CH07>练习：搭建练习文件外部环境模型
视频名称	练习：搭建练习文件外部环境模型.mp4

效果展示

本练习搭建的外部环境模型效果如图7-60所示。

任务说明

（1）完成练习文件场外道路模型的搭建。

（2）完成练习文件施工区域大门模型。

（3）完成练习文件场地围挡模型。

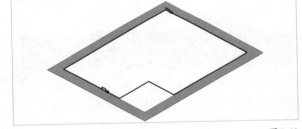

图7-60

7.2.2 拟建建筑物及场内道路模型

外部环境确定好后，在场地布置模型中，场地内的拟建建筑物是设计好的内容，接下来就按照施工图纸中的要求进行创建并布置场内临时道路。

拟建建筑物

拟建建筑物主要表现其外形尺寸和高度，若要进行更细致的刻画，还可以表现其外立面的造型。

❖ 实现方法

建模时一般通过以下两种方式来表达拟建建筑物。

①如果对外形的效果要求高，那么可以通过建筑中的墙、板和门窗等命令来进行设置，这样设置好的拟建建筑物会更加真实、美观。

②如果对外形的效果要求不高，那么可以通过体量来实现拟建建筑物的设置。

❖ 场地布置

在"体量和场地"选项卡中单击"内建体量"按钮，如图7-61所示。

图7-61

弹出体量已启用的提示后单击"关闭"按钮,在弹出的"名称"对话框中设置"名称"为"拟建建筑",单击"确定"按钮进入体量编辑模式,如图7-62所示。

在"创建"选项卡中使用"线"工具 ∕,按照参照图纸绘制拟建建筑物的外轮廓线,如图7-63所示。

图7-62

图7-63

完成轮廓线的绘制后,在"修改|放置线"上下文选项卡中执行"创建形状>实心形状"命令,然后将视图旋转到一定的角度,单击生成的体量的顶面,在弹出的尺寸标注中修改数据为拟建建筑物的高度,完成体量楼层的创建,如图7-64所示。

单击"修改|形式"上下文选项卡中的"完成体量"按钮 ✔,完成拟建建筑物的创建,效果如图7-65所示。

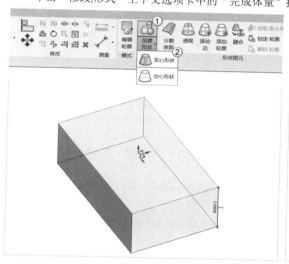

图7-64

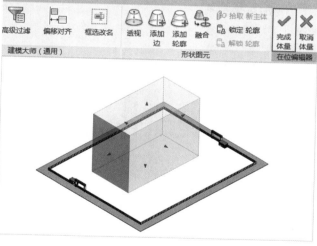

图7-65

📖 场地内临时道路

拟建建筑物完成后,可以根据拟建建筑物位置进行场地内临时道路的模型搭建工作。场地内临时道路的操作方法同场外道路,按照参照图纸完成相应操作,完成后的效果如图7-66所示。场内的临时道路与场外道路的绘制方法一样,但是场内的临时道路是需要根据项目需求进行设计的,好的道路布置可以方便车辆的进出及施工工序的搭接。

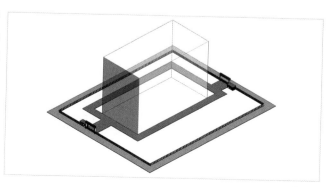

图7-66

实训：搭建拟建建筑物和场内道路

素材位置	无
实例位置	实例文件>CH07>实训：搭建拟建建筑物和场内道路模型
视频名称	实训：搭建拟建建筑物和场内道路模型.mp4
学习目标	掌握在项目中搭建拟建建筑物和场内道路的方法及搭建思路

本项目搭建的综合楼拟建建筑物模型与场内道路模型如图7-67所示。

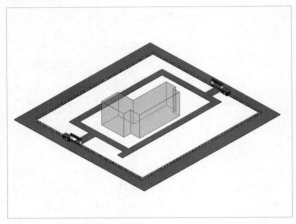

图7-67

搭建拟建建筑物

01 打开"实例文件>CH07>实训：搭建综合楼外部环境模型>综合楼外部环境.rvt"，如图7-68所示。

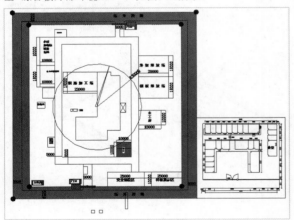

图7-68

02 在"体量和场地"选项卡中单击"内建体量"按钮，然后将弹出的提示关闭，并在打开的"名称"对话框中输入"拟建建筑"字段，最后单击"确定"按钮，如图7-69所示。

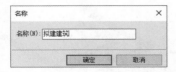

图7-69

03 在"创建"选项卡中单击"线"按钮，然后按照参照图纸描绘拟建建筑物的外轮廓线，如图7-70所示。

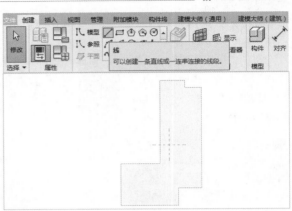

图7-70

04 选中绘制完成的轮廓线，在"修改|线"上下文选项卡中执行"创建形状>实心形状"命令，如图7-71所示。

图7-71

05 切换到三维视图（在三维视图中更容易选中面层），单击生成的体量的顶面，在弹出的尺寸标注中修改数据为拟建建筑物的高度13500，完成综合楼体量楼层的创建。在"修改|形式"上下文选项卡中单击"完成体量"按钮 ✔ 完成拟建建筑物的创建，如图7-72所示。

图7-72

06 完成后的三维效果如图7-73所示。

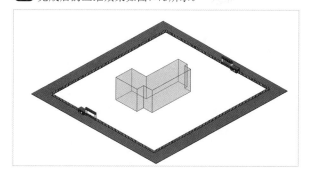

图7-73

搭建场内道路

01 在"建筑"选项卡中单击"楼板"按钮，在"类型属性"对话框中单击"复制"按钮，并将复制的楼板命名为"场内道路"，最后单击"确定"按钮。此外，还需要确保"属性"面板中的"标高"为"标高1"，"偏移"为0，完成场内道路的属性设置，如图7-74所示。

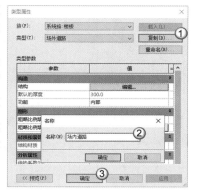

图7-74

02 在"修改|创建楼层边界"上下文选项卡中使用"线"工具，按照楼板的绘制方法并参照图纸中的场地内临时道路轮廓线完成场地内临时道路的绘制，最后单击"完成编辑模式"按钮，如图7-75所示，完成后的效果如图7-76所示。

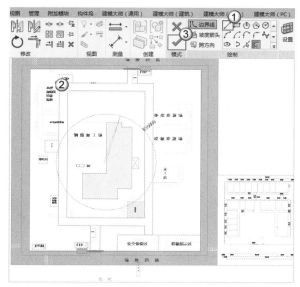

图7-75

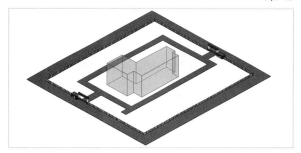

图7-76

提示

在本项目中，为了减少工作量，场内临时道路转弯半径等细部构造并没有进行设置。

练习：搭建练习文件拟建建筑物和场内道路模型

素材位置	无
实例位置	实例文件>CH07>练习：搭建练习文件拟建建筑物和场内道路模型
视频名称	练习：搭建练习文件拟建建筑物和场内道路模型.mp4

扫码观看视频

效果展示

本练习拟建的建筑物和场内道路模型效果如图7-77所示。

任务说明

（1）完成练习文件拟建建筑物模型。

（2）完成练习文件场内道路模型。

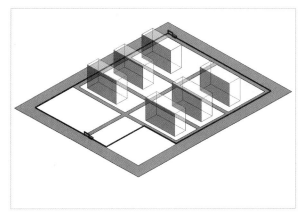

图7-77

7.2.3 大型机械设备模型

大型机械设备是施工过程中非常重要的工具。在施工现场，塔吊和施工电梯是需要进行定位放置的固定型大型设备，这些都是施工总平面图纸中非常重要的内容。

实现方法

大型机械设备只能通过载入族的方式进行处理。不同的设备参数不一致。找到好的族文件能够大大提高工作效率。

场地布置

在"插入"选项卡中，单击"载入族"按钮，在弹出的"载入族"对话框中选择"素材文件>CH07>实训：搭建综合楼塔吊模型>塔吊.rfa"族文件，单击"打开"按钮完成族的载入，如图7-78所示。载入的族如图7-79所示。

图7-78

图7-79

在"建筑"选项卡中，执行"构件>放置构件"命令。在"属性"面板中选择载入的"塔吊"族，接着根据导入的平面布置图将参数族放置到相应的位置，族可通过单击鼠标左键的方式放置，如图7-80所示。

图7-80

保持塔吊的选中状态，根据实际情况修改"属性"面板中的参数，如图7-81所示。

◆ 重要参数介绍 ◆

塔吊高度H：整个塔吊竖向的高度。

工作半径R：塔吊覆盖的范围，也是确定多个塔吊之间是否会发生碰撞的重要参数。

基础高h：塔吊基础的高度。

基础宽a：塔吊基础的水平长度。

基础宽b：塔吊基础的水平宽度。

在实际项目中，根据项目实际的需求完成所有大型机械的放置，其操作一致。在此就不再赘述，读者可以按照上述方法完成升降电梯的放置。

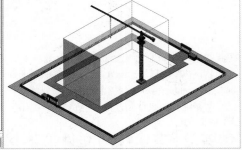

图7-81

> **提示**
> 不同的族具有不同的参数。本书中所使用的塔吊族在其他族中可能不存在，但需要用到的族参数主要包含上述几个，这几个是基本的参数，读者需要了解，其他参数可以不作了解。

实训：搭建综合楼塔吊模型

素材位置	素材文件>CH07>实训：搭建综合楼塔吊模型
实例位置	实例文件>CH07>实训：搭建综合楼塔吊模型
视频名称	实训：搭建综合楼塔吊模型.mp4
学习目标	掌握在项目中搭建塔吊的方法及搭建思路

本项目搭建的综合楼塔吊模型如图7-82所示。

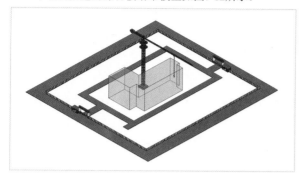
图7-82

01 打开"实例文件>CH07>实训：搭建拟建建筑物及场内道路模型>综合楼拟建建筑物和场内道路.rvt"，如图7-83所示。

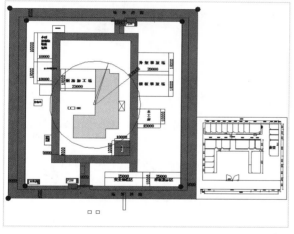
图7-83

02 载入"素材文件>CH07>实训：搭建综合楼塔吊模型>塔吊.rfa"族文件，接着在"建筑"选项卡中执行"构件>放置构件"命令，在激活的"属性"面板中选择载入的"塔吊"族，然后根据塔吊在参照图纸中的位置放置族，如图7-84所示。

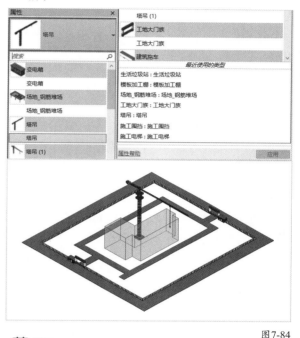
图7-84

提示
根据实际情况设置塔吊的参数，在本项目中按照默认参数值放置即可。

练习：搭建练习文件大型机械设备模型

素材位置	素材文件>CH07>练习：搭建练习文件大型机械设备模型
实例位置	实例文件>CH07>练习：搭建练习文件大型机械设备模型
视频名称	练习：搭建练习文件大型机械设备模型.mp4

效果展示

本练习搭建的大型机械设备效果如图7-85所示。

任务说明

完成练习文件中塔吊的放置工作。

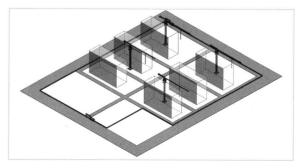
图7-85

7.2.4 堆场模型

在现场施工期间，必然会有大量的材料需要临时存放，所以堆场的放置也是场地布置模型的重点。根据材料的不同，堆场的种类也不同，其大小也存在一定的差距，在不同的阶段也存在不同性质的堆场和仓库。堆场的放置工作主要通过放置族的命令进行。

实现方法

一般通过载入符合要求的族创建堆场模型，堆场的参数主要调节堆场的宽度和长度。

场地布置

在"插入"选项卡中单击"载入族"按钮，在弹出的对话框中选择"素材文件>CH07>实训：搭建堆场模型>材料堆场.rfa"族文件，单击"打开"按钮完成族的载入，如图7-86所示。载入的族如图7-87所示。

图7-86

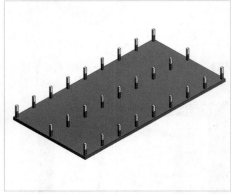

图7-87

在"建筑"选项卡中执行"构件>放置构件"命令，在激活的"属性"面板中选择载入的"材料堆场"族，如图7-88所示。

在"属性"面板中单击"编辑类型"按钮，在弹出的"类型属性"对话框中修改"堆场长"和"堆场宽"为参照图纸中的要求，如图7-89所示。

图7-88

图7-89

◆ 重要参数介绍 ◆

堆场宽：堆场的宽度值。

堆场长：堆场的长度值。

根据导入的平面布置图将参数族放置到相应的位置，可通过单击鼠标左键的方式放置族，如图7-90所示。

> **提示**
> 在实际项目中，需要根据项目需求完成所有不同类型的材料堆场的放置工作，其操作方法一致，在此不再赘述。

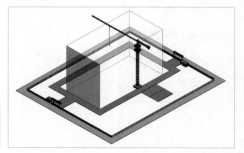

图7-90

实训：搭建堆场模型

素材位置	素材文件>CH07>实训：搭建堆场模型
实例位置	实例文件>CH07>实训：搭建堆场模型
视频名称	实训：搭建堆场模型.mp4
学习目标	掌握在项目中搭建堆场的方法及搭建思路

本项目搭建的堆场模型如图7-91所示。

图7-91

外架堆放场

01 打开"实例文件>CH07>实训：搭建综合楼塔吊模型>综合楼塔吊.rvt"，如图7-92所示。

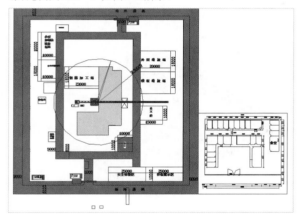

图7-92

02 载入"素材文件>CH07>实训：搭建堆场模型>材料堆场.rfa"族文件，然后在"建筑"选项卡中执行"构件>放置构件"命令，并在"属性"面板中选择载入的"材料堆场"族，如图7-93所示。

图7-93

03 在材料堆场的"类型属性"对话框中单击"复制"按钮复制一个新类型，并将其命名为"外架堆放场"，接着设置"堆场宽"为15000、"堆场长"为20000，单击"确定"按钮，如图7-94所示。确保"属性"面板中的"标高"为"标高1"，"偏移"为0。

图7-94

04 参数设置完成后，移动鼠标指针到绘图区域，在与参照图纸相对应的位置放置族，如图7-95所示。

图7-95

模板堆放场

01 复制一个新类型，并将其命名为"模板堆放场地"，然后设置"堆场宽"为15000、"堆场长"为20000，单击"确定"按钮，如图7-96所示。

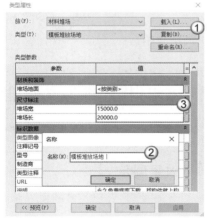

图7-96

02 参数设置完成后，移动鼠标指针到绘图区域，在与参照图纸相对应的位置放置族，如图7-97所示。

图7-97

小型加气块堆放场地

01 复制一个新类型，并将其命名为"小型加气块堆放场地"，然后设置"堆场宽"为10000、"堆场长"为20000，单击"确定"按钮，如图7-98所示。

图7-98

02 参数设置完成后，移动鼠标指针到绘图区域，在与参照图纸相对应的位置放置族，如图7-99所示。

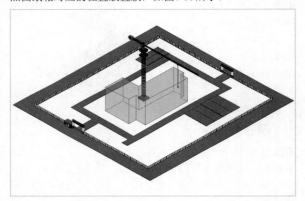

图7-99

水电材料堆场

01 复制一个新类型，并将其命名为"水电材料堆场"，然后设置"堆场宽"为10000、"堆场长"为15000，单击"确定"按钮，如图7-100所示。

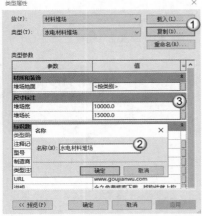

图7-100

02 参数设置完成后，移动鼠标指针到绘图区域，在与参照图纸相对应的位置放置族，如图7-101所示。

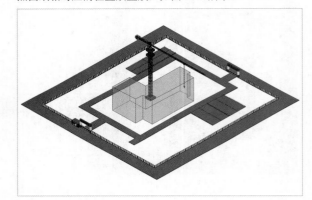

图7-101

练习：搭建练习文件堆场模型

素材位置	素材文件>CH07>练习：搭建练习文件堆场模型
实例位置	实例文件>CH07>练习：搭建练习文件堆场模型
视频名称	练习：搭建练习文件堆场模型.mp4

扫码观看视频

效果展示

本练习搭建的堆场效果如图7-102所示。

任务说明

（1）完成练习文件中钢筋原材堆场的放置工作。

（2）完成练习文件中模板堆场的放置工作。

（3）完成练习文件中周转材料堆场的放置工作。

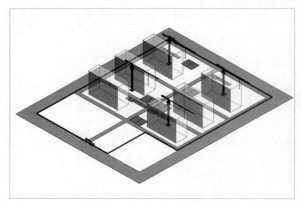

图7-102

7.2.5 加工棚模型

加工棚也是项目场地布置中必不可少的内容，加工棚的设置要考虑到材料堆场的位置和使用是否方便。

选择工具

在BIM模型中，加工棚的放置也非常简单，下面以"钢筋加工棚"为例进行讲解。

场地布置

在"插入"选项卡中，单击"载入族"按钮，在弹出的对话框中选择"素材文件>CH07>实训：搭建钢筋加工棚模型>钢筋加工棚.rfa"文件，单击"打开"按钮完成族的载入，如图7-103所示。载入的族如图7-104所示。

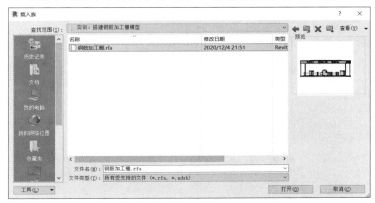

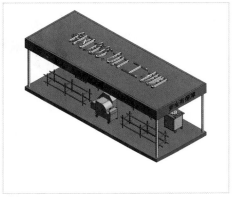

图7-103

图7-104

在"建筑"选项卡中执行"构件>放置构件"命令，然后在激活的"属性"面板中选择载入的"钢筋加工棚"族，并设置"钢筋棚长度"和"钢筋棚宽度"为参照图纸中的要求，如图7-105所示。

◆ **重要参数介绍** ◆

标高：堆场的放置平面高度。

偏移：堆场相对于"标高"参数高度的变化值。

钢筋棚长度：钢筋棚长度的取值。

钢筋棚宽度：钢筋棚宽度的取值。

图7-105

根据导入的平面布置图将参数族放置到相应的位置，族可通过单击鼠标左键的方式放置，如图7-106所示。

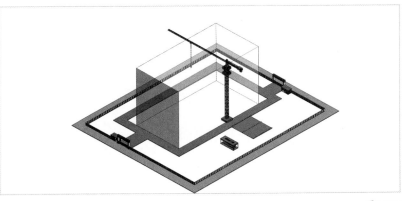

图7-106

实训：搭建钢筋加工棚模型

素材位置	素材文件>CH07>实训：搭建钢筋加工棚模型
实例位置	实例文件>CH07>实训：搭建钢筋加工棚模型
视频名称	实训：搭建钢筋加工棚模型.mp4
学习目标	掌握在项目中搭建钢筋加工棚的方法及搭建思路

本项目搭建的钢筋加工棚如图7-107所示。

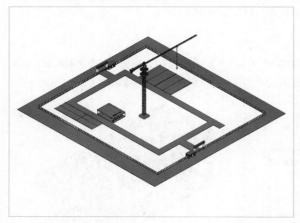

图7-107

01 打开"实例文件>CH07>实训：搭建堆场模型>堆场模型.rvt"，如图7-108所示。

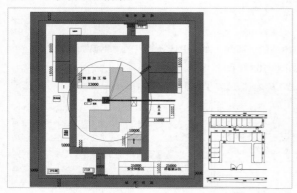

图7-108

02 载入"素材文件>CH07>实训：搭建钢筋加工棚模型>钢筋加工棚.rfa"族文件，单击"打开"按钮完成族的载入。然后在"建筑"选项卡中执行"构件>放置构件"命令。接着在"属性"面板中选择载入的"钢筋加工棚"族，并设置"标高"为"标高1"、"偏移"为0、"钢筋棚长度"为10000、"钢筋棚宽度"为15000，如图7-109所示。

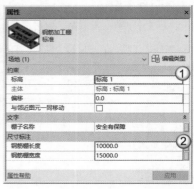

图7-109

03 参数设置完成后，移动鼠标指针到绘图区域，在与参照图纸相对应的位置放置族，三维效果如图7-110所示。

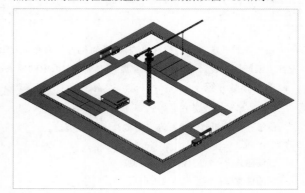

图7-110

练习：搭建练习文件加工棚模型

素材位置	素材文件>CH07>练习：搭建练习文件加工棚模型
实例位置	实例文件>CH07>练习：搭建练习文件加工棚模型
视频名称	练习：搭建练习文件加工棚模型.mp4

效果展示

本练习搭建的加工棚模型效果如图7-111所示。

任务说明

完成练习文件中的加工棚的放置工作。

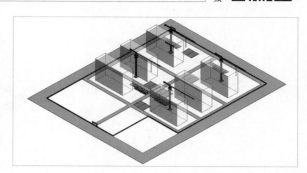

图7-111

7.2.6 其他需要放置的内容

完成前文的内容即完成了整个场地布置模型的主要工作。场地中还有其他设施，如移动厕所、垃圾池、样板展示区和安全体验区等，可以按照图纸所标示的位置放置对应的族，场地硬化可以按照场内道路的方式来创建。

实现方法

其他设施可以通过载入族的方式来创建，场地硬化可以通过"楼板"命令来创建。

场地布置

其他设施可以通过"插入"选项卡中对应的"载入族"命令，在素材文件中找到对应的族载入后单击放置即可，如图7-112所示。这些设施对应的参数对施工影响不大，无须调整其参数。

图7-112

对于场地内除了临时道路、拟建建筑以外的地方，我们还需要进行"场地硬化"，与道路的绘制方式类似，通过"楼板"工具将水平的空白区域直接绘制成楼板即可。"场地硬化"对应的参数设置有"标高""类型""厚度"等，如图7-113所示。这些参数的设置方法可以参照场内道路的设置方法。

图7-113

> **提示**
> 临水临电内容在操作上属于机电安装工程的内容，本书以土建施工为主就不对其进行介绍，但是读者要知悉这一点。

实训：完善场地内容

素材位置	素材文件>CH07>实训：完善场地内容
实例位置	实例文件>CH07>实训：完善场地内容
视频名称	实训：完善场地内容.mp4
学习目标	掌握在项目中搭建其他零星设施的方法及搭建思路

扫码观看视频

本项目的场地内容完善后如图7-114所示。

图7-114

载入其他零星设施

01 打开"实例文件>CH07>实训：搭建钢筋加工棚模型>钢筋加工棚模型.rvt"，如图7-115所示。

02 载入"素材文件>CH07>实训：完善场地内容>集装箱男女厕所.rfa、洗车池.rfa、VR安全体验室.rfa、安全带使用体验区.rfa、安全帽撞击体验区.rfa、消防器材使用体验区.rfa、洞口安

全坠落体验区.rfa、样板展示区.rfa、沉淀池.rfa"族文件，载入的模型如图7-116所示。

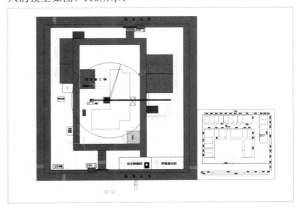

图7-115

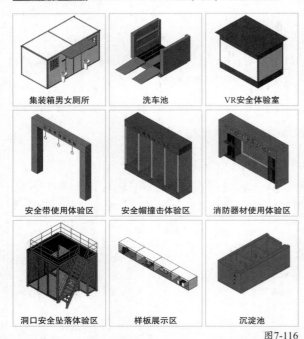

集装箱男女厕所	洗车池	VR安全体验室
安全带使用体验区	安全帽撞击体验区	消防器材使用体验区
洞口安全坠落体验区	样板展示区	沉淀池

图7-116

提示

通常情况下，一次载入该项目中项目模型需要的所有族，并在编辑时根据情况进行选择，可避免重复载入。

03 在"建筑"选项卡中执行"构件>放置构件"命令，然后在"属性"面板中选择载入的族类型，并确保"标高"为"标高1"，"偏移"为0，将族依次放置在与参照图对应的位置，如图7-117所示。

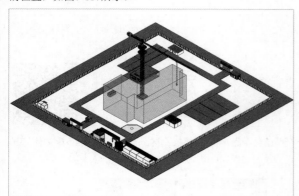

图7-117

地面硬化处理

01 场地中其他位置的裸露地面需要硬化处理，硬化处理的方法与道路的绘制方法类似。在"建筑"选项卡中单击"楼板"按钮 ，如图7-118所示。

图7-118

02 在楼板的"类型属性"对话框中单击"复制"按钮，并将名称设为"道路硬化"。接着单击"编辑"按钮，在弹出的"编辑部件"对话框中设置"结构"的"厚度"为300，最后依次单击"确定"按钮退出，如图7-119所示。此外，还需要确保"属性"面板中的"标高"为"标高1"，"偏移"为0。

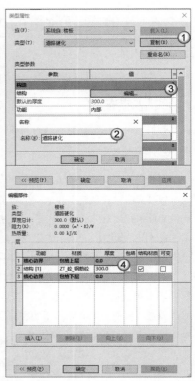

图7-119

03 在"修改|创建楼层边界"上下文选项卡中使用"线"工具 ，按照楼板的绘制方法并参照图纸中未覆盖的裸露部位完成室外场地道路的硬化，最后单击"完成编辑模式"按钮 ，如图7-120所示，三维效果如图7-121所示。

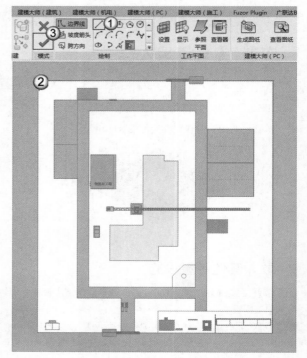

图7-120

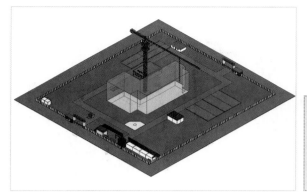

图7-121

练习：完善练习文件场地内容模型

		扫
素材位置	素材文件>CH07>练习：完善练习文件场地内容模型	码观
实例位置	实例文件>CH07>练习：完善练习文件场地内容模型	看视
视频名称	练习：完善练习文件场地内容模型.mp4	频

效果展示

本练习完善后的场地布置模型效果如图7-122所示。

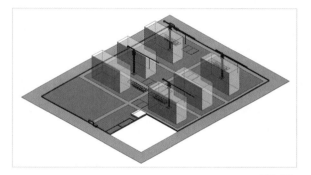

任务说明

（1）完善场地硬化模型工作。

（2）放置其他附属场地内容。

图7-122

7.2.7 临时用房模型

整个项目的场地平面包含施工区域、生活区域和办公区域。前文放置的是施工区域的内容，在施工现场，必然存在项目管理人员和工人办公、住宿的地方，也就是临时建筑物。

根据相关规定，施工区域是相对独立的，也就是说其与生活区、办公区在平面位置上没有交叉，读者可以通过选择新建文件单独建立一个临时用房模型，当然也可以与施工区域放在同一个文件中。

提示

为了方便整体查看，本书在进行教学时选择在同一个文件中操作。

实现方法

绘制临时建筑物的方式有两种，一种是按照建筑模型搭建的方法进行墙、板、门窗和楼梯等内容的设置，另一种是通过载入相应的族来进行设置。

第1种方式相当于搭建了一个建筑物模型，读者可以参考第4章和第5章的内容进行创建。在不会对现场进行深入应用的情况下，完全可以使用第2种方式。本书将按照第2种方式来进行讲解。

场地布置

在"插入"选项卡中，单击"载入族"按钮，在弹出的对话框中选择"素材文件>CH07>实训：搭建办公生活区模型>集装箱式板房.rfa"族文件，单击"打开"按钮完成族的载入，如图7-123所示。载入的族如图7-124所示。

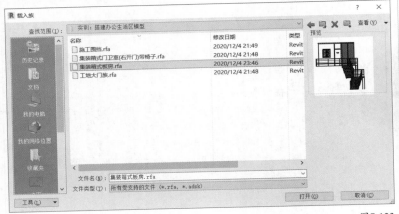

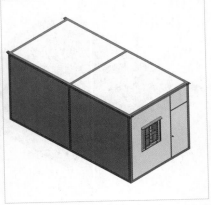

图7-123 | 图7-124

按照图纸要求布置临建房屋，如果导入的族"集装箱式板房"有相应的参数，那么可以更改其尺寸，"类型属性"对话框如图7-125所示。

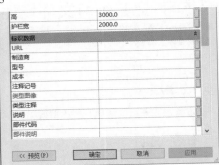

图7-125

◆ 重要参数介绍 ◆

宽：集装箱式板房的宽度。

长：集装箱式板房的长度。

雨篷宽：集装箱式板房中雨篷的宽度。

高：集装箱式板房的高度。

护栏宽：集装箱式板房护栏的宽度。

读者可以根据需求修改高度、宽度和长度等参数来调节集装箱式板房的尺寸，以满足图纸尺寸的需求，完成后如图7-126所示。

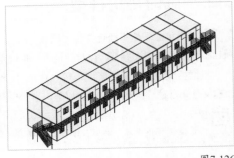

> **提示**
> 示例中的临建房屋全部用的是集装箱式板房，在无深入应用的情况下，集装箱板房仅通过修改尺寸就可以胜任相应的工作，而需要进行深入应用的项目，则要通过第1种方法进行操作。

临建模型的好与坏取决于读者的族库是否完善，因此读者需要收集足够多的族来完善临建布置，使临建模型更为美观。

图7-126

> **提示**
> 在实际的项目中，读者可以根据某些特殊需求和现场实际的情况添加花园、篮球场、道路和绿化等其他装饰性设施，在这里就不再进行调整和添加了。

实训：搭建办公生活区模型

素材位置	素材文件>CH07>实训：搭建办公生活区模型
实例位置	实例文件>CH07>实训：搭建办公生活区模型
视频名称	实训：搭建办公生活区模型.mp4
学习目标	掌握在项目中搭建办公生活区的方法及搭建思路

扫码观看视频

本项目搭建的办公生活区如图7-127所示。

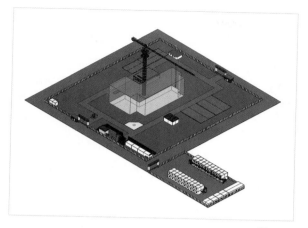

图7-127

搭建基础场地

01 打开"实例文件>CH07>实训：完善场地内容>完善后的场地内容.rvt"，如图7-128所示。

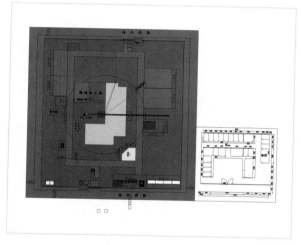

图7-128

02 对项目综合楼的临建用地进行场地硬化，使用"楼板"工具 📄 完成场地硬化的内容。场地硬化的参数与场内道路一致，如图7-129所示，完成后的效果如图7-130所示。

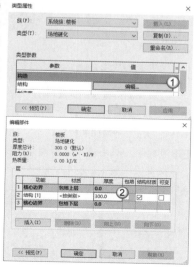

图7-129

图7-130

03 办公生活区也会有大门、门卫室及围挡内容，其放置方式与施工区域的放置方式一致。载入"素材文件>CH07>实训：搭建办公生活区模型"下的工地大门族.rfa、集装箱式门卫室（右开门）带椅子.rfa、施工围挡.rfa文件，在"建筑"选项卡中执行"构件>放置构件"命令，然后在"属性"面板中选择相应的族，并按照图纸标注的位置进行放置，效果如图7-131所示。

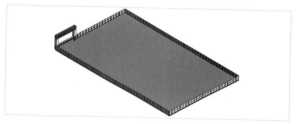

图7-131

布置临建房屋

载入"素材文件>CH07>实训：搭建办公生活区模型>集装箱式板房.rfa"文件，导入的族"集装箱式板房"有相应的参数可以更改尺寸。根据本例项目要求，通过复制的方式分别设置不同类型的临建板房。

❖ 布置一层板房

01 在集装箱式板房的"类型属性"对话框中单击"复制"按钮复制一个新类型，并将其命名为"一层"，接着设置"宽"为3000、"长"为6000、"雨篷宽"为1200、"高"为3000、"护栏宽"为2000，单击"确定"按钮，如图7-132所示。最后在"属性"面板中确保"标高"为"标高1"，"偏移"为0。

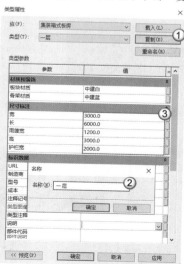

图7-132

02 参数设置完成后，移动鼠标指针到绘图区域，在与参照图纸相对应的位置放置族，如图7-133所示。

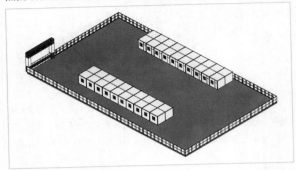

图7-133

❖ **布置二层板房**

01 复制一个新类型，并将其命名为"二层"，然后设置"宽"为3000、"长"为6000、"雨篷宽"为1200、"高"为3000、"护栏宽"为3000，接着在"属性"面板中设置"偏移"为3000，如图7-134所示。

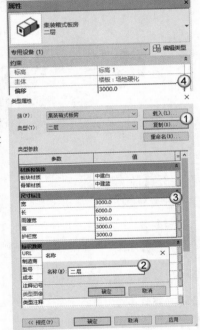

图7-134

02 参数设置完成后，移动鼠标指针到绘图区域，在与参照图纸相对应的位置放置族，如图7-135所示。

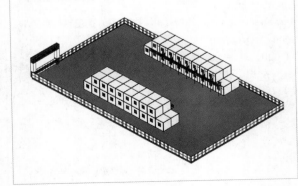

图7-135

❖ **布置右侧带楼梯的板房**

01 复制一个新类型，并将其命名为"右侧带楼梯的"，然后设置"宽"为3000、"长"为6000、"雨篷宽"为1200、"高"为3000、"护栏宽"为3000。在"属性"面板中设置"偏移"为3000，如图7-136所示。

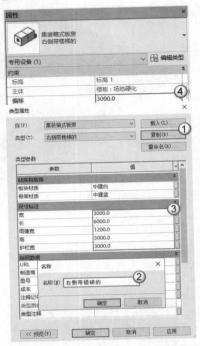

图7-136

02 参数设置完成后，移动鼠标指针到绘图区域，在与参照图纸相对应的位置放置族，如图7-137所示。

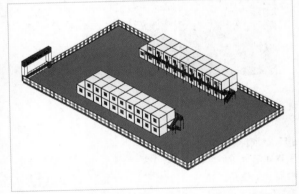

图7-137

❖ **布置左侧带楼梯的板房**

布置左侧带楼梯的板房时不一定通过族来放置，可以使用小技巧来布置，如通过镜像的方式将右侧带楼梯的板房转换为左侧带楼梯的板房。

01 在绘制区域中选中"右侧带楼梯的"族文件，激活"修改|专用设备"上下文选项卡后，单击"镜像-绘制轴"按钮，如图7-138所示。

图7-138

02 在绘制完成的族"右侧带楼梯的"左侧任意部位进行双击，绘制平行于族左侧的镜像轴，如图7-139所示。

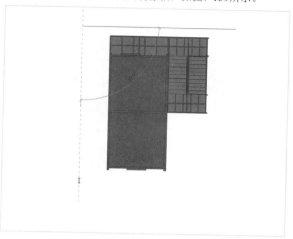

图7-139

03 绘制完成后即生成一个左侧带楼梯的族，如图7-140所示。

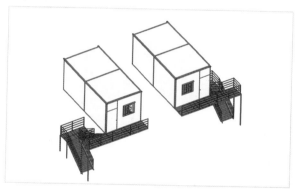

图7-140

04 新生成的族可以作为二层左侧带楼梯的板房进行放置，放置后的三维效果如图7-141所示。

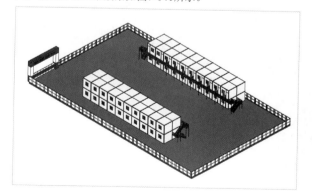

图7-141

❖ **布置卫生间**

01 复制一个新类型，并将其命名为"卫生间"，然后设置"宽"为5000、"长"为6000、"雨篷宽"为1200、"高"为3000、"护栏宽"为2000，接着在"属性"面板中设置"偏移"为0，如图7-142所示。

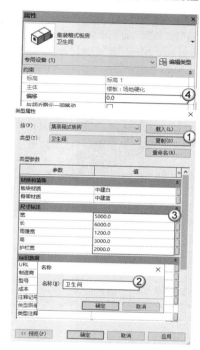

图7-142

02 参数设置完成后，移动鼠标指针到绘图区域，在与参照图纸相对应的位置放置族，如图7-143所示。

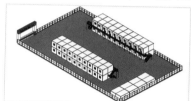

图7-143

❖ **布置食堂**

01 复制一个新类型，并将其命名为"食堂"，然后设置"宽"为15000、"长"为6000、"雨篷宽"为1200、"高"为3000、"护栏宽"为2000，接着在"属性"面板中设置"偏移"为0，如图7-144所示。

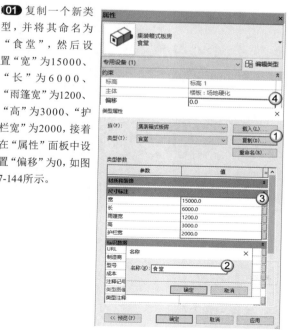

图7-144

02 参数设置完成后，移动鼠标指针到绘图区域，在与参照图纸相对应的位置放置族，如图7-145所示。

03 完成所有操作，即完成了本章场地布置模型的所有内容，最终效果如图7-146所示。

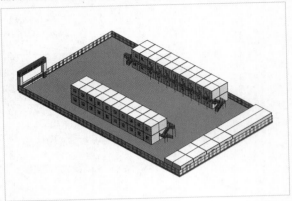

图7-145

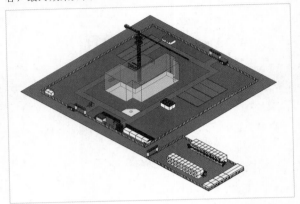

图7-146

练习：搭建练习文件办公生活区模型

素材位置	素材文件>CH07>练习：搭建练习文件办公生活区模型
实例位置	实例文件>CH07>练习：搭建练习文件办公生活区模型
视频名称	练习：搭建练习文件办公生活区模型.mp4

效果展示

本练习搭建的办公生活区效果如图7-147所示。

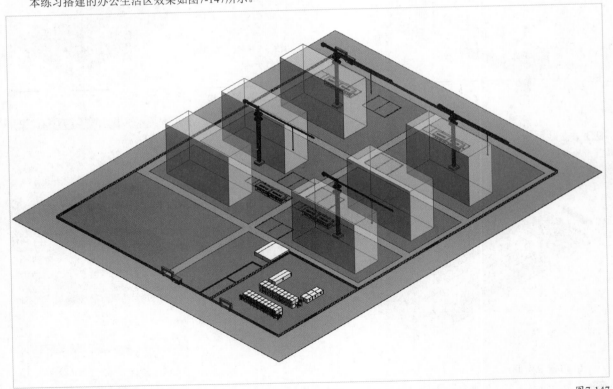

图7-147

任务说明

绘制办公生活区大门、墙体、办公室和宿舍等内容。

第 8 章　渲染漫游

　　谈及 BIM，除了要掌握 BIM 的建模技术，我们还应理解什么是"建筑信息管理"。建筑信息的管理必须基于已有的建筑模型进行，同样需要通过一定的技术手段来实现。在实际的应用中，通常需要根据需求选择合适的软件进行工作，如使用广联达进行工程量统计、使用 Lumion 渲染漫游动画等。本章用 Navisworks 进行演示，并以"模型的浏览与检查→渲染漫游动画"的流程讲解如何在项目中应用模型。读者不必过于拘泥于软件，应重点掌握相关应用的操作方法，在实际的工作中还可以根据实际情况考虑使用其他软件进行相关操作。

↳ **模型漫游的方法与技巧**
↳ **模型检查与视点标记**
↳ **模型渲染设置**
↳ **漫游动画的制作及输出**

技 术 专 题

提　示

实 训 案 例

练 习 案 例

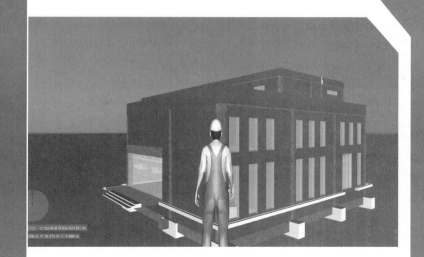

项目应用篇 ≫

8.1 模型的浏览与检查

BIM在项目中的应用涉及了非常多的内容，其中模型的浏览与检查是开展BIM应用的第1个流程。BIM主要服务于工程项目，而项目中的其他非BIM人员理解项目图纸较为直观的方法就是通过BIM模型。可见学会查看模型不仅是BIM工程师必备的基本技能，还是其他操作人员需要掌握的基本技能。当相关人员熟悉了项目的内容，也就能为项目施工提供可视化依据。本节将对模型的浏览与检查的内容进行详述，主要分为模型整理与转化、3D漫游和视点标记3个方面。

8.1.1 模型整理与转化

虽然经过Revit制作的模型可以与众多软件对接，但是Revit与其他软件的对接都需要相应的插件或接口，并且在转换的过程中还存在信息丢失的情况，读者在进行相关操作时需要特别注意。当然，Navisworks与Revit是两个配套的软件，通过Navisworks打开的Revit文件可以实现无缝对接，因此它的兼容性是其他软件所不能比的。

▥ 文件格式

Navisworks是Autodesk公司为BIM应用配套的管理软件，具有NWD、NWF和NWC共3种用于数据交互的原生文件格式。

❖ NWD文件

NWD文件包含所有模型的几何图形及特定于Navisworks的数据（如审阅标记），因此可以将NWD文件看作模型当前状态的快照，即此格式包含所有模型与模型中的一些标记、视点和相关设置属性等数据。

❖ NWF文件

NWF文件包含指向原始原生文件（在"选择树"上列出）及特定于Navisworks的数据（如审阅标记）的链接。我们可以理解为该文件是用来管理链接文件的文件，该文件不会保存任何模型的几何图形，只有一些相关的设置属性，这使得NWF的文件大小比NWD还要小很多。

❖ NWC文件（缓存文件）

在默认情况下，通过设计软件导出或使用Navisworks打开任何原生CAD（这里指三维设计软件）文件时，将在原始文件所在的目录中创建一个与原始文件同名但文件扩展名为.nwc的缓存文件。

由于NWC文件比原始文件小，因此软件可以加快对常用文件的访问速度，当下一次在Navisworks中打开或附加文件时，将从相应的缓存文件（该文件比原始文件新）中读取数据。如果缓存文件较旧（这意味着原始文件已更改），那么Navisworks将转换和更新文件，并为其创建一个新的NWC缓存文件。

▥ 用Navisworks打开Revit文件

Navisworks内置了打开Revit文件的功能，这里将之前创建完成的项目综合楼打开，以便对其进行浏览与检查。启动Navisworks，在应用程序菜单中执行"打开"命令，然后载入"综合楼模型.rvt"文件（同时确认"文件类型"为"所有文件"），如图8-1所示。

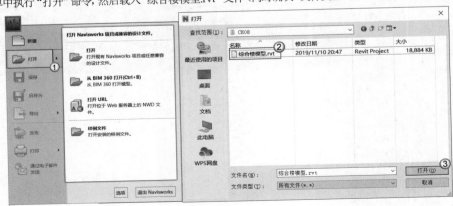

图8-1

提示

Navisworks用户界面与Revit类似，使用的都是Ribbon界面，因为Ribbon界面更加简洁，具有更为科学的任务组织模式。Navisworks界面如图8-2所示，由应用程序菜单、标题栏、菜单栏、功能区和场景视图5个部分组成。

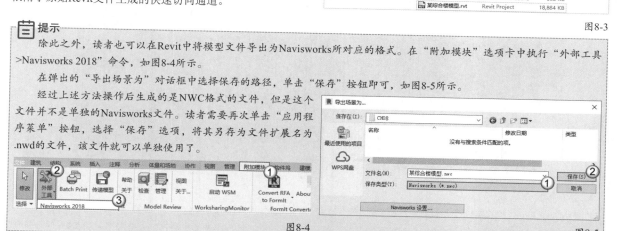

图8-2

在Navisworks中打开Revit文件后，在相同目录下会自动生成一个与原始文件同名但文件扩展名为.nwc的缓存文件，如图8-3所示。缓存文件并不是独立的文件，可以将其理解为依附于原始Revit文件生成的快速访问通道。

图8-3

提示

除此之外，读者也可以在Revit中将模型文件导出为Navisworks所对应的格式。在"附加模块"选项卡中执行"外部工具>Navisworks 2018"命令，如图8-4所示。

在弹出的"导出场景为"对话框中选择保存的路径，单击"保存"按钮即可，如图8-5所示。

经过上述方法操作后生成的是NWC格式的文件，但是这个文件并不是单独的Navisworks文件。读者需要再次单击"应用程序菜单"按钮，选择"保存"选项，将其另存为文件扩展名为.nwd的文件，该文件就可以单独使用了。

图8-4

图8-5

8.1.2 3D漫游

Navisworks中的"视点"选项卡中内置了多种用于浏览查看模型的功能，如图8-6所示。

图8-6

◆ **重要参数介绍** ◆

保存、载入和回放：保存相对应的动画或者视频并进行回放查看。

相机：对应的相机的参数设置。

导航：对应的视图操作功能，如平移、缩放等。

渲染样式：视图的显示设置，如光源设置、显示方式设置。

剖分：剖切视图。

导出：导出图像。

> **提示**
>
> 本小节需要重点学习"漫游"功能，通过漫游功能，模拟角色在项目中浏览的情形，便于检测模型。

了解物理特性

漫游是在模型中以第三人称视角用类似于行走的方式移动，因此具有真实世界环境中的一些物理特性。那么在进行漫游之前，就要先了解物理世界中的一些基本物理特性，了解了这些特性，我们才能在软件中模拟出更加真实的物理感受。在"视点"选项卡中，单击"漫游"按钮激活漫游功能。激活此功能后，"真实效果"中提供了"重力""碰撞""蹲伏""第三人"功能，这些功能反映了相应的物理特性和表现效果，可有选择性地开启或关闭，这也是使用Navisworks浏览模型常用的方式之一，如图8-7所示。

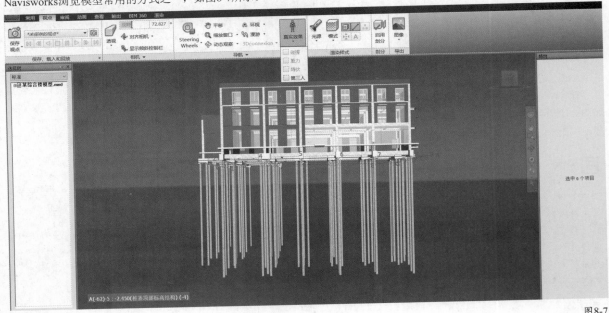

图8-7

◆ **重要参数介绍** ◆

重力：在真实世界环境中，模拟当前视角的观察者具有重力（向下拉的作用力）。此功能仅能与"碰撞"一起使用。

碰撞：在"漫游"功能激活时才能启用该特性，激活此功能后，在行走过程中遇到障碍物时会被阻挡，当然如果障碍物比较低，且重力开关被打开，那么可以产生一个向上爬的行为结果，如爬上楼梯或随地形走动。

蹲伏：在观察者遇到障碍物时，可以通过蹲下这个动作来尝试通过此区域，此功能是配合"碰撞"一起使用的。

第三人：启用后，会在当前观察者正前方看到一个人物或物体的实体角色，而且这个实体角色与"碰撞""重力""蹲伏"一起使用时，会更加真实地表现出这些物理特征。另外，该人物或实体角色还可以自定义尺寸、外形和视角。

> **技术专题 更换第三人实体角色**
>
> 第三人实体角色可以第三人称视角游览整个模型，并通过模拟碰撞行为来判断建筑模型的空间效果及细部构造是否满足设计要求、相关技术指标和规范。例如观察设备层检修通道正常人是否可以通过，如果站着通不过，那么蹲着是否能通过等。第三人角色不仅限于人物造型，它还包含非人物造型的角色，如球体、立方体等。
>
> 激活"第三人"功能后，在"视点"选项卡中单击"编辑当前视点"按钮，如图8-8所示。

图8-8

在弹出的"编辑视点-当前视图"对话框中，可以通过设置相关参数（如视角所观察的目标坐标、与运动过程相关的角速度和线速度）控制当前视角位置，如图8-9所示。

角色用来判断一些碰撞行为，如指定尺寸的模型在特定空间内是否可以满足净空要求（如地下室），那么就需要对角色的形体进行一些设置。单击"设置"按钮，在弹出的"碰撞"对话框中可设置角色的高度、半径（宽度），甚至是视角的偏移度，当然也可以对当前视角的角色进行变换。此外，还可以设置该角色对于当前视角的观察角度及距离第三人的视角距离等参数，如图8-10所示。

第三人中的参数在使用过程中一般不进行调整，只有项目在浏览的过程中有特殊需求时才会进行设置，一般情况使用默认设置即可。

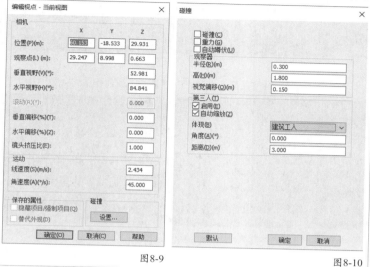

图8-9　　　　　　　　　　　　图8-10

使用漫游

漫游是每一个操作人员必须掌握的内容，浏览模型并没有太多的技巧，熟练掌握基本的操作即可满足要求。项目中的其他管理人员一般不会进行BIM模型搭建，在后期的工作中主要是对模型进行查看，因此3D漫游也为他们提供了便利。

在"视点"选项卡中，需要先选择当前的场景视图为"透视"模式，如图8-11所示。这一点很关键，因为在"正视"模式下角色模型无法找到落脚点，也就无法进入建筑内部进行漫游。

图8-11

📋 提示

如果没有使用漫游功能，即没有将当前场景视图设置为"透视"模式，角色是无法进入建筑的。当激活了"漫游"功能后，该场景将自动变为透视模式。

选择漫游的物理特性，如仅勾选"第三人"，这时在操作界面中会出现一个虚拟的人物角色，如图8-12所示。

按住鼠标左键并将鼠标指针左右移动，当前视图会按照指定方向进行一定程度的旋转，如图8-13所示。

图8-12　　　　　　　　　　　　　图8-13

📋 提示

除了通过移动鼠标控制角色运动的方向，还可以滑动鼠标滚轮来改变当前视角，实现镜头抬升或降低的效果，具体操作还需要读者多加练习。另外，推动鼠标的力度决定了角色模型的移动速度，所以读者要适当把握这个力度。

在进行漫游的过程中，通过鼠标来控制行走方向的操控感会比较自由，但是对于初学者来说，这种相对自由的感觉可能不太容易找到正常行走的状态，因此还可以通过方向键来调整运动方向。

按住鼠标左键并将鼠标指针上下移动,当前视图将按照指定方向前进或后退,如图8-14所示。

图8-14

按住Ctrl键的同时使鼠标指针进行上下移动,当前视图将会按照指定方向上移或下移,如图8-15所示。

图8-15

上述操作是仅勾选"第三人"参数模拟的场景,读者可尝试将4个参数进行不同的组合,然后通过控制鼠标来区别并熟悉漫游功能。

提示

在行走的过程中,由于重力的作用,碰撞功能也会自动打开,因此当遇到障碍物而导致角色无法通过时,那么可以按快捷键Ctrl+D关闭"碰撞"属性。与此同时,也因为重力的作用,会有一个水平面来支撑这个视角的观察者,所以在漫游的过程中,观察者需要一直处于这个水平支撑面上(场地或楼板)。如果离开或失去这个支撑面,那么当前视角会一直往下掉,而且在重力处于开启的情况下,也无法方便地回到之前的视角。对于这种情况,可以随时按快捷键Ctrl+D关闭"碰撞"属性来取消"重力"属性。

实训:按规划路线1对综合楼模型进行漫游

扫码观看视频

素材位置	无
实例位置	实例文件>CH08>实训:按规划路线1对综合楼模型进行漫游
视频名称	实训:按规划路线1对综合楼模型进行漫游.mp4
学习目标	掌握在大型项目中进行漫游的方法

本项目需按规划路线1进行漫游,如图8-16所示,生成的漫游效果如图8-17所示。

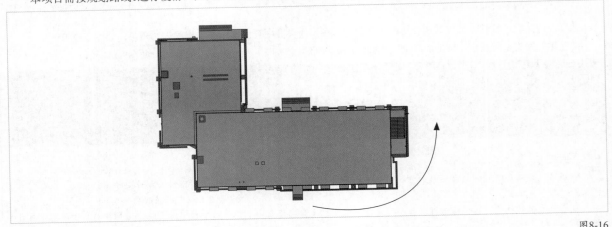

图8-16

图8-17

01 启动Navisworks，打开"实例文件>CH06>练习：创建建筑楼梯B模型>练习：综合楼模型.rvt"，如图8-18所示。

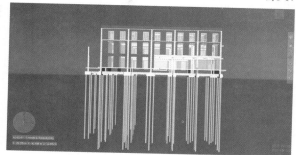

图8-18

02 在"视点"选项卡中单击"漫游"按钮 ，然后勾选"真实效果"中的"第三人"选项，角色出现在场景中，将视角调节到初始点，使角色面向建筑正立面，如图8-19所示。

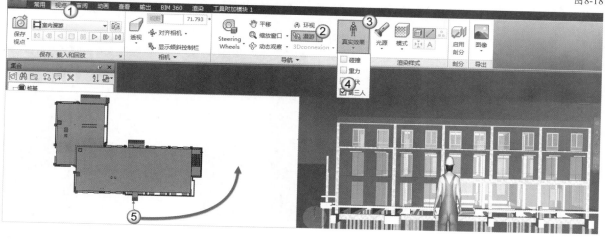

图8-19

03 按住鼠标左键并左右转动视图，将角度调节到合适的位置，完成第2个视点的游览，如图8-20所示。

图8-20

04 按住鼠标左键并向上移动鼠标指针，将角色移动到合适的位置，并通过左右移动鼠标指针将视图调节到合适的角度，完成第3个视点的游览，如图8-21所示。

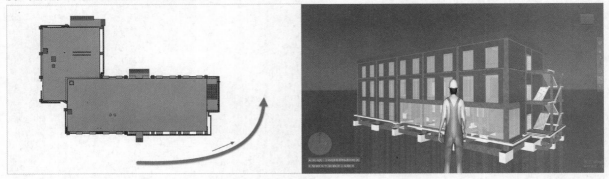

图8-21

05 通过鼠标指针的上下移动，将角色移动到下一个位置，完成第4个视点的游览，如图8-22所示。

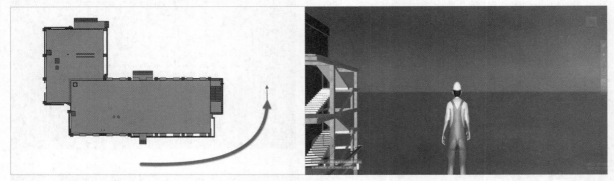

图8-22

06 通过鼠标指针的左右移动，将角色移动到合适的位置，完成最后一个视点的游览，如图8-23所示。

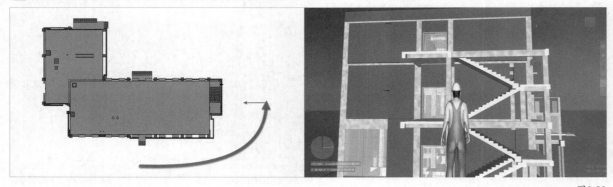

图8-23

> ✘ **技术专题　如何在大型项目中漫游却不迷失方向**
>
> 在"查看"选项卡中开启HUD选项中的所有功能，如图8-24所示，以便了解当前视点所处的位置，显示的坐标如图8-25所示。

图8-24

图8-25

在"查看"选项卡中单击"参考视图"按钮，勾选"平面视图"和"剖面视图"选项，这时系统将根据角色所在位置弹出表示该位置的平面图和剖面图的预览窗口，如图8-26所示。

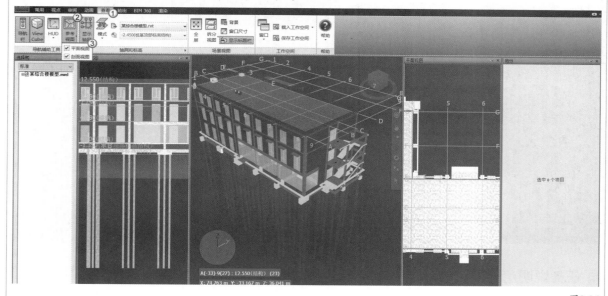

图8-26

在两个预览窗口中都能看到一个白色箭头，在漫游时这个箭头会同步移动，并且这个箭头指向的方向就代表视点的朝向和行走方向，如图8-27和图8-28所示。

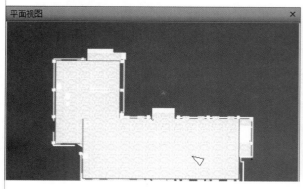

图8-27

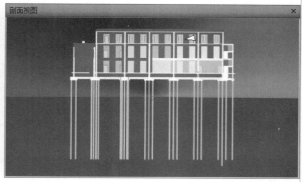

图8-28

练习：按规划路线 2 对综合楼模型进行漫游

素材位置	无
实例位置	实例文件>CH08>练习：按规划路线2对综合楼模型进行漫游
视频名称	练习：按规划路线2对综合楼模型进行漫游.mp4

扫码观看视频

效果展示

本项目需按规划路线2进行漫游，如图8-29所示，生成的漫游效果如图8-30所示。

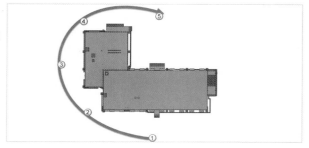

图8-29

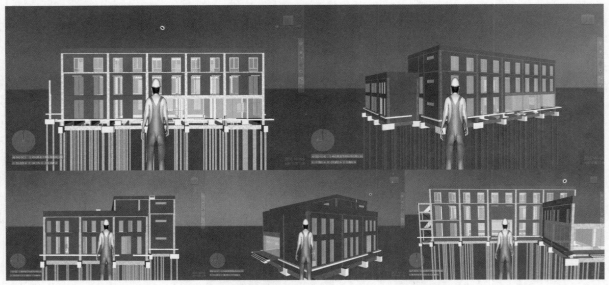

图8-30

📖 任务说明

（1）完成在大型项目中的漫游过程，控制角色的高度不发生变化，使其水平转动和移动。

（2）浏览更多的视点，熟练使用鼠标控制角色的运动方向。

8.1.3 视点标记

在实际的工作中，经常需要在模型中测量一些工程数据，如净空高度、某区域的面积，又或测试某些构件的设计角度是否满足规范等，所以及时并准确地反映这些工程信息就显得比较重要了。针对这种情况，可以在重点观察的区域保存当前视点并在视点中标记和测量，便于审阅和批注模型中的相关问题（随时切换到之前观察过的地区）。

> 📋 提示
>
> 除了标记和测量外，还要避免因失去重力支撑面而导致之前的视角丢失的问题，因此需要尽量多地并且及时地保存当前视点，这是一个非常实用的技巧。

📖 创建视点

在标记视点之前，需要创建并保存一个视点。视点的创建在"视点"选项卡中，单击"保存视点"按钮📷，如图8-31所示。

图8-31

这时在激活的"保存的视点"面板中会新建一个名称为"视图"的视点，如图8-32所示。选择"视图"选项，再次单击可将其重命名，如图8-33所示。

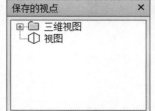

图8-32

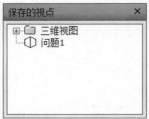

图8-33

测量工程

在"审阅"选项卡中，"测量"组中有"测量"工具，可通过测量工具进行距离、角度等内容的测设工作，其中包含"点到点""点到多点""点直线""累加""角度""面积"6个功能，如图8-34所示。

图8-34

◆ 重要参数介绍 ◆

点到点：测量两个点之间的距离。

点到多点：分别测量一个点到其他多个点之间的距离。

点直线：累加多个点形成的多段线之间的距离。

累加：累加多个不连续线段的长度。

角度：测量角度大小。

面积：测量面积。

为了更加精准地测量，可以使用"测量"组中的"锁定"功能，锁定功能是针对"测量"而设立的，如图8-35所示。

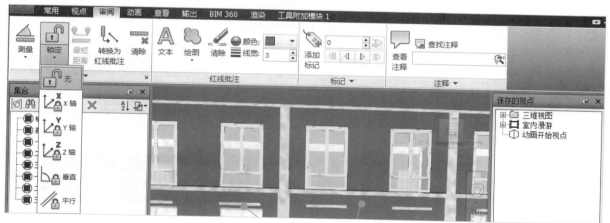

图8-35

◆ 重要参数介绍 ◆

无：没有约束，可以任意测量。

X轴：x轴方向受到约束，在测量时仅能测量两点之间东西方向的相对距离。

Y轴：y轴方向受到约束，在测量时仅能测量两点之间南北方向的相对距离。

Z轴：z轴方向受到约束，在测量时仅能测量两点之间在高程上的相对高差。

垂直：测量曲面中点对应的法线方向的距离。

平行：测量曲面中点对应的平面中的距离。

批注问题

在进行模型检查的过程中，可以根据需要对法线的问题进行批注。在软件中，可以通过"审阅"选项卡中"红线批注"组中的相应功能进行设置，如图8-36所示。

图8-36

◆ 重要参数介绍 ◆

文本：通过文本命令，可以在批注的位置进行文字描述。

绘图：可以通过绘图命令，在视图中圈出具体的位置，有多种形状可供选择。

提示

在实际项目中，其他人员以视点标记的形式可以很好地记录和传递在模型浏览中检查出的问题，保证项目得到及时整改。当然，作为BIM工程师，在建模过程中就应该把问题解决了。

实训：按规划路线1对综合楼模型中存在问题的视点进行标记

扫码观看视频

素材位置	素材文件>CH08>实训：按规划路线1对综合楼模型中存在问题的视点进行标记
实例位置	实例文件>CH08>实训：按规划路线1对综合楼模型中存在问题的视点进行标记
视频名称	实训：按规划路线1对综合楼模型中存在问题的视点进行标记.mp4
学习目标	掌握大型项目中存在问题的视点的标记方法

本项目需按规划路线1进行漫游，然后对存在问题的视点进行标记，标记完成后如图8-37所示。

图8-37

01 打开"素材文件>CH08>实训：按规划路线1对综合楼模型中存在问题的视点进行标记>项目综合楼.rvt"，在"视点"选项卡中单击"保存视点"按钮，如图8-38所示。

图8-38

02 在"保存的视点"面板中选择"视图"选项，再次单击将其重命名为"问题1"，如图8-39所示。

图8-39

03 待浏览到图8-40所示的位置时，发现模型存在一定的问题。

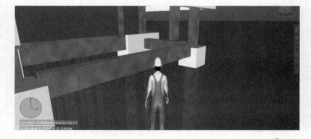

图8-40

04 在没有与基础梁连接的情况下，需要测量基础梁顶部与柱子底部悬空的竖向距离。在"审阅"选项卡中，执行"测量>点到点"命令，如图8-41所示，然后执行"锁定>Z轴"命令，如图8-42所示，再分别单击基础梁顶部平面和柱子底部平面，测得两者之间的竖向高差，如图8-43所示。

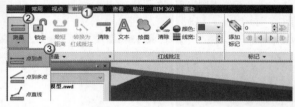

图8-41

图8-42

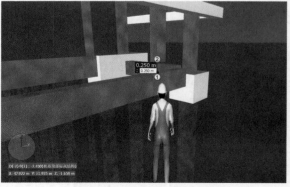

图8-43

05 执行"绘图>椭圆"命令，在有问题的地方绘制一个椭圆形标注框，该绘制区域应明显表示出存在问题的位置，如图8-44所示。

06 在"审阅"选项卡中单击"文本"按钮A，在比较显眼的位置标注"柱底悬空250mm，检查确认是模型绘制问题还是图纸问题"的字样，如图8-45所示。

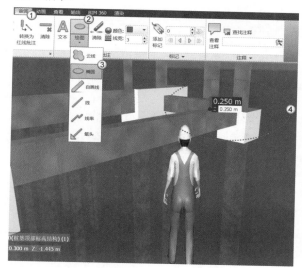

图8-44

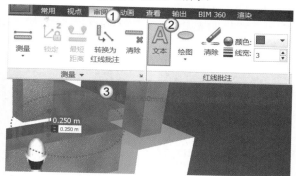

图8-45

> **提示**
>
> 　　完成上述步骤后就完成了问题视点的保存，即使变换了位置，在"保存的视点"面板中也可看到已经保存的相应视点（如"问题1"），对其单击即可回到相应的位置并查看标注。

练习：按规划路线 2 对综合楼模型中存在问题的视点进行标记

素材位置	素材文件>CH08>练习：按规划路线2对综合楼模型中存在问题的视点进行标记
实例位置	实例文件>CH08>练习：按规划路线2对综合楼模型中存在问题的视点进行标记
视频名称	练习：按规划路线2对综合楼模型中存在问题的视点进行标记.mp4

扫码观看视频

效果展示

　　本项目需按规划路线2进行漫游，然后对存在问题的视点进行标记，标记完成后如图8-46所示。

任务说明

（1）找到项目中的问题。

（2）确定问题构件凸出的距离。

（3）对问题进行批注。

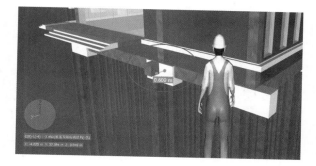

图8-46

8.2 渲染漫游动画

　　向外部人员展示项目工程的主要方法就是通过动画。通过渲染的漫游动画，BIM工作人员可以直观地向外部人员展示实际完成后的项目，特别是对于连图纸都看不懂的非专业人士，动画无疑是一种非常好的表现方式，因此渲染漫游动画也是BIM工作人员必备的技能之一。本节将对渲染漫游动画的内容进行详述，主要分为定义模型材质、光源设置、渲染漫游和输出动画4个方面。

8.2.1 定义模型材质

　　三维模型的真实效果主要通过材质来体现，不只是在Navisworks中设置材质，读者在进行Revit的相关工作时也可以设置（设置好的材质信息可以直接被读取），但是通过Navisworks对材质进行定义则更加方便。

选择模型构件

在定义模型材质之前，需要先找到要添加材质的模型构件。模型构件的选择在"常用"选项卡中，单击"选择树"按钮，如图8-47所示。

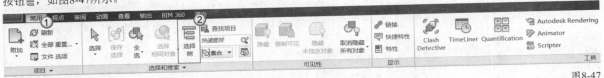

图8-47

在激活的"选择树"面板中确保最上方的排列方式为"标准"，然后在文件选择列表中选择所需构件，如图8-48所示。

在"常用"选项卡中单击"选择相同对象"按钮，在下拉列表中可选择具有共同属性的信息作为选择的条件，它的操作原理同过滤器相似，如图8-49所示。完成操作后系统将选中该构件中的所有组件。

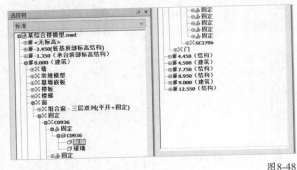

图8-48

图8-49

◆ 重要参数介绍 ◆

同名：所有名称相同的对象同时选中。

同类型：所有类型相同的对象同时选中。

✕ 技术专题 快速选择构件

在Navisworks中，精准地选择构件是非常重要的。"常用"选项卡的"选择和搜索"组中有很多帮助我们快速选择对应构件的功能，如图8-50所示。

图8-50

单击"选择树"按钮，打开"选择树"面板，如图8-51所示。

在打开的"选择树"面板中可以找到对应的构件，如选择名称为KZ1的结构柱，这时在模型中对应的结构柱也处于选中状态，如图8-52所示。

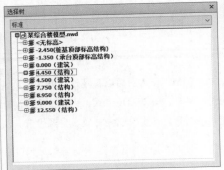

图8-51

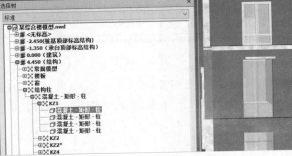

图8-52

如果需要选择同一层的KZ1，那么可在"常用"选项卡中执行"选择相同对象>选择相同的底部标高"命令，如图8-53所示。

完成选择后，同一层的KZ1都将处于选中状态，如图8-54所示。通过这种方式可在模型中难以点选的情况下找到想要选择的对象，读者可以尝试选择其他选项来熟练掌握这种快速选择的方法。

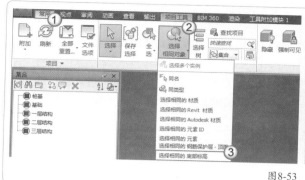

图8-53

图8-54

添加模型材质

模型材质的添加命令在"常用"选项卡中，单击"Autodesk Rendering"（渲染）按钮，如图8-55所示。

在弹出的"Autodesk Rendering"对话框中选择所需材质，然后单击鼠标右键并选择"指定给当前选择"命令即可完成材质的替换，如图8-56所示。

> **提示**
>
> 在实际项目中，其他人员以视点标记的形式可以很好地记录和传递在模型浏览中检查的问题，保证项目得到及时整改。当然，作为BIM工程师，在模型的建模过程中就应该把问题解决了。

图8-55

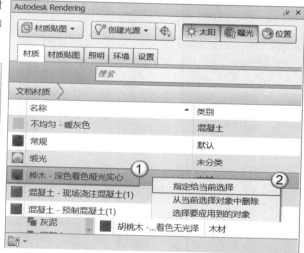

图8-56

实训：定义综合楼模型的窗扇窗框材质

素材位置	无
实例位置	实例文件>CH08>实训：定义综合楼模型的窗扇窗框材质
视频名称	实训：定义综合楼模型的窗扇窗框材质.mp4
学习目标	掌握定义大型项目中窗扇窗框材质的方法

本项目定义的材质效果如图8-57所示。

图8-57

01 打开"实例文件>CH06>练习：创建建筑楼梯B模型>练习：综合楼模型.rvt"，在"常用"选项卡中单击"选择树"按钮，如图8-58所示。

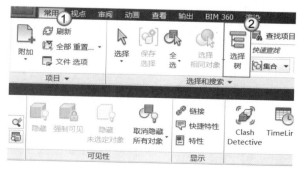

图8-58

02 在激活的"选择树"面板中，确保最上方的排列方式为"标准"，然后在文件选择列表中选择"窗扇"，如图8-59所示。

图8-59

03 在"常用"选项卡中执行"选择相同对象>同名"命令，完成操作后系统将选中所有固定窗C0936的窗框，如图8-60所示，立面图如图8-61所示。

图8-60

图8-61

04 在"常用"选项卡中单击"Autodesk Rendering"按钮，如图8-62所示。

图8-62

05 在弹出的"Autodesk Rendering"对话框中选择"桦木-深色着色亚光实心"，单击鼠标右键并选择"指定给当前选择"命令完成材质的替换，如图8-63所示。材质替换后的效果如图8-64所示。

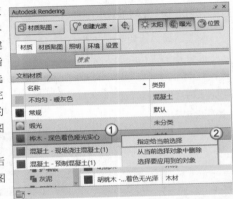

图8-63

图8-64

练习：定义综合楼模型的墙体材质

素材位置	无
实例位置	实例文件>CH08>练习：定义综合楼模型的墙体材质
视频名称	练习：定义综合楼模型的墙体材质.mp4

扫码观看视频

效果展示

本项目定义墙体的材质效果如图8-65所示。

任务说明

（1）选中所有墙体。

（2）选择对应的材质赋予墙体。

图8-65

8.2.2 光源设置

在模型中添加光源可以为渲染后的场景提供真实的外观，同时还可以增加场景的清晰度并优化三维视觉效果。模型的照明光源有自然光源和人工光源两种。

自然光源

影响自然光源的因素多为天气因素，如在晴朗的白天，太阳光的颜色为浅黄色，多云天气会使日光变为蓝色，而暴风雨天气则使日光变为深灰色。在日出和日落时，日光颜色是比黄色更深的橙色或红色。在Navisworks中自然光源默认为白色（R:255,G:255,B:255），大家可以根据实际需求来调整数值。此外，还要注意天气越晴朗，阴影就越清晰，这对自然照明场景的三维效果非常重要，能够模拟出合适的画面质感。

> **提示**
> 有方向性的光线也可以模拟月光，月光是白色的，但比阳光暗淡。

人工光源

人工光源指在人工照明的场景中使用的点光源、聚光灯、平行光或光域网灯光照明。使用人工光源需要了解一些光源的照明类型。

点光源是从光源所在位置向各个方向发射光线的照明光源。点光源不以某个对象为目标，而是照亮它周围的所有对象，可以使用它获得常规的照明效果。

聚光灯是在其所在位置定向发射圆锥形光柱的照明光源，如手电筒等，它们对于亮显模型中的特定要素和区域比较有用。

平行光是在一个方向上发射一致的平行光线，强度并不随距离的增大而减弱，它在任意位置照射面的亮度都与光源的亮度相同。平行光对统一照亮对象或背景来说非常有用。

光源的设置没有统一的标准，读者可以在"Autodesk Rendering"对话框中切换到"照明"选项卡和"环境"选项卡对相应功能进行调整，如图8-66和图8-67所示。对于无其他特殊要求的项目，保持默认的光源即可。

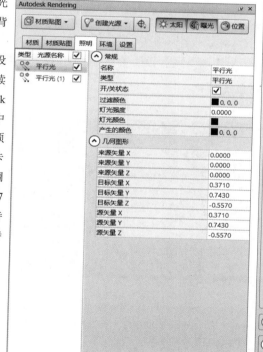

图8-66

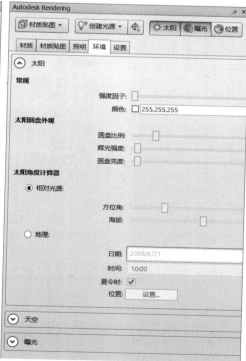

图8-67

> **提示**
> 不同的软件对光照参数的设置有一定区别，读者可尝试设置，找到自己想要的效果。在实际项目中，渲染漫游一般通过其他软件进行，但参数类型类似，掌握起来非常容易。

8.2.3 渲染漫游

相机动画在Navisworks中是较为简单，也较为灵活的一种动画形式。它是在漫游的过程中保存一系列当前场景相机视点的快照（相机视点），并通过连续地播放照片而生成的动画。在这个过程中Navisworks会自动在这些关键视点之间加入插值，即过渡场景。因此，虽然通过手动的方式来人为记录并保存相机的视点数量相对较少，但是由系统自动补充并拟合各相机之间的过渡场景生成的动画还是比较流畅的。

漫游渲染

值得注意的是，渲染漫游对软件技术的要求不高，难点在于个人把控全局的能力。我们需要知道从什么观察角度才能显得动画好看，以及如何移动才能让路线更加合理。这些内容看似与BIM的关系不大，但是会对漫游的效果产生较大的影响，下面对渲染漫游的操作进行讲解。

在"视点"选项卡中单击"保存、载入和回放"组中右下角的斜向箭头按钮↘，在打开的"保存的视点"面板中选择"动画开始视点"，将当前视图切换到相应位置，如图8-68所示。

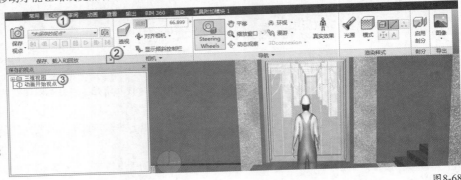

图8-68

选择"动画开始视点"，单击鼠标右命令并选择"添加动画"命令来创建一个动画对象，再将其重命名为"室内漫游"，如图8-69所示，这就开始创建一个动画集。

沿着浏览路线进行移动，待浏览到合适的位置时在"视点"选项卡中单击"保存视点"按钮，这时自动生成名称为"视图"的视点。接着选中新生成的视点，将其重命名为"第二个视点"，如图8-70所示。

图8-69

图8-70

提示

记录相机位置时，一般两个相邻视点之间的时间是一致的，因此需要保持不同视点的距离相对一致，对于希望多停留一段时间的地方可以多保存几次视点。这样就完成了一个类似指定路径的漫游动画。

按照上述方式依次保存多个视点，完成所有视点的创建。但是现在创建完成的视点为独立的视点，需要在"保存的视点"面板中全部选择，然后将其置于"室内漫游"选项的下方。这时5个视点才开始成为"室内漫游"动画的一部分，如图8-71所示。

图8-71

将独立的视点结合后，在"保存的视点"面板中单击"室内漫游"即可激活室内漫游动画，然后在"视点"选项卡中单击"播放"按钮▷可查看制作完成的动画，静帧图如图8-72所示。

图8-72

动画的预览和回放

通过播放来实现动画的预览和回放测试。在播放动画的过程中，可以感受动画的内容是否在需要的范围。动画时间太长或太短都不合适，所以Navisworks提供了动画总体时间的调整控制。

在"保存的视点"面板中选择"室内漫游"，然后单击鼠标右键，在弹出的菜单中选择"编辑"命令，如图8-73所示。

在弹出的"编辑动画：室内漫游"对话框中设置播放的参数，最后单击"确定"按钮即可，如图8-74所示。

◆ 重要参数介绍 ◆

持续时间： 设置已完成动画的时间。

循环播放： 勾选该选项，可重复播放动画。

平滑： 同步角速度（线速度）播放或无效果。

图8-73

图8-74

8.2.4 输出动画

项目中的漫游动画也可以输出，作为建筑项目局部浏览的视频文件。一般先创建漫游动画，再进行输出。在Navisworks环境中视频格式只有Windows AVI格式，它是标准的Windows影像格式，因为是位图格式，所以如果视频的分辨率较高或时间较长，那么视频文件的大小同样也会变大。在"输出"选项卡中单击"动画"按钮，如图8-75所示，在弹出的"导出动画"对话框中进行相应的设置，如图8-76所示。

图8-75

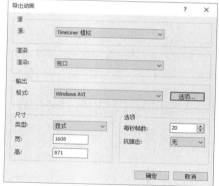

图8-76

◆ 重要参数介绍 ◆

源： 项目文件中存在的所有动画内容，共有3种类型。

当前动画：当前选中的"保存的视点"面板中的相机动画。

当前动画制作工具场景：也就是常说的场景动画。

TimeLiner模拟：也就是进度模拟动画。

渲染： 选择渲染模式，共有两种渲染模式。

视口：输入的仅为当前场景窗口的显示样式。如果当前场景视图设定的是"着色"模式，那么就是着色的样式；如果设定的是"渲染"模式，那么就是带贴图和日光设置的样式，即"视口"模式，是当前场景窗口的"所见即所得"版，这种模式导出的视频或图像相对更快。

Autodesk：使用自带的渲染引擎对当前动画进行逐帧渲染，这样导出的内容比较精美，但是渲染时间比较长，且系统资源占用率也比较高。

格式：设置输出的AVI视频格式。单击格式后方的"选项"按钮可打开"视频压缩"对话框设置相关参数，如图8-77所示。

图8-77

提示

如果视频的时间比较长，那么在没有安装其他视频编码器等工具的情况下，还可以选择Microsoft Video 1格式。此格式可以选择控制视频的压缩率，文件大小也还控制得不错。不过要注意如果导出的动画中有渐变的天空等过渡色，那么在导出的视频中可能会有比较明显的色晕效果。

如果视频的时长较短，可以选择默认的全帧（非压缩的）类型，这种格式就是那种导出后文件较大的视频格式，如有可能导出的动画只有十几秒，但动画文件的大小却超过1GB。同时，在这种类型下导出的AVI文件大小若是超过了4GB，那么这个视频在播放时很可能会出现不可预知的错误，如影像是倾斜的，甚至出现无法播放等一些比较严重的问题。因此虽然这类格式的视频质量还不错，但一般不推荐选择这种格式。

类型：对于视频的导出尺寸有3种类型可选，分别为"显式""用纵横比""使用视图"。

显式：自定义视频尺寸大小的一个设置，选择后建议设置为常用的4：3或16：9的尺寸。

用纵横比：一种自定义尺寸的形式，不过是按当前场景窗口的纵横比控制了尺寸的比例关系。读者按照自己的需要选择即可。

使用视图：当前场景窗口所占的尺寸大小，这个值是自动提取的场景窗口的值，因此无法自定义。

每秒帧数：视频是由一张张图片连续播放形成的，此参数可以理解为视频中每秒钟连播了多少张图片。如果设置为24帧或以上，那么导出的视频会比较流畅。

抗锯齿：调整视频播放过程过渡是否平滑。

完成上述设置后，单击"确定"按钮，在弹出的"另存为"对话框中选择保存的路径并修改名称，单击"保存"按钮即可，如图8-78所示。

图8-78

提示

要想制作漫游动画，Navisworks并不是唯一的选择，如果读者有需要，可以尝试使用Lumion等专业性更强的软件，制作的原理大同小异。

输出动画的操作非常简单，难点在于输出后对视频的处理，如动画配音、文字添加和动画剪切等后期处理手段。在实际的项目中，一般由专业人士对视频进行后期处理。

实训：按规划路线 3 渲染综合楼二层动画

扫码观看视频

素材位置	无
实例位置	实例文件>CH08>实训：按规划路线3渲染综合楼二层动画
视频名称	实训：按规划路线3渲染综合楼二层动画.mp4
学习目标	掌握大型项目中渲染漫游动画的制作方法

本项目的漫游路线共需要制作5个视点，如图8-79所示，漫游路径在建筑模型二层，渲染的漫游效果如图8-80所示。

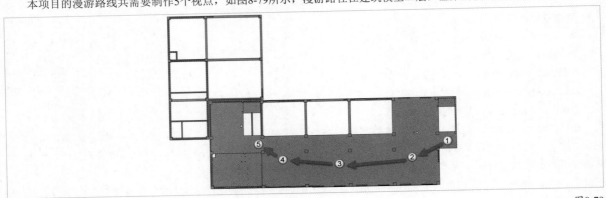

图8-79

图8-80

渲染漫游

01 打开"实例文件>CH06>练习：创建建筑楼梯B模型>练习：综合楼模型.rvt"，在"视点"选项卡中单击"保存、载入和回放"组中右下角的斜向箭头按钮↘，在打开的"保存的视点"面板中选择"动画开始视点"，将当前视图切换到相应位置，如图8-81所示。

图8-83

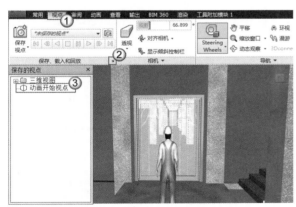

图8-81

02 选中"动画开始视点"，单击鼠标右键并选择"添加动画"命令来创建一个动画对象，再将其重命名为"室内漫游"，如图8-82所示。

图8-82

03 沿着路线将角色移动到2号位置，然后在"视点"选项卡中单击"保存视点"按钮 。接着选中新生成的视点，将其重命名为"第二个视点"，如图8-83所示。

04 在"视点"选项卡中，沿着路线将角色移动到合适的位置，生成"第三个视点"，如图8-84所示。

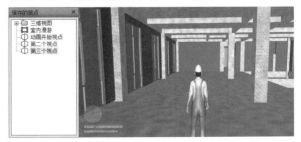

图8-84

05 在"视点"选项卡中，沿着路线将角色移动到合适的位置，生成"第四个视点"，如图8-85所示。

图8-85

06 在"视点"选项卡中，沿着路线将角色移动到合适的位置，生成"第五个视点"，如图8-86所示。

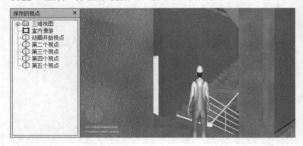

图8-86

提示

记录相机位置时，一般两个相邻视点之间的时间是一致的，因此需要保持不同视点的距离相对一致，对于希望多停留一段时间的地方可以多保存几次视点。这样就完成了一个类似于指定路径的漫游动画。

07 选择这5个视点，然后将其置于"室内漫游"选项的下方，如图8-87所示。

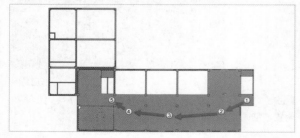

图8-87

练习：按规划路线 3 渲染综合楼三层动画

素材位置	无
实例位置	实例文件>CH08>练习：按规划路线3渲染综合楼三层动画
视频名称	练习：按规划路线3渲染综合楼三层动画.mp4

扫码观看视频

效果展示

本项目的漫游路线共需要制作5个视点，漫游路径在建筑模型三层，如图8-91所示，渲染的漫游效果如图8-92所示。

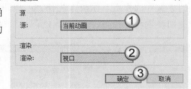

图8-91

08 将独立的视点结合后，在"保存的视点"面板中单击"室内漫游"即可激活室内漫游动画，然后在"视点"选项卡中单击"播放"按钮▷可查看制作完成的动画，静帧图如图8-88所示。

图8-88

输出动画

01 在"动画"选项卡中单击"导出动画"按钮，如图8-89所示。

图8-89

02 在弹出的"导出动画"对话框中设置"源"为"当前动画"，"渲染"为"视口"，单击"确定"按钮即可导出动画，如图8-90所示。

图8-90

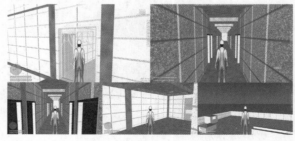

图8-92

任务说明

（1）根据行走路线制作对应视点。

（2）生成对应的动画并导出视频。

第 9 章 工程管理

09

在现阶段，关于 BIM 应用的软件做得越来越好，不同的软件也各有特色。本章不重点讲解软件的操作技能，而是从技术角度出发，以"工程量统计→施工模拟"的流程讲解如何在项目中应用模型，旨在帮助 BIM 初学者更好地掌握 BIM 技术应用的内容，从而为管理提供方法和手段。当学会了使用 Navisworks 实现项目的应用需求后，读者应尝试使用不同的软件进行操作，了解不同软件在项目应用中的特点。

↳ 掌握模型处理的方法和步骤
↳ 掌握明细表功能的使用方法
↳ 掌握施工计划的导入及与模型的关联方法
↳ 掌握施工模拟动画的制作和输出

技 术 专 题

提 示

实 训 案 例

练 习 案 例

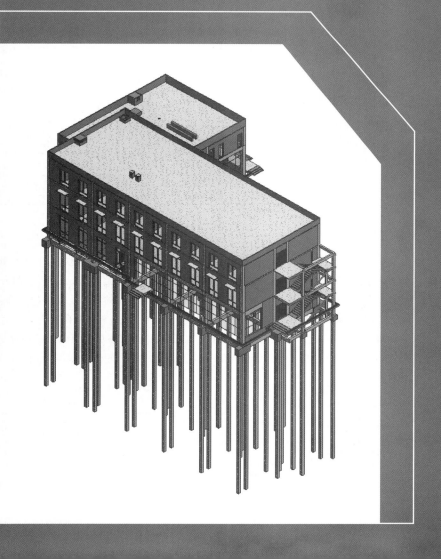

项目应用篇 ⟫

9.1 工程量统计

现阶段的BIM算量软件计算出来的工程量并不是非常准确。通过Revit算出来的工程量可以作为项目参考的依据,但是不能作为结算等实质性应用的依据。现阶段很少有人使用Navisworks进行工程量计算,因此本节通过Revit对工程量的提取来讲解如何进行工程量统计(以混凝土为主)。通过Revit进行混凝土工程量的统计,一般包含模型处理、生成明细表和导出数据3个方面。

> **提示**
> 在实际的施工过程中,每次浇筑多少混凝土需要进行相应的计算和核对,BIM模型在这方面具有一定的实用性。若要统计钢筋数量,一般需要借助广联达等其他专业算量软件。

9.1.1 模型处理

模型的好坏对后期的应用会产生比较大的影响,通过这一小节的学习,读者可以更好地理解这句话的含义。不同的应用对模型有不同的要求,如果想让模型更适合工程量的统计,那么就需要对模型进行处理,但是如果在前期的建模过程中就能够未雨绸缪,那么后期的模型处理工作就会大大减少。本小节主要讲述前期处理工作对后期统计的影响。

桩基

图9-1

在进行桩基建模时,如果没有区分试桩和普通桩基,那么后期在统计桩基的时候就很难计算出现场的桩基到底有几根是试桩,几根是普通桩。读者在为桩基建模时应考虑通过命名来区分不同的桩基类型。

本书第4章中将桩基分为FZx-400和试桩两种类型,如图9-1所示。所以在统计的时候就可以通过区分这两种不同类型的桩基来分别对它们进行工程量的统计。部分统计数据如表9-1所示。

表9-1 桩基部分统计数据

族	族与类型	体积(m³)	个数
预应力混凝方桩	预应力混凝方桩:FZx-400	3.82	76
预应力混凝方桩	预应力混凝方桩:试桩	4.12	3

承台

与桩基的区分方式相同,如果不对绘制的承台进行区分,那么就很难区分不同承台类型的混凝土量,对于其他楼层的设备基础也很难进行区分。所以读者在搭建承台模型时,尤其需要注意承台的命名。除此之外,如果使用了不同类型的族,那么在统计的时候也会造成遗漏,如有的不规则形状的基础是通过楼板或内建模型等方式建立的,有的模型比较规则,是通过基础族放置的。这两种不同构件类型在后期统计的时候会让工作更加复杂,也更容易出错。

本书第4章中将承台按照名称分为CT1、CT2等类型,如图9-2所示。在统计时就可以按照不同名称分别进行统计,而所有的承台都是通过相同的命令绘制的,所以可以一次统计出所有的承台混凝土。部分统计数据如表9-2所示。

图9-2

表9-2 承台部分统计数据

族	族与类型	体积(m³)	个数
基础底板	CT1	2.11	17
基础底板	CT2	8.11	2
基础底板	CT3	4.30	3
基础底板	CT4	13.68	4
基础底板	CT5	0.51	2

结构框架（梁）

结构基础梁、框架梁和圈梁等不同的梁属于不同的体系，在统计工程量时也需要通过命名进行区分，所以读者在命名时需要特别注意。

在实际的项目中，由于有的梁偏移的距离太大，因此很难区分该梁具体属于哪个楼层。此时读者就需要根据项目实际的施工情况进行划分，保证施工的工程量是准确的。此外，大多数零星构件在实际工作中会以结构框架的方式进行建模，读者在进行梁的工程量统计时必须剔除这些内容。

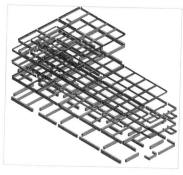

图9-3

对于同一层划分了不同区域的情况，还需要将框架梁断开。如项目综合楼的二层分为了两个部分，如图9-3所示，那么对于拉通的梁就需要在相应位置处断开，使其分为两段并分别进行处理。部分统计数据如表9-3所示。

表9-3 框架梁部分统计数据

族	参照标高（m）	体积（m³）
混凝土-矩形梁	−1.350（承台顶部标高结构）	62.34
混凝土-矩形梁	4.450（结构）	55.01
混凝土-矩形梁	7.750（结构）	12.61
混凝土-矩形梁	8.950（结构）	45.11
混凝土-矩形梁	12.550（结构）	8.16

结构柱

由于建筑施工图是从下而上进行绘制的，因此需要对结构柱进行分层处理，保证每次浇筑混凝土的量能够核对无误。

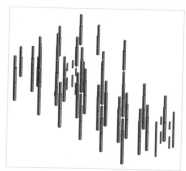

图9-4

柱子的类型比较多，因此需要学会区分不同类型的柱子，如本书第4章中剪力墙中的暗柱（项目综合楼为框架结构，无剪力墙）、结构框架柱、梯柱和构造柱等不同类型的柱子，以便后期进行分类统计，如图9-4所示。部分统计数据如表9-4所示。

表9-4 结构柱部分统计数据

族	顶部标高（m）	体积（m³）
混凝土-矩形-柱	−1.350（承台顶部标高结构）	0.08
混凝土-矩形-柱	4.450（结构）	52.51
混凝土-矩形-柱	7.750（结构）	6.31
混凝土-矩形-柱	8.950（结构）	27.19
混凝土-矩形-柱	12.550（结构）	13.44

结构楼板

在实际的项目中，特别是大型项目的底板等部位需要进行分段浇筑，并分别统计每一段的工程量。因此只有在模型中对结构楼板进行分段处理，并在后浇带等位置分割后，才可以在后期对其分别进行工程量的计算。本书第4章中结构楼板进行了分层和分段处理，如图9-5所示。

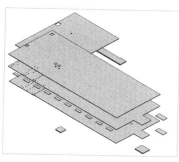

图9-5

对于通过楼板构件创建的其他类型的模型，则需要通过修改名称或其他方法进行区分。同时，结构框架与结构楼板或其他构件与结构楼板重合的部分需要考虑其中的扣减效应。部分统计数据如表9-5所示。

表9-5 结构楼板部分统计数据

族	顶部标高（m）	体积（m³）
楼板	4.450（结构）	48
楼板	7.750（结构）	30.19
楼板	8.950（结构）	67.02
楼板	12.550（结构）	67.25

提示

扣减效应指将板、梁和柱等其他构件在相交的部位自动扣除，不重复计算工程量。

建筑墙体

对于建筑墙体的工程量统计，切记不能通过只包含建筑部分的模型进行统计，因为建筑墙体的顶部一般为梁底或板底，需要考虑相应的混凝土反坎等内容。

在实际的项目中，地下和地上的墙体砌块类型有可能不同；邻水房间的墙体和非邻水房间的砌体类型也有可能不同；外墙和内墙的砌体类型也可能不同；不同厚度的墙体所需要的砌体尺寸也可能不同。读者需要在实际项目中根据说明细致考虑并在模型中进行区分，以便分类统计。本书第4章中将墙体进行类型的区分，如图9-6所示。

除此之外，对于通过墙体创建的其他构件同样需要加以区分，防止统计错误。部分统计数据如表9-6所示。

表9-6 建筑墙体部分统计数据

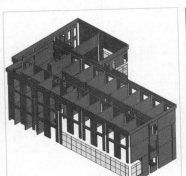

图9-6

族与类型	厚度（mm）	体积（m³）
基本墙：一层建筑外墙	200	109.94
基本墙：一层建筑内墙 100	100	0.65
基本墙：一层建筑内墙	200	108.75
基本墙：一层建筑内墙	200	93.21
基本墙：二层建筑外墙	200	5.3
基本墙：二层建筑内墙	100	50.71
基本墙：二层建筑内墙	200	46.06
基本墙：三层建筑外墙	200	5.56
基本墙：三层建筑内墙	100	110.95
基本墙：三层建筑内墙	200	10.16
基本墙：7.750m处女儿墙	120	11.31
基本墙：12.550m处女儿墙	120	

其他构件

其他构件的统计需要根据实际情况确定统计的单位是个数、体积、面积、重量，还是其他方式，读者在进行不同构件的建模时应进行相应的设置，在此不进行详述。本书所实践的项目综合楼如图9-7所示。部分统计数据如表9-7所示。

表9-7 其他构件部分统计数据

族	族与类型	体积（m³）
基本墙	基本墙：通风井道墙	0.3
楼板	楼板：窗台空调板	2.52
楼板	楼板：楼梯平台板	1.7
楼板	楼板：通风井道板	0.06

图9-7

> **提示**
> 在本小节的讲述中，很多情况并不是在项目中出现的。笔者以个人的经历讲解在实际工作中遇到的相关问题，基于Revit的工程量统计虽然无法作为预算或结算等内容的官方依据，但是在实际项目中，通过BIM的工程量统计却可以非常好地应用于施工，读者有必要掌握相应的内容来管理项目。

9.1.2　生成明细表

构件清单在Revit中以明细表的形式展示，是Revit进行工程量统计的基础功能。这里将通过结构柱的明细表讲解如何进行结构柱的混凝土工程量的统计，其他构件的混凝土工程量统计方法与其类似。

> **提示**
> 本小节使用Revit中的明细表进行工程量统计，因为Navisworks不适合进行工程量统计。在国产软件中，广联达公司的软件在这方面相对更强，读者可以尝试学习广联达BIM5D，这款软件在项目的实际应用中比较受欢迎。

在"视图"选项卡中执行"明细表>明细表/数量"命令，如图9-8所示。

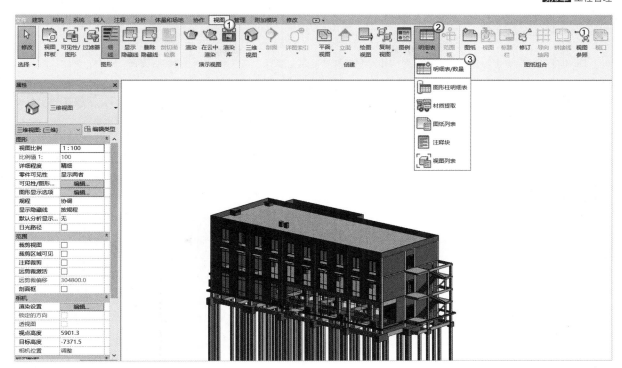

图9-8

在弹出的"新建明细表"对话框中，先选择"结构柱"类别，再输入"名称"为"结构柱明细表"，单击"确定"按钮，如图9-9所示。

在弹出的"明细表属性"对话框中，将"体积""族""族与类型"字段通过"添加参数"按钮 添加到右侧的"明细表字段"列表中（不需要的参数可通过"移除参数"按钮 删除，也可通过"上移参数"按钮 和"下移参数"按钮 对字段的参数进行排序），单击"确定"按钮完成明细表的设置，如图9-10所示。

图9-9

图9-10

完成相应设置，绘图区域将会自动生成相应的明细表，如图9-11所示。

	<结构柱明细表>	
A	**B**	**C**
体积	族	族与类型
1.44 m³	混凝土 - 矩形 - 柱	混凝土 - 矩形 - 柱: KZ1
1.44 m³	混凝土 - 矩形 - 柱	混凝土 - 矩形 - 柱: KZ1
1.44 m³	混凝土 - 矩形 - 柱	混凝土 - 矩形 - 柱: KZ1
1.42 m³	混凝土 - 矩形 - 柱	混凝土 - 矩形 - 柱: KZ2
1.44 m³	混凝土 - 矩形 - 柱	混凝土 - 矩形 - 柱: KZ2
1.44 m³	混凝土 - 矩形 - 柱	混凝土 - 矩形 - 柱: KZ1
1.44 m³	混凝土 - 矩形 - 柱	混凝土 - 矩形 - 柱: KZ2'
1.44 m³	混凝土 - 矩形 - 柱	混凝土 - 矩形 - 柱: KZ4
1.42 m³	混凝土 - 矩形 - 柱	混凝土 - 矩形 - 柱: KZ4
1.44 m³	混凝土 - 矩形 - 柱	混凝土 - 矩形 - 柱: KZ4
1.44 m³	混凝土 - 矩形 - 柱	混凝土 - 矩形 - 柱: KZ4

图9-11

提示
工程量的统计工作在现阶段并不成熟，因此钢筋的绘制无法有效开展，当然也就不能进行工程量的统计工作。

9.1.3 导出数据

Revit将明细表输出为TXT文本,作为构件的明细清单信息。执行"文件>导出>报告>明细表"命令,弹出"导出明细表"对话框,可设置文件保存的位置和文件名称,最后单击"保存"按钮,如图9-12所示。

在弹出的"导出明细表"对话框中,可对"明细表外观"和"输出选项"进行设置。一般情况下,其中的内容可不做修改,按照默认值导出,最后单击"确定"按钮,将TXT格式的文本输出到指定文件夹,如图9-13所示。

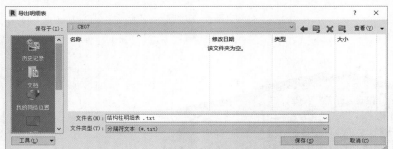

图9-12

图9-13

提示

先打开需要输出的明细表视图,然后才能选择输出,否则在应用程序菜单中的明细表选项会显示为灰色,这种状态下的命令是无法导出的。

✕ 技术专题 将数据输入Excel

在Revit中导出的明细表只能是TXT格式的文本,读者可以将其进行处理并进行应用。在实际的操作中,一般会将导出的TXT文本复制到Excel中进行处理,转换为表格文件后可对明细表进行数据的提取、分析和编辑等操作,便于对模型数据进行处理。

在文件夹中查看和编辑TXT格式的明细表,一般可通过记事本完成。以"结构柱"为例,将导出的TXT格式文件用记事本打开,如图9-14所示。

按快捷键Ctrl+A选择全部文本并按快捷键Ctrl+C进行复制,然后新建一个Excel文档,打开文档后按快捷键Ctrl+V将复制的内容全部粘贴到表格,如图9-15所示。

图9-14

	A	B	C	D
9	1.44 m³	混凝土 - 矩形 - 柱	混凝土 - 矩形 - 柱: KZ1	4.450(结构)
10	1.44 m³	混凝土 - 矩形 - 柱	混凝土 - 矩形 - 柱: KZ2*	4.450(结构)
11	1.44 m³	混凝土 - 矩形 - 柱	混凝土 - 矩形 - 柱: KZ4	4.450(结构)
12	1.42 m³	混凝土 - 矩形 - 柱	混凝土 - 矩形 - 柱: KZ4	4.450(结构)
13	1.44 m³	混凝土 - 矩形 - 柱	混凝土 - 矩形 - 柱: KZ4	4.450(结构)
14	1.44 m³	混凝土 - 矩形 - 柱	混凝土 - 矩形 - 柱: KZ4	4.450(结构)
15	1.42 m³	混凝土 - 矩形 - 柱	混凝土 - 矩形 - 柱: KZ4	4.450(结构)
16	1.44 m³	混凝土 - 矩形 - 柱	混凝土 - 矩形 - 柱: KZ4	4.450(结构)
17	1.44 m³	混凝土 - 矩形 - 柱	混凝土 - 矩形 - 柱: KZ4	4.450(结构)
18	1.42 m³	混凝土 - 矩形 - 柱	混凝土 - 矩形 - 柱: KZ4	4.450(结构)
19	1.44 m³	混凝土 - 矩形 - 柱	混凝土 - 矩形 - 柱: KZ4	4.450(结构)
20	1.42 m³	混凝土 - 矩形 - 柱	混凝土 - 矩形 - 柱: KZ4	4.450(结构)
21	1.45 m³	混凝土 - 矩形 - 柱	混凝土 - 矩形 - 柱: KZ4	4.450(结构)
22	1.45 m³	混凝土 - 矩形 - 柱	混凝土 - 矩形 - 柱: KZ4	4.450(结构)
23	1.44 m³	混凝土 - 矩形 - 柱	混凝土 - 矩形 - 柱: KZ2*	4.450(结构)

图9-15

9.2 施工模拟

施工模拟指项目在原有的三维空间的基础上增加了一个时间维度,即项目在建造过程中的不同时间点上不断变化的过程,也就是我们常说的4D。4D是一种可视化效果,通过施工模拟技术对项目指定计划开始时间、计划结束时间,还可以指定实际开始时间和实际结束时间,然后将三维模型数据和项目进度相关联,实现4D的可视化效果。

施工模拟技术有助于改进计划并及早发现风险,同时还可以检查时间和空间是否协调,并合理地改进场地和工作流程规划。这样不但能清晰地表现设计意图、施工计划和项目当前的进展状况,并且施工过程中出现的变更、验收等资料也可以做成电子文档链接到模型中。因此,对整个工程进行施工模拟可以进行进度计划和统筹安排,保证工程如期完成。现阶段用于施工模拟的软件有不少，但是在整体的架构和设置上都大同小异。本节以Navisworks为例进行演示，讲解如何实现4D模拟，其中包含施工计划输入、模型处理、模型与计划关联和输出动画4个方面。

9.2.1 施工计划

进度任务的创建有两种基本方式，一种是在Navisworks的TimeLiner中创建项目的进度计划，另一种是通过导入已有的项目进度管理软件创建的数据源来创建进度计划，如通过Microsoft Project和P6等项目管理软件生成的进度数据。本次模拟以第1种方式讲解。

> **提示**
> 使用Project生成计划是比较常用的方式，但是需要读者具有应用Project的基础知识。

在实际项目中，进度计划一般不太符合施工模拟的要求，因此读者需要根据项目的实际情况和模型内容对进度计划进行适当的修改和调整，使其符合施工模拟的条件。下面对项目综合楼的施工计划进行讲解，调整后的进度计划如表9-8所示。

表9-8 进度计划

工作内容	开始时间	结束时间
桩基	2019年1月1日	2019年1月10日
基础	2019年1月11日	2019年1月20日
一层结构	2019年1月21日	2019年1月31日
二层结构	2019年2月1日	2019年2月10日
三层结构	2019年2月11日	2019年2月20日
一层建筑	2019年2月21日	2019年2月28日
二层建筑	2019年3月1日	2019年3月10日
三层建筑	2019年3月11日	2019年3月20日

打开项目综合楼文件，在"常用"选项卡中单击"TimeLiner"按钮，如图9-16所示。

图9-16

◆ **重要参数介绍** ◆

项目：文件的基本操作，如重置文件内容等功能。

选择和搜索：对项目中的构件进行查询和选择。

可见性：构件的隐藏和显示设置。

显示：显示构件的相关特性。

工具：碰撞检测、工程量统计、渲染等功能。

在弹出的"TimeLiner"对话框中切换到"任务"选项卡，按照综合楼施工进度计划表的需要添加任务。单击8次"添加任务"按钮 添加任务 添加8个任务，如图9-17所示。

按照施工进度计划表中的内容分别修改它们的名称，修改后如图9-18所示。

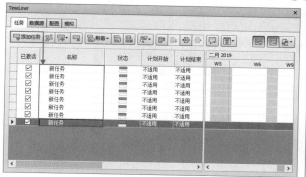

图9-17

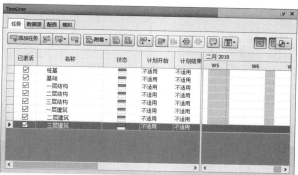

图9-18

按照施工进度计划表中的时间安排，依次在"计划开始"和"计划结束"列中选择对应的日期。由于本次模拟仅以计划为主，因此读者只需在任务中设置这两项内容就可以了，完成后如图9-19所示。

日期确定后，将所有计划内容中的"任务类型"修改为"构造"，施工计划就创建完成了，如图9-20所示。

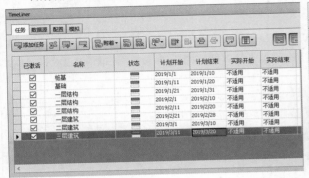

图9-19

图9-20

现场施工的施工计划一般不能直接应用，需要对施工计划进行调整，使其符合现场的要求，此外还需要与模型契合。

施工计划的调整需要具有一定的专业知识。例如，在对项目进行施工模拟时，在搭建模型阶段时就应当根据需求进行划分，如在搭建结构柱模型时进行分层设置，这样才能在处理模型时将结构柱上下两个部分分开，使其更好地完成施工计划的安排。

9.2.2 模型处理

模型处理指在Navisworks中处理模型，使模型与施工计划相关联。为了更好地进行施工模拟，在搭建模型的过程中需要注意对构件进行区分和调整，如命名、构件的搭建方式等。

这里通过"集合"命令来实现相应的操作，并根据施工计划创建集合类型，便于进行关联。在"常用"选项卡中，单击"选择树"按钮打开"选择树"面板，如图9-21所示，然后执行"集合>管理集"命令，打开"集合"面板。

图9-21

在激活的"选择树"面板中选中"−2.450（桩基顶部标高结构）"中的"预应力混凝土方桩"，然后在"集合"面板中的空白区域单击鼠标右键选择"保存选择"选项，如图9-22所示。将所有桩基保存为一个集合，并将其命名为"桩基"，如图9-23所示。

按住Ctrl键的同时分别选中"−1.350（承台顶部标高结构）"中的"结构基础"和"结构框架"，然后在"集合"面板中的空白区域单击鼠标右键选择"保存选择"选项，将承台及承台拉梁保存为一个集合，并将其命名为"基础"，如图9-24所示。

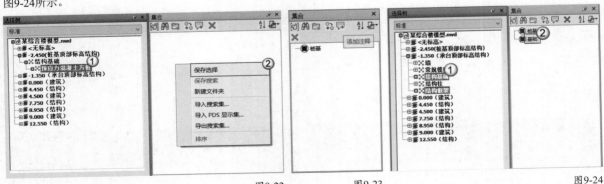

图9-22

图9-23

图9-24

集合的数量和名称应与施工计划的数量和名称相同，便于进行关联。本项目的集合和施工计划内容如图9-25所示。

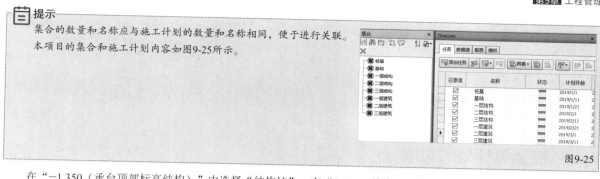

图9-25

在"-1.350（承台顶部标高结构）"中选择"结构柱"，在"4.450（结构）"中选择"结构框架"和"楼板"，然后在"集合"面板中的空白区域单击鼠标右键选择"保存选择"选项，将一层结构中的梁板柱模型保存为一个集合，并将其命名为"一层结构"，如图9-26所示。

在"4.450（结构）"中选择"结构柱"，在"7.750（结构）"中选择"结构框架"和"楼板"，在"8.950（结构）"中选择"结构框架"和"楼板"，然后在"集合"面板中的空白区域单击鼠标右键并选择"保存选择"命令，将二层结构中的梁板柱模型保存为一个集合，并将其命名为"二层结构"，如图9-27所示。

在"8.950（结构）"中选择"结构柱"，在"12.550（结构）"中选择"结构框架"和"楼板"，然后在"集合"面板中的空白区域单击鼠标右键并选择"保存选择"命令，将三层结构中的梁板柱模型保存为一个集合，并将其命名为"三层结构"，如图9-28所示。

图9-26

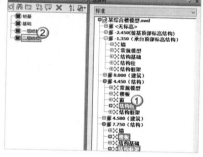

图9-27

图9-28

在"-1.350（承台顶部标高结构）"中选择"墙"，在"0.000（建筑）"中选择"墙""幕墙嵌板""门""窗"，然后在"集合"面板中的空白区域单击鼠标右键选择"保存选择"选项，将底层建筑内容保存为一个集合，并将其命名为"一层建筑"，如图9-29所示。

在"4.450（结构）"中选择"窗"，在"4.500（建筑）"中选择"墙""门""窗"，然后在"集合"面板中的空白区域单击鼠标右键并选择"保存选择"命令，将二层建筑内容保存为一个集合，并将其命名为"二层建筑"，如图9-30所示。

在"9.000（建筑）"中选择"墙""门""窗"，然后在"集合"面板中的空白区域单击鼠标右键并选择"保存选择"命令，将三层建筑内容保存为一个集合，并将其命名为"三层建筑"，如图9-31所示。

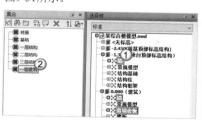

图9-29

图9-30

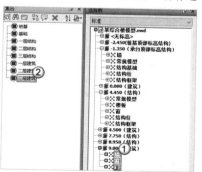

图9-31

在上述操作过程中，由于模型处理的问题，有一个窗被归在"4.450（结构）"平面中。如果是成百上千的窗户被归在不同的标高中，在进行集合制作时就会非常麻烦，在此通过这个示例告诉大家模型搭建的重要性。

与计划对应的模型保存为相应的集合，完成后如图9-32所示。

提示

集合的数量和名称应与施工计划的名称相同，便于进行关联。作为整个项目的计划，没有必要将众多的细部节点也放到集合中，学会适当取舍，能够更好地进行计划的查看，也能够提高工作的效率。

图9-32

9.2.3 模型与计划的关联

完成了施工计划的输入，处理好了模型图元，下一步的工作是将模型与计划关联，只有经过关联后，才能将计划赋予模型，实现模型的动态变化。

模型与计划关联主要涉及通过集合或其他方式将构件进行分类（并与施工计划相对应），通过集合或其他方式将在同一时间施工的构件整合为一个整体以便与施工计划一致。需要注意的是，整体计划中的一些零星构件可以忽略，也就是说不将其与施工计划关联，以便提高效率，另一个方面是因为整体的计划涉及的范围较广，太多的细部构造不利于模型的处理。

在"集合"面板中选择"桩基"集合，同时在显示界面也会发现相应的桩基内容处于被选中状态，如图9-33所示。

图9-33

在"TimeLiner"对话框中找到"桩基"计划，接着单击"附着"按钮，选择下拉列表中的"附着当前选择"选项完成模型与计划的关联，这时任务计划中的"附着的"选项会显示相关附着的内容，如图9-34所示。

图9-34

按照上述操作，将"一层结构""二层结构""三层结构""一层建筑""二层建筑""三层建筑"的计划与模型进行关联。完成附着后，修改"任务类型"为"构造"即可完成模型与计划的关联工作，如图9-35所示。

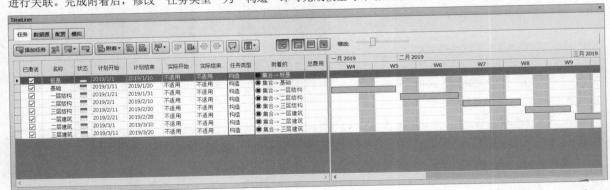

图9-35

9.2.4 输出动画

完成施工模拟后，系统将自动生成对应的施工模拟动画，在"TimeLiner"对话框中切换到"模拟"选项卡，单击"播放"按钮▷可查看施工计划模拟的演示，如图9-36所示。

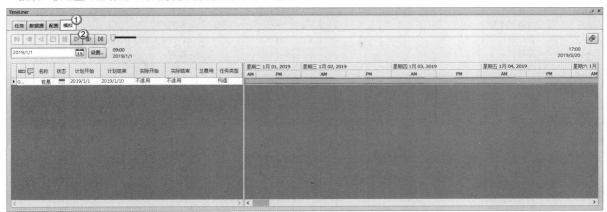

图9-36

此外，读者可以使用与"3D漫游"中相同的方法输出施工模拟动画。在"输出"选项卡中单击"动画"按钮◇，如图9-37所示。

图9-37

在弹出的"导出动画"对话框中进行相应的设置。与3D漫游不同，"源"参数需要选择"TimeLiner模拟"选项，单击"确定"按钮，如图9-38所示，最后在弹出的"另存为"对话框中选择保存的路径保存即可。

> **提示**
>
> BIM的应用是在模型的基础上进行施工管理，因此模型的好与坏则决定了应用时的处理效率。BIM技术要想做得好，需要注意以下3点。
>
> 第1点，模型的搭建要合理，对后期的应用有一定的规划。
>
> 第2点，具备专业知识。
>
> 第3点，不同的项目类型需要使用不同的软件，不是单独使用一两个软件就能解决所有BIM工作问题的。

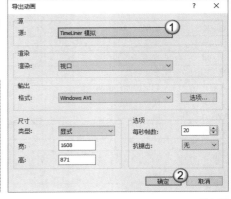

图9-38

附录A Revit常用快捷键一览表

续表

注释	
快捷键	功能
D + I	对齐尺寸标注
D + L	详图线
E + L	高程点
F + R	查找/替换
G + P	模型组 > 创建组，详图组 > 创建组
R + T	标记房间，房间标记
T + G	按类别标记
T + X	文字

分析	
快捷键	功能
A + A	调整分析模型
D + C	检查风管系统
E + C	检查线路
L + D	荷载
L + O	热负荷和冷负荷
P + C	检查管道系统
P + S	配电盘明细表
R + A	重设分析模型

建筑	
快捷键	功能
C + L	柱、结构柱
C + M	放置构件
D + R	门
G + R	轴网
L + L	标高
R + M	房间
R + P	参照平面
R + T	标记房间、房间标记
S + B	楼板 > 楼板：结构
W + A	墙、墙：建筑
W + N	窗

协作	
快捷键	功能
E + R	编辑请求
R + L & R + W	重新载入最新工作集

关联菜单	
快捷键	功能
M + P	移动到项目
R + 3	定义新的旋转中心
R + B	恢复已排除构件
R + C	重复上一个命令
S + A	选择全部实例：在整个项目中

上下文选项卡	
快捷键	功能
/ + /	分割表面
A + A	调整分析模型

上下文选项卡	
A + D	附着的详图组
A + P	添加到组
B + S	结构梁系统；自动梁系统
C + G	取消
D + I	对齐尺寸标注
E + G	编辑组
E + L	高程点
E + P	编辑零件
E + U	取消隐藏图元
E + W	编辑尺寸界线
F + G	装饰
H + T	显示帮助工具提示
L + I	模型线，边界线，线形钢筋
P + P & Ctrl + 1 & V + P	属性
R + A	恢复所有已排除成员
R + G	从组中删除
R + H	切换显示隐藏的图元模式
R + P	参照平面
U + G	解组
V + U	取消隐藏类别

创建	
快捷键	功能
C + M	放置构件
D + I	对齐尺寸标注
F + R	查找/替换
G + P	模型组 > 创建组，详图组 > 创建组
L + I	模型线，边界线，线形钢筋
L + L	标高
M + D	修改
P + P & Ctrl + 1 & V + P	属性
R + P	参照平面
T + X	文字

管理	
快捷键	功能
E + S	MEP 设置 > 电气设置
M + S	MEP 设置 > 机械设置
S + U	其他设置 > 日光设置
U + N	项目单位

修改	
快捷键	功能
A + L	对齐
A + R	阵列
C + O & C + C	复制
C + P	连接端切割，应用连接端切割
C + S	创建类似实例
D + E	删除
D + I	对齐尺寸标注
D + M	镜像-绘制轴
E + H	在视图中隐藏，隐藏图元

续表

修改

快捷键	功能
E + L	高程点
E + O + D	替换视图中的图形 > 按图元替换
L + I	模型线，边界线，线形钢筋
L + W	线处理
M + A	匹配类型属性
M + M	镜像-拾取轴
M + V	移动
O + F	偏移
P + N	锁定
P + P & Ctrl + 1 & V + P	属性
P + T	填色
R + C	连接端切割 > 删除连接端切割
R + E	比例
R + O	旋转
R + P	参照平面
S + F	拆分面
S + L	拆分图元
T + R	修剪/延伸为角部
U + P	解锁
V + H	在视图中隐藏 > 隐藏类别

导航栏

快捷键	功能
3 + 2	二维模式
3 + F	飞行模式
3 + O	对象模式
3 + W	漫游模式
Z + A	缩放全部以匹配
Z + E & Z + F & Z + X	缩放匹配
Z + O & Z + V	缩小（两倍）
Z + P & Z + C	上一次平移/缩放
Z + R & Z + Z	区域放大
Z + S	缩放图纸大小

捕捉

快捷键	功能
P + C	捕捉点云
S + C	中心
S + E	端点
S + I	交点
S + M	中点
S + N	最近点
S + O	关闭捕捉
S + P	垂足
S + Q	象限点
S + R	捕捉远距离对象
S + S	关闭替换
S + T	切点
S + U	其他设置 > 日光设置
S + W	工作平面网格
S + X	点
S + Z	关闭

结构

快捷键	功能
B + M	结构框架 > 梁
B + R	结构框架 > 支撑
B + S	结构梁系统，自动梁系统

续表

结构

快捷键	功能
C + L	柱，结构柱
C + M	放置构件
F + T	结构基础 > 墙
G + R	轴网
L + L	标高
R + N	钢筋编号
R + P	参照平面
S + B	楼板 > 结构
W + A	墙 > 墙：建筑

系统

快捷键	功能
A + T	风道末端
C + M	放置构件
C + N	线管
C + T	电缆桥架
C + V	转换为软风管
D + A	风管附件
D + F	风管管件
D + T	风管
E + E	电气设备
E + W	弧形导线
F + D	软风管
F + P	软管
L + F	照明设备
M + E	机械设备
N + F	线管配件
P + A	管路附件
P + F	管件
P + I	管道
P + X	卫浴装置
R + P	参照平面
S + K	喷水装置
T + F	电缆桥架配件

视图

快捷键	功能
Fn9	系统浏览器
K + S	快捷键
P + P & Ctrl + 1 & V + P	属性
R + D	在云中渲染
R + G	渲染库
R + R	渲染
T + L	细线
V + G & V + V	可见性/图形
W + C	层叠窗口
W + T	平铺窗口

视图控制栏

快捷键	功能
C + X	切换显示约束模式
G + D	图形显示选项
H + C	隐藏类别
H + H	隐藏图元
H + I	隔离图元
H + L	隐藏线
H + R	重设临时隐藏/隔离

续表

视图控制栏	
I + C	隔离类别
R + D	在云中渲染
R + G	渲染库
R + H	切换显示隐藏的图元模式

续表

视图控制栏	
R + R	渲染
R + Y	光线追踪
S + D	带边框着色
W + F	线框

附录B 现行工程建设国家标准（部分）

续表

序号	标准编号	标准名称	序号	标准编号	标准名称
1	GB/T 50299-2018	地下铁道工程施工质量验收标准［两册］	36	GB/T 50361-2018	木骨架组合墙体技术标准
2	GB/T 50129-2011	砌体基本力学性能试验方法标准	37	GB/T 50362-2005	住宅性能评定技术标准
3	GB/T 50001-2017	房屋建筑制图统一标准	38	GB/T 50363-2018	节水灌溉工程技术规范
4	GB/T 50006-2010	厂房建筑模数协调标准	39	GB/T 50375-2016	建筑工程施工质量评价标准
5	GB/T 50002-2013	建筑模数协调标准	40	GB/T 50378-2019	绿色建筑评价标准
6	GB/T 50050-2017	工业循环冷却水处理设计规范	41	GB/T 50379-2018	工程建设勘察企业质量管理标准
7	GB/T 50080-2016	普通混凝土拌合物性能试验方法标准	42	GB/T 50380-2006	工程建设设计企业质量管理规范（含条文说明）
8	GB/T 50081-2019	混凝土物理力学性能试验方法标准	43	GB/T 50392-2016	机械通风冷却塔工艺设计规范
9	GB/T 50082-2009	普通混凝土长期性能和耐久性能试验方法标准	44	GB/T 50393-2017	钢质石油储罐防腐蚀工程技术标准
10	GB/T 50085-2007	喷灌工程技术规范	45	GB/T 50412-2007	厅堂音质模型试验规范（附条文说明）
11	GB/T 50095-2014	水文基本术语和符号标准	46	GB/T 50417-2017	煤矿井下供配电设计规范
12	GB/T 50103-2010	总图制图标准	47	GB/T 50430-2017	工程建设施工企业质量管理规范
13	GB/T 50104-2010	建筑制图标准	48	GB/T 50441-2016	石油化工设计能耗计算标准
14	GB/T 50105-2010	建筑结构制图标准	49	GB/T 50448-2015	水泥基灌浆材料应用技术规范
15	GB/T 50106-2010	建筑给水排水制图标准	50	GB/T 50451-2017	煤矿井下排水泵站及排水管路设计规范
16	GB/T 50107-2010	混凝土强度检验评定标准	51	GB/T 50459-2017	油气输送管道跨越工程设计标准
17	GB/T 50114-2010	暖通空调制图标准	52	GB/T 50470-2017	油气输送管道线路工程抗震技术规范
18	GB/T 50123-2019	土工试验方法标准	53	GB/T 50476-2019	混凝土结构耐久性设计标准
19	GB/T 50152-2012	混凝土结构试验方法标准	54	GB/T 50502-2009	建筑施工组织设计规范
20	GB/T 50228-2011	工程测量基本术语标准	55	GB/T 50510-2009	泵站更新改造技术规范
21	GB/T 50262-2013	铁路工程基本术语标准	56	GB/T 50531-2009	建设工程计价设备材料划分标准
22	GB/T 50266-2013	工程岩体试验方法标准	57	GB/T 50537-2017	油气田工程测量标准
23	GB/T 50269-2015	地基动力特性测试规范	58	GB/T 50538-2020	埋地钢质管道防腐保温层技术标准
24	GB/T 50279-2014	岩土工程基本术语标准	59	GB/T 50554-2017	煤炭工业矿井工程建设项目设计文件编制标准
25	GB/T 50280-1998	城市规划基本术语标准	60	GB/T 50557-2010	重晶石防辐射混凝土应用技术规范
26	GB/T 50297-2018	电力工程基本术语标准	61	GB/T 50561-2019	建材工业设备安装工程施工及验收标准
27	GB/T 50308-2017	城市轨道交通工程测量规范	62	GB/T 50571-2010	海上风力发电工程施工规范
28	GB/T 50315-2011	砌体工程现场检测技术标准	63	GB/T 50602-2010	球形储罐γ射线全景曝光现场检测标准
29	GB/T 50326-2017	建设工程项目管理规范	64	GB/T 50621-2010	钢结构现场检测技术标准
30	GB/T 50328-2014	建设工程文件归档规范（2019年版）	65	GB/T 50636-2018	城市轨道交通综合监控系统工程技术标准
31	GB/T 50329-2012	木结构试验方法标准	66	GB/T 50640-2010	建筑工程绿色施工评价标准
32	GB/T 50353-2013	建筑工程建筑面积计算规范	67	GB/T 50644-2011	油气管道工程建设项目设计文件编制标准
33	GB/T 50355-2018	住宅建筑室内振动限值及其测量方法标准			
34	GB/T 50356-2005	剧场、电影院和多用途厅堂建筑声学技术规范			
35	GB/T 50358-2017	建设项目工程总承包管理规范			

续表

序号	标准编号	标准名称
68	GB/T 50668-2011	节能建筑评价标准
69	GB/T 50698-2011	埋地钢质管道交流干扰防护技术标准
70	GB/T 50700-2011	小型水电站技术改造规范
71	GB/T 50716-2011	重有色金属冶炼设备安装工程施工规范
72	GB/T 50719-2011	电磁屏蔽室工程技术规范
73	GB/T 50731-2019	建材工程术语标准
74	GB/T 50733-2011	预防混凝土碱骨料反应技术规范
75	GB/T 50743-2012	工程施工废弃物再生利用技术规范
76	GB/T 50756-2012	钢制储罐地基处理技术规范
77	GB/T 50772-2012	木结构工程施工规范
78	GB/T 50775-2012	±800kV及以下换流站换流阀施工及验收规范
79	GB/T 50783-2012	复合地基技术规范
80	GB/T 50784-2013	混凝土结构现场检测技术标准
81	GB/T 50786-2012	建筑电气制图标准
82	GB/T 50795-2012	光伏发电工程施工组织设计规范
83	GB/T 50796-2012	光伏发电工程验收规范
84	GB/T 50801-2013	可再生能源建筑应用工程评价标准
85	GB/T 50833-2012	城市轨道交通工程基本术语标准
86	GB/T 50839-2013	城市轨道交通工程安全控制技术规范
87	GB/T 50841-2013	建设工程分类标准
88	GB/T 50875-2013	工程造价术语标准
89	GB/T 50878-2013	绿色工业建筑评价标准
90	GB/T 50900-2016	村镇住宅结构施工及验收规范
91	GB/T 50905-2014	建筑工程绿色施工规范
92	GB/T 50908-2013	绿色办公建筑评价标准
93	GB/T 50912-2013	钢铁渣粉混凝土应用技术规范
94	GB/T 50934-2013	石油化工工程防渗技术规范
95	GB/T 50941-2014	建筑地基基础术语标准
96	GB/T 50942-2014	盐渍土地区建筑技术规范
97	GB/T 50943-2015	海岸软土地基堤坝工程技术规范
98	GB/T 50989-2014	大型螺旋塑料管道输水灌溉工程技术规范
99	GB/T 51012-2014	铀浓缩工厂工艺气体管道工程施工及验收规范
100	GB/T 51025-2016	超大面积混凝土地面无缝施工技术规范
101	GB/T 51063-2014	大中型沼气工程技术规范
102	GB/T 51064-2015	吹填土地基处理技术规范
103	GB/T 51082-2015	工业建筑涂装设计规范
104	GB/T 51083-2015	城市节水评价标准
105	GB/T 51109-2015	氨纶设备工程安装与质量验收规范
106	GB/T 51132-2015	工业有色金属管道工程施工及质量验收规范
107	GB/T 51161-2016	民用建筑能耗标准
108	GB/T 51175-2016	炼油装置火焰加热炉工程技术规范
109	GB/T 51178-2016	建材矿山工程测量技术规范
110	GB/T 51188-2016	建筑与工业给水排水系统安全评价标准

续表

序号	标准编号	标准名称
111	GB/T 51196-2016	有色金属矿山工程测控设计规范
112	GB/T 51200-2016	高压直流换流站设计规范
113	GB/T 51207-2016	钢铁工程设计文件编制标准
114	GB/T 51211-2016	城市轨道交通无线局域网宽带工程技术规范
115	GB/T 51212-2016	建筑信息模型应用统一标准
116	GB/T 51216-2017	移动通信基站工程节能技术标准
117	GB/T 51217-2017	通信传输线路共建共享技术规范
118	GB/T 51223-2017	公共建筑标识系统技术规范
119	GB/T 51224-2017	乡村道路工程技术规范
120	GB/T 51226-2017	多高层木结构建筑技术规范
121	GB/T 51228-2017	建筑振动荷载标准
122	GB/T 51229-2017	矿井建井排水技术规范
123	GB/T 51230-2017	氯碱生产污水处理设计规范
124	GB/T 51231-2016	装配式混凝土建筑技术标准
125	GB/T 51232-2016	装配式钢结构建筑技术标准
126	GB/T 51233-2016	装配式木结构建筑技术标准
127	GB/T 51234-2017	城市轨道交通桥梁设计规范
128	GB/T 51235-2017	建筑信息模型施工应用标准
129	GB/T 51239-2017	粮食钢板筒仓施工与质量验收规范
130	GB/T 51241-2017	管道外防腐补口技术规范
131	GB/T 51242-2017	同步数字体系(SDH)光纤传输系统工程设计规范
132	GB/T 51248-2017	天然气净化厂设计规范
133	GB/T 51253-2017	建设工程白蚁危害评定标准
134	GB/T 51256-2017	桥梁顶升移位改造技术规范
135	GB/T 51257-2017	液化天然气低温管道设计规范
136	GB/T 51259-2017	腈纶设备工程安装与质量验收规范
137	GB/T 51262-2017	建设工程造价鉴定规范
138	GB/T 51263-2017	轻轨交通设计标准
139	GB/T 51264-2017	双向拉伸薄膜工厂设计标准
140	GB/T 51266-2017	机械工厂时基数设计标准
141	GB/T 51269-2017	建筑信息模型分类和编码标准
142	GB/T 51274-2017	城镇综合管廊监控与报警系统工程技术标准
143	GB/T 51275-2017	软土地基路基监控标准
144	GB 50003-2011	砌体结构设计规范
145	GB 50005-2017	木结构设计标准
146	GB 50007-2011	建筑地基基础设计规范
147	GB 50009-2012	建筑结构荷载规范
148	GB 50010-2010	混凝土结构设计规范(2015年版)
149	GB 50011-2010	建筑抗震设计规范(2016年版)
150	GB 50013-2018	室外给水设计标准
151	GB 50014-2021	室外排水设计标准(2021年10月1日实施)
152	GB 50015-2019	建筑给水排水设计标准
153	GB 50016-2014	建筑设计防火规范(2018年版)
154	GB 50017-2017	钢结构设计标准(附条文说明[另册])
155	GB 50018-2002	冷弯薄壁型钢结构技术规范
156	GB 50023-2009	建筑抗震鉴定标准

续表

序号	标准编号	标准名称
157	GB 50026-2020	工程测量标准
158	GB 50032-2003	室外给水排水和燃气热力工程抗震设计规范
159	GB 50033-2013	建筑采光设计标准
160	GB 50034-2013	建筑照明设计标准
161	GB 50037-2013	建筑地面设计规范
162	GB 50057-2010	建筑物防雷设计规范
163	GB 50068-2018	建筑结构可靠性设计统一标准
164	GB 50069-2002	给水排水工程构筑物结构设计规范
165	GB 50077-2017	钢筋混凝土筒仓设计标准
166	GB 50078-2008	烟囱工程施工及验收规范
167	GB 50084-2017	自动喷水灭火系统设计规范
168	GB 50086-2015	岩土锚杆与喷射混凝土支护工程技术规范
169	GB 50092-1996	沥青路面施工及验收规范
170	GB 50093-2013	自动化仪表工程施工及质量验收规范
171	GB 50099-2011	中小学校设计规范
172	GB 50108-2008	地下工程防水技术规范
173	GB 50111-2006	铁路工程抗震设计规范
174	GB 50112-2013	膨胀土地区建筑技术规范
175	GB/T 50113-2019	滑动模板工程技术标准
176	GB 50117-2014	构筑物抗震鉴定标准
177	GB 50119-2013	混凝土外加剂应用技术规范
178	GB/T 50121-2005	建筑隔声评价标准
179	GB/T 50125-2010	给水排水工程基本术语标准
180	GB 50126-2008	工业设备及管道绝热工程施工规范
181	GB 50127-2020	架空索道工程技术标准
182	GB 50128-2014	立式圆筒形钢制焊接储罐施工规范
183	GB/T 50130-2018	混凝土升板结构技术标准
184	GB/T 50132-2014	工程结构设计通用符号标准
185	GB 50140-2005	建筑灭火器配置设计规范
186	GB 50141-2008	给水排水构筑物工程施工及验收规范
187	GB 50144-2019	工业建筑可靠性鉴定标准
188	GB/T 50145-2007	土的工程分类标准（附条文说明）
189	GB/T 50146-2014	粉煤灰混凝土应用技术规范
190	GB 50147-2010	电气装置安装工程 高压电器施工及验收规范
191	GB 50148-2010	电气装置安装工程 电力变压器、油浸电抗器、互感器施工及验收规范
192	GB 50149-2010	电气装置安装工程 母线装置施工及验收规范
193	GB 50150-2016	电气装置安装工程 电气设备交接试验标准
194	GB 50156-2012	汽车加油加气站设计与施工规范（2014年版）
195	GB/T 50159-2015	河流悬移质泥沙测验规范
196	GB 50162-1992	道路工程制图标准
197	GB 50164-2011	混凝土质量控制标准
198	GB/T 50165-2020	古建筑木结构维护与加固技术标准
199	GB 50166-2019	火灾自动报警系统施工及验收规范

续表

序号	标准编号	标准名称
200	GB 50167-2014	工程摄影测量规范
201	GB 50168-2018	电气装置安装工程 电缆线路施工及验收标准
202	GB 50169-2016	电气装置安装工程 接地装置施工及验收规范
203	GB 50170-2018	电气装置安装工程 旋转电机施工及验收标准
204	GB 50171-2012	电气装置安装工程 盘、柜及二次回路接线施工及验收规范
205	GB 50172-2012	电气装置安装工程 蓄电池施工及验收规范
206	GB 50173-2014	电气装置安装工程66kV及以下架空电力线路施工及验收规范
207	GB 50174-2017	数据中心设计规范
208	GB 50175-2014	露天煤矿工程质量验收规范
209	GB 50176-2016	民用建筑热工设计规范（含光盘）
210	GB 50179-2015	河流流量测验规范
211	GB/T 50181-2018	洪泛区和蓄滞洪区建筑工程技术标准
212	GB 50183-2015	石油天然气工程设计防火规范【暂缓实施】
213	GB 50184-2011	工业金属管道工程施工质量验收规范
214	GB/T 50185-2019	工业设备及管道绝热工程施工质量验收标准
215	GB/T 50186-2013	港口工程基本术语标准
216	GB 50189-2015	公共建筑节能设计标准
217	GB 50190-2020	工业建筑振动控制设计标准
218	GB 50191-2012	构筑物抗震设计规范
219	GB 50194-2014	建设工程施工现场供用电安全规范
220	GB 50198-2011	民用闭路监视电视系统工程技术规范
221	GB/T 50200-2018	有线电视网络工程设计标准
222	GB 50201-2012	土方与爆破工程施工及验收规范
223	GB 50202-2018	建筑地基基础工程施工质量验收标准
224	GB 50203-2011	砌体结构工程施工质量验收规范
225	GB 50204-2015	混凝土结构工程施工质量验收规范
226	GB 50205-2020	钢结构工程施工质量验收标准
227	GB 50206-2012	木结构工程施工质量验收规范
228	GB 50207-2012	屋面工程质量验收规范
229	GB 50208-2011	地下防水工程质量验收规范
230	GB 50209-2010	建筑地面工程施工质量验收规范
231	GB 50210-2018	建筑装饰装修工程质量验收标准
232	GB 50211-2014	工业炉砌筑工程施工与验收规范
233	GB 50212-2014	建筑防腐蚀工程施工规范
234	GB 50213-2010	煤矿井巷工程质量验收规范
235	GB/T 50214-2013	组合钢模板技术规范
236	GB 50215-2015	煤炭工业矿井设计规范
237	GB/T 50218-2014	工程岩体分级标准
238	GB 50222-2017	建筑内部装修设计防火规范
239	GB 50223-2008	建筑工程抗震设防分类标准
240	GB/T 50224-2018	建筑防腐蚀工程施工质量验收标准
241	GB 50231-2009	机械设备安装工程施工及验收通用规范

续表

序号	标准编号	标准名称
242	GB 50233-2014	110kV～750kV架空送电线路施工及验收规范
243	GB 50235-2010	工业金属管道工程施工规范
244	GB 50236-2011	现场设备、工业管道焊接工程施工规范
245	GB 50243-2016	通风与空调工程施工质量验收规范
246	GB/T 50252-2018	工业安装工程施工质量验收统一标准
247	GB 50254-2014	电气装置安装工程 低压电器施工及验收规范
248	GB 50255-2014	电气装置安装工程 电力变流设备施工及验收规范
249	GB 50256-2014	电气装置安装工程 起重机电气装置施工及验收规范
250	GB 50257-2014	电气装置安装工程 爆炸和火灾危险环境电气装置施工及验收规范
251	GB 50261-2017	自动喷水灭火系统施工及验收规范
252	GB 50263-2007	气体灭火系统施工及验收规范
253	GB 50267-2019	核电厂抗震设计标准
254	GB 50268-2008	给水排水管道工程施工及验收规范
255	GB 50270-2010	输送设备安装工程施工及验收规范
256	GB 50271-2009	金属切削机床安装工程施工及验收规范
257	GB 50272-2009	锻压设备安装工程施工及验收规范
258	GB 50273-2009	锅炉安装工程施工及验收规范
259	GB 50274-2010	制冷设备、空气分离设备安装工程施工及验收规范
260	GB 50275-2010	风机、压缩机、泵安装工程施工及验收规范
261	GB 50276-2010	破碎、粉磨设备安装工程施工及验收规范
262	GB 50277-2010	铸造设备安装工程施工及验收规范
263	GB 50278-2010	起重设备安装工程施工及验收规范
264	GB 50281-2006	泡沫灭火系统施工及验收规范
265	GB 50282-2016	城市给水工程规划规范
266	GB 50287-2016	水力发电工程地质勘察规范
267	GB 50288-2018	灌溉与排水工程设计标准
268	GB 50289-2016	城市工程管线综合规划规范
269	GB/T 50290-2014	土工合成材料应用技术规范
270	GB 50292-2015	民用建筑可靠性鉴定标准
271	GB/T 50293-2014	城市电力规划规范
272	GB 50295-2016	水泥工厂设计规范
273	GB 50296-2014	管井技术规范
274	GB/T 50298-2018	风景名胜区总体规划标准
275	GB 50300-2013	建筑工程施工质量验收统一标准
276	GB 50303-2015	建筑电气工程施工质量验收规范
277	GB 50307-2012	城市轨道交通岩土工程勘察规范
278	GB 50309-2017	工业炉砌筑工程质量验收标准
279	GB 50311-2016	综合布线系统工程设计规范
280	GB/T 50312-2016	综合布线系统工程验收规范
281	GB 50318-2017	城市排水工程规划规范
282	GB/T 50319-2013	建设工程监理规范

续表

序号	标准编号	标准名称
283	GB 50324-2014	冻土工程地质勘察规范
284	GB 50325-2020	民用建筑工程室内环境污染控制标准
285	GB 50327-2001	住宅装饰装修工程施工规范
286	GB 50330-2013	建筑边坡工程技术规范
287	GB 50332-2002	给水排水工程管道结构设计规范
288	GB 50333-2013	医院洁净手术部建筑技术规范
289	GB 50334-2017	城镇污水处理厂工程质量验收规范
290	GB/T 50337-2018	城市环境卫生设施规划标准
291	GB 50339-2013	智能建筑工程质量验收规范
292	GB 50342-2003	混凝土电视塔结构技术规范
293	GB 50343-2012	建筑物电子信息系统防雷技术规范
294	GB/T 50344-2019	建筑结构检测技术标准
295	GB 50345-2012	屋面工程技术规范
296	GB 50346-2011	生物安全实验室建筑技术规范
297	GB 50348-2018	安全防范工程技术规范
298	GB 50352-2019	民用建筑设计统一标准
299	GB 50354-2005	建筑内部装修防火施工及验收规范
300	GB/T 50357-2018	历史文化名城保护规划标准
301	GB 50364-2018	民用建筑太阳能热水系统应用技术标准
302	GB 50365-2019	空调通风系统运行管理标准
303	GB 50366-2005 (2009)	地源热泵系统工程技术规范
304	GB 50367-2013	混凝土结构加固设计规范
305	GB 50368-2005	住宅建筑规范
306	GB 50369-2014	油气长输管道工程施工及验收规范
307	GB 50372-2006	炼铁机械设备工程安装验收规范
308	GB 50373-2019	通信管道与通道工程设计标准
309	GB/T 50374-2018	通信管道工程施工及验收规范
310	GB/T 50377-2019	矿山机电设备工程安装及验收标准
311	GB/T 50381-2018	城市轨道交通自动售检票系统工程质量验收标准
312	GB 50384-2016	煤矿立井井筒及硐室设计规范
313	GB 50386-2016	轧机机械设备工程安装验收规范
314	GB/T 50387-2017	冶金机械液压、润滑和气动设备工程安装验收规范
315	GB 50388-2016	煤矿井下机车车辆运输信号设计规范
316	GB 50390-2017	焦化机械设备安装验收规范
317	GB 50390-2017	焦化机械设备安装验收规范
318	GB/T 50393-2017	钢质石油储罐防腐蚀工程技术标准
319	GB 50397-2007	冶金电气设备工程安装验收规范
320	GB/T 50398-2018	无缝钢管工程设计标准
321	GB 50400-2016	建筑与小区雨水控制及利用工程技术规范
322	GB 50401-2007	消防通信指挥系统施工及验收规范
323	GB/T 50402-2019	烧结机械设备工程安装验收标准
324	GB 50403-2017	炼钢机械设备工程安装验收规范
325	GB 50404-2007	硬泡聚氨酯保温防水工程技术规范
326	GB 50406-2017	钢铁工业环境保护设计规范

续表

序号	标准编号	标准名称
327	GB 50411-2019	建筑节能工程施工质量验收标准
328	GB 50413-2007	城市抗震防灾规划标准
329	GB 50416-2017	煤矿井下车场及硐室设计规范
330	GB 50419-2017	煤矿巷道断面和交岔点设计规范
331	GB 50422-2017	预应力混凝土路面工程技术规范
332	GB 50424-2015	油气输送管道穿越工程施工规范
333	GB 50426-2016	印染工厂设计规范
334	GB 50433-2018	生产建设项目水土保持技术标准
335	GB/T 50434-2018	生产建设项目水土流失防治标准
336	GB 50435-2016	平板玻璃工厂设计规范
337	GB/T 50436-2017	线材轧钢工程设计标准
338	GB 50437-2007	城镇老年人设施规划规范
339	GB 50440-2007	城市消防远程监控系统技术规范
340	GB 50442-2008	城市公共设施规划规范
341	GB 50443-2016	水泥工厂节能设计规范
342	GB 50444-2008	建筑灭火器配置验收及检查规范
343	GB/T 50445-2019	村庄整治技术标准
344	GB 50446-2017	盾构法隧道施工及验收规范
345	GB 50447-2008	实验动物设施建筑技术规范
346	GB 50460-2015	油气输送管道跨越工程施工规范
347	GB 50461-2008	石油化工静设备安装工程施工质量验收规范
348	GB 50462-2015	数据中心基础设施施工及验收规范
349	GB 50464-2008	视频显示系统工程技术规范
350	GB 50465-2008	煤炭工业矿区总体规划规范
351	GB 50467-2008	微电子生产设备安装工程施工及验收规范
352	GB 50474-2008	隔热耐磨衬里技术规范
353	GB/T 50484-2019	石油化工建设工程施工安全技术标准
354	GB 50487-2008	水利水电工程地质勘察规范
355	GB 50490-2009	城市轨道交通技术规范
356	GB 50496-2018	大体积混凝土施工标准
357	GB 50497-2009	建筑基坑工程监测技术规范
358	GB 50498-2009	固定消防炮灭火系统施工与验收规范
359	GB 50500-2013	建设工程工程量清单计价规范
360	GB 50501-2007	水利工程工程量清单计价规范
361	GB 50511-2010	煤矿井巷工程施工规范
362	GB 50517-2010	石油化工金属管道工程施工质量验收规范
363	GB/T 50528-2018	烧结砖瓦工厂节能设计标准
364	GB 50540-2009	石油天然气站内工艺管道工程施工规范（2012年版）
365	GB 50547-2010	尾矿堆积坝岩土工程技术规范
366	GB 50550-2010	建筑结构加固工程施工质量验收规范
367	GB/T 50551-2018	球团机械设备工程安装及质量验收标准
368	GB 50566-2010	冶金除尘设备工程安装与质量验收规范
369	GB 50567-2010	炼铁工艺炉壳体结构技术规范
370	GB 50573-2010	双曲线冷却塔施工与质量验收规范

续表

序号	标准编号	标准名称
371	GB 50574-2010	墙体材料应用统一技术规范
372	GB 50575-2010	1kV及以下配线工程施工与验收规范
373	GB 50576-2010	铝合金结构工程施工质量验收规范
374	GB/T 50578-2018	城市轨道交通信号工程施工质量验收标准
375	GB 50586-2010	铝母线焊接工程施工及验收规范
376	GB 50588-2017	水泥工厂余热发电设计标准
377	GB 50591-2010	洁净室施工及验收规范
378	GB 50601-2010	建筑物防雷工程施工与质量验收规范
379	GB 50608-2010	纤维增强复合材料建设工程应用技术规范
380	GB 50614-2010	跨座式单轨交通施工及验收规范
381	GB 50617-2010	建筑电气照明装置施工与验收规范
382	GB 50618-2011	房屋建筑和市政基础设施工程质量检测技术管理规范
383	GB 50628-2010	钢管混凝土工程施工质量验收规范
384	GB 50633-2010	核电厂工程测量技术规范
385	GB 50642-2011	无障碍设施施工验收及维护规范
386	GB 50645-2011	石油化工绝热工程施工质量验收规范
387	GB 50653-2011	有色金属矿山井巷工程施工规范
388	GB 50654-2011	有色金属工业安装工程质量验收统一标准
389	GB 50661-2011	钢结构焊接规范
390	GB 50666-2011	混凝土结构工程施工规范
391	GB 50669-2011	钢筋混凝土筒仓施工与质量验收规范
392	GB 50677-2011	空分制氧设备安装工程施工与质量验收规范
393	GB 50682-2011	预制组合立管技术规范
394	GB 50683-2011	现场设备、工业管道焊接工程施工质量验收规范
395	GB 50686-2011	传染病医院建筑施工及验收规范
396	GB 50687-2011	食品工业洁净用房建筑技术规范
397	GB 50690-2011	石油化工非金属管道工程施工质量验收规范
398	GB 50693-2011	坡屋面工程技术规范
399	GB 50699-2011	液压振动台基础技术规范
400	GB 50701-2011	烧结砖瓦工厂设计规范
401	GB 50702-2011	砌体结构加固设计规范
402	GB 50715-2011	地铁工程施工安全评价标准
403	GB 50717-2011	重有色金属冶炼设备安装工程质量验收规范
404	GB 50720-2011	建设工程施工现场消防安全技术规范
405	GB 50722-2011	城市轨道交通建设项目管理规范
406	GB 50725-2011	液晶显示器件生产设备安装工程施工及验收规范

序号	标准编号	标准名称
407	GB 50726-2011	工业设备及管道防腐蚀工程施工规范
408	GB 50727-2011	工业设备及管道防腐蚀工程施工质量验收规范
409	GB 50728-2011	工程结构加固材料安全性鉴定技术规范
410	GB 50729-2012	±800kV及以下直流换流站土建工程施工质量验收规范
411	GB 50730-2011	冶金机械液压、润滑和气动设备工程施工规范
412	GB 50734-2012	冶金工业建设钻探技术规范
413	GB 50736-2012	民用建筑供暖通风与空气调节设计规范
414	GB 50738-2011	通风与空调工程施工规范
415	GB 50739-2011	复合土钉墙基坑支护技术规范
416	GB 50755-2012	钢结构工程施工规范
417	GB 50774-2012	±800kV及以下换流站干式平波电抗器施工及验收规范
418	GB 50776-2012	±800kV及以下换流站换流变压器施工及验收规范
419	GB 50777-2012	±800kV及以下换流站构支架施工及验收规范
420	GB 50779-2012	石油化工控制室抗爆设计规范
421	GB 50793-2012	会议电视会场系统工程施工及验收规范
422	GB 50794-2012	光伏发电站施工规范
423	GB 50798-2012	石油化工大型设备吊装工程规范
424	GB 50819-2013	油气田集输管道施工规范
425	GB 50825-2013	钢铁厂加热炉工程质量验收规范
426	GB 50828-2012	防腐木材工程应用技术规范
427	GB 50829-2013	租赁模板脚手架维修保养技术规范
428	GB 50834-2013	1000kV构支架施工及验收规范
429	GB 50835-2013	1000kV电力变压器、油浸电抗器、互感器施工及验收规范
430	GB 50836-2013	1000kV高压电器(GIS、HGIS、隔离开关、避雷器)施工及验收规范
431	GB 50838-2015	城市综合管廊工程技术规范
432	GB 50840-2012	矿浆管线施工及验收规范
433	GB 50842-2013	建材矿山工程施工与验收规范
434	GB 50843-2013	建筑边坡工程鉴定与加固技术规范
435	GB/T 50844-2013	工程建设标准实施评价规范
436	GB/T 50845-2013	小水电电网节能改造工程技术规范
437	GB 50847-2012	住宅区和住宅建筑内光纤到户通信设施工程施工及验收规范
438	GB 50854-2013	房屋建筑与装饰工程工程量计算规范
439	GB 50855-2013	仿古建筑工程工程量计算规范
440	GB 50856-2013	通用安装工程工程量计算规范
441	GB 50857-2013	市政工程工程量计算规范
442	GB 50858-2013	园林绿化工程工程量计算规范
443	GB 50859-2013	矿山工程工程量计算规范
444	GB 50860-2013	构筑物工程工程量计算规范

序号	标准编号	标准名称
445	GB 50861-2013	城市轨道交通工程工程量计算规范
446	GB 50862-2013	爆破工程工程量计算规范
447	GB 50864-2013	尾矿设施施工及验收规范
448	GB 50868-2013	建筑工程容许振动标准
449	GB 50870-2013	建筑施工安全技术统一规范
450	GB 50877-2014	防火卷帘、防火门、防火窗施工及验收规范
451	GB 50882-2013	轻金属冶炼机械设备安装工程施工规范
452	GB 50895-2013	烟气脱硫机械设备工程安装及验收规范
453	GB 50896-2013	压型金属板工程应用技术规范
454	GB 50901-2013	钢-混凝土组合结构施工规范
455	GB 50906-2013	机械工业厂房结构设计规范
456	GB 50911-2013	城市轨道交通工程监测技术规范
457	GB 50914-2013	化学工业建(构)筑物抗震设防分类标准
458	GB 50917-2013	钢-混凝土组合桥梁设计规范
459	GB 50918-2013	城镇建设智能卡系统工程技术规范
460	GB 50923-2013	钢管混凝土拱桥技术规范
461	GB 50924-2014	砌体结构工程施工规范
462	GB 50936-2014	钢管混凝土结构技术规范
463	GB 50937-2013	选煤厂管道安装工程施工与验收规范
464	GB/T 50938-2013	石油化工钢制低温储罐技术规范
465	GB 50944-2013	防静电工程施工与质量验收规范
466	GB 50949-2013	扩声系统工程施工规范
467	GB 50950-2013	光缆厂生产设备安装工程施工及质量验收规范
468	GB 50968-2014	露天煤矿工程施工规范
469	GB 50972-2014	循环流化床锅炉施工及质量验收规范
470	GB 50973-2014	联合循环机组燃气轮机施工及质量验收规范
471	GB 50982-2014	建筑与桥梁结构监测技术规范
472	GB 50985-2014	铅锌冶炼厂工艺设计规范
473	GB 50986-2014	干法赤泥堆场设计规范
474	GB 50988-2014	有色金属工业环境保护工程设计规范
475	GB 50990-2014	加气混凝土工厂设计规范
476	GB 50993-2014	1000kV输变电工程竣工验收规范
477	GB 50996-2014	地下水封石洞油库施工及验收规范
478	GB 51004-2015	建筑地基基础工程施工规范
479	GB 51005-2014	水泥工厂余热发电工程施工与质量验收规范
480	GB 51011-2014	煤矿选煤设备安装工程施工与验收规范
481	GB 51022-2015	门式刚架轻型房屋钢结构技术规范
482	GB/T 51028-2015	大体积混凝土温度测控技术规范
483	GB 51029-2014	火炬工程施工及验收规范
484	GB 51038-2015	城市道路交通标志和标线设置规范

续表   续表

序号	标准编号	标准名称
485	GB 51043-2014	电子会议系统工程施工与质量验收规范
486	GB 51055-2014	有色金属工业厂房结构设计规范
487	GB 51059-2014	有色金属加工机械安装工程施工与质量验收规范
488	GB 51062-2014	煤矿设备安装工程施工规范
489	GB 51066-2014	工业企业干式煤气柜安全技术规范
490	GB 51080-2015	城市消防规划规范
491	GB 51081-2015	低温环境混凝土应用技术规范
492	GB 51084-2015	有色金属工程设备基础技术规范
493	GB/T 51086-2015	医药实验工程术语标准
494	GB 51099-2015	有色金属工业岩土工程勘察规范
495	GB/T 51100-2015	绿色商店建筑评价标准
496	GB 51101-2016	太阳能发电站支架基础技术规范
497	GB/T 51103-2015	电磁屏蔽室工程施工与质量验收规范
498	GB 51110-2015	洁净厂房施工及质量验收规范
499	GB/T 51111-2015	露天金属矿施工组织设计规范
500	GB 51114-2015	露天煤矿施工组织设计规范
501	GB/T 51121-2015	风力发电工程施工与验收规范
502	GB/T 51129-2017	装配式建筑评价标准
503	GB/T 51130-2016	沉井与气压沉箱施工规范
504	GB 51137-2015	电子工业废水废气处理工程施工及验收规范
505	GB 51138-2015	尿素造粒塔工程施工及质量验收规范
506	GB/T 51140-2015	建筑节能基本术语标准
507	GB/T 51141-2015	既有建筑绿色改造评价标准
508	GB 51144-2015	煤炭工业矿井建设岩土工程勘察规范
509	GB 51145-2015	煤矿电气设备安装工程施工与验收规范
510	GB/T 51153-2015	绿色医院建筑评价标准
511	GB 51162-2016	重型结构和设备整体提升技术规范
512	GB 51179-2016	煤矿井下煤炭运输设计规范

序号	标准编号	标准名称
513	GB 51180-2016	煤矿采空区建（构）筑物地基处理技术规范
514	GB 51182-2016	火炸药及其制品工厂建筑结构设计规范
515	GB 51184-2016	矿山提升井塔设计规范
516	GB 51185-2016	煤炭工业矿井抗震设计规范
517	GB 51186-2016	机制砂石骨料工厂设计规范
518	GB/T 51189-2016	火力发电厂海水淡化工程调试及验收规范
519	GB 51194-2016	通信电源设备安装工程设计规范
520	GB 51197-2016	煤炭工业露天矿节能设计规范
521	GB 51201-2016	沉管法隧道施工与质量验收规范
522	GB 51202-2016	冰雪景观建筑技术标准
523	GB 51203-2016	高耸结构工程施工质量验收规范
524	GB 51205-2016	精对苯二甲酸工厂设计规范
525	GB 51206-2016	太阳能电池生产设备安装工程施工及质量验收规范
526	GB 51208-2016	人工制气厂站设计规范
527	GB 51209-2016	发光二极管工厂设计规范
528	GB 51210-2016	建筑施工脚手架安全技术统一标准
529	GB 51213-2017	煤炭矿井通信设计规范
530	GB 51214-2017	煤炭工业露天矿边坡工程监测规范
531	GB 51221-2017	城镇污水处理厂工程施工规范
532	GB 51222-2017	城镇内涝防治技术规范
533	GB 51245-2017	工业建筑节能设计统一标准
534	GB 51251-2017	建筑防烟排烟系统技术标准
535	GB 51254-2017	高填方地基技术规范
536	GB 51258-2017	玻璃纤维工厂设计标准
537	GB 51260-2017	环境卫生技术规范
538	GBJ 122-1988	工业企业噪声测量规范
539	GBJ 124-1988	道路工程术语标准
540	GBJ 22-1987	厂矿道路设计规范
541	GBJ 97-1987	水泥混凝土路面施工及验收规范
542	GB/T 13752-2017	塔式起重机设计规范